全国高职高专教育"十二五"规划教材

机械制图

（含习题集）

主　编：张书诚
副主编：张晓娟　马玉清
　　　　张春芳　林影丽
参　编：吴贤桂

东南大学出版社
·南京·

图书在版编目(CIP)数据

机械制图：含习题集 / 张书诚主编. — 南京：东南大学出版社，2014.3
ISBN 978-7-5641-4342-8

Ⅰ. ①机… Ⅱ. ①张… Ⅲ. ①机械制图—高等职业教育—教材 Ⅳ. ①TH126

中国版本图书馆 CIP 数据核字(2013)第 139024 号

机械制图(含习题集)

出版发行：	东南大学出版社
社　　址：	南京市四牌楼 2 号　邮编：210096
出 版 人：	江建中
网　　址：	http://www.seupress.com
经　　销：	全国各地新华书店
印　　刷：	南京师范大学印刷厂
开　　本：	787mm×1092mm　1/16
印　　张：	19.75
字　　数：	458 千字
版　　次：	2014 年 3 月第 1 版
印　　次：	2014 年 3 月第 1 次印刷
印　　数：	1—3000 册
书　　号：	ISBN 978-7-5641-4342-8
定　　价：	38.00 元(含习题集)

本社图书若有印装质量问题，请直接与营销部联系。电话(传真)：025-83791830

本书按照教育部"高职高专教育专业人才培养目标及规格"的要求,结合高等职业教育人才培养目标的基本特征和教学特点,汲取高职高专教学改革的成功经验,由多年从事机械制图教学的老师编写而成。

本书以"必需、够用"为度,淡化理论,注重实践,以具体任务作为驱动,力求突出应用型技术人才的创新素质和创新能力的培养;内容由浅入深,图文并茂,采用了大量形象逼真的物体三维模型图,有利于激发学生的学习兴趣,降低学习难度,提高学生的空间想象能力。本书建议安排教学总学时为96~120学时。

本书采用我国最新颁布的中华人民共和国《技术制图》与《机械制图》国家标准及与制图相关的其他有关标准。本书按照考核要求,精心设计习题,与习题集紧密结合。与本书配套使用的《机械制图习题集》也由东南大学出版社同时出版。

本书由安徽职业技术学院张书诚担任主编并统稿,安徽工商职业学院张晓娟、马玉清、张春芳和山东电子职业技术学院林影丽。第一章、第二章、第八章、第九章、附录由安徽职业技术学院张书诚编写;第三章、第六章由安徽工商职业学院张晓娟编写;第四章由江西应用工程职业学院吴贤桂编写;第五章由安徽工商职业学院马玉清编写;第七章由山东电子职业技术学院林影丽编写;第十章由安徽工商职业学院张春芳编写。

本书选用了其他机械制图教材中的部分图例,在此表示感谢。在本书编写过程中,得到了安徽职业技术学院许多相关老师的支持和帮助,他们对本书提出了很多宝贵的意见,在此表示深深的谢意。

由于作者水平有限,书中难免存在错误和疏漏之处,欢迎广大读者提出批评和建议,在此表示感谢。

编者
2013 年 5 月

绪论 ··· 1
第一章　机械制图基本知识 ·· 2
 第一节　绘图工具和绘图方法 ·· 2
 第二节　与制图相关的国家标准 ·· 5
 第三节　尺寸标注 ·· 10
 第四节　几何作图 ·· 12
 第五节　绘图的一般步骤和方法 ·· 15
第二章　投影基础 ··· 18
 第一节　正投影法及其基本性质 ·· 18
 第二节　三视图的形成和投影规律 ·· 20
 第三节　点的投影 ·· 22
 第四节　直线的投影 ·· 27
 第五节　平面的投影 ·· 33
第三章　基本体 ··· 38
 第一节　平面体及其表面上的点 ·· 38
 第二节　回转体及其表面上的点 ·· 40
第四章　截交线与相贯线 ·· 45
 第一节　截交线 ·· 45
 第二节　相贯线 ·· 51
第五章　组合体 ··· 54
 第一节　组合体的组合形式 ··· 54
 第二节　组合体的三视图画法 ·· 55
 第三节　组合体的尺寸标注 ··· 58
 第四节　读组合体的三视图 ··· 63
第六章　轴测图 ··· 68
 第一节　轴测图的形成及分类 ·· 68
 第二节　基本体的正等轴测图画法 ·· 69
 第三节　组合体的正等轴测图画法 ·· 73
 第四节　斜二等轴测图的画法 ·· 74
第七章　机件的表达方法 ·· 77
 第一节　视图 ·· 77
 第二节　剖视图 ·· 80

第三节　断面图 ……………………………………………………………… 86
　　第四节　局部放大图及简化画法 ……………………………………………… 89
第八章　标准件与常用件的规定画法 …………………………………………………… 92
　　第一节　螺纹连接 ……………………………………………………………… 92
　　第二节　齿轮 …………………………………………………………………… 102
　　第三节　键连接与销连接 ……………………………………………………… 106
　　第四节　滚动轴承 ……………………………………………………………… 109
　　第五节　圆柱螺旋压缩弹簧 …………………………………………………… 113
第九章　零件图 …………………………………………………………………………… 116
　　第一节　零件图视图的选择方法 ……………………………………………… 117
　　第二节　零件图的尺寸标注方法 ……………………………………………… 118
　　第三节　零件的工艺结构 ……………………………………………………… 122
　　第四节　公差与配合的概念与标注 …………………………………………… 125
　　第五节　表面粗糙度的标注 …………………………………………………… 132
　　第六节　形位公差的标注 ……………………………………………………… 135
　　第七节　读零件图 ……………………………………………………………… 138
　　第八节　零件测绘 ……………………………………………………………… 145
第十章　装配图 …………………………………………………………………………… 147
　　第一节　装配图的主要内容 …………………………………………………… 147
　　第二节　装配图的规定画法和特殊画法 ……………………………………… 150
　　第三节　装配图的尺寸标注和技术要求 ……………………………………… 154
　　第四节　画装配图 ……………………………………………………………… 156
　　第五节　读装配图和由装配图拆画零件图 …………………………………… 160
附录 ………………………………………………………………………………………… 166
　　附录A　螺纹 …………………………………………………………………… 166
　　附录B　常用的标准件 ………………………………………………………… 170
　　附录C　极限与配合 …………………………………………………………… 185
　　附录D　标准结构 ……………………………………………………………… 201
　　附录E　常用材料 ……………………………………………………………… 204
参考文献 …………………………………………………………………………………… 208

绪 论

在工程技术中,按一定的投影方法和有关规定,把物体的形状、大小、材料及有关技术说明,用数字、文字和符号表达在图纸上或存储在磁盘等介质上的图,称为工程图样。

工程图样是工程设计、制造和施工过程中用来表达设计思想的主要工具,是工程界的技术语言。设计者表达设计意图、制造者了解制造对象、使用者使用和维修设备都离不开图样。从一张工程设计图样上,可以反映出一个工程技术人员的聪明才智、创新能力、科学作风和工作风格。毫无疑问,能否用图形来全面表达自己的设计思想,反映了一个工程技术人员的基本素质。

一、机械制图的历史沿革

工程图学有着悠久的发展历史,其内容饱含着人类智慧。远在2000多年前,我国就有了工程图样。宋代李诫所著的《营造法式》是我国最早的一部关于建筑标准与图样的辉煌巨著。

到了近代,从法国 Monge Caspard 的 *Descriptive Geometry*(《画法几何》)到美国青年学者 Ivan Sutherland 的 *Sketchpad*(《人机交互图形系统》),工程图学在不断发展与完善。

随着科学技术的发展,尤其是计算机应用技术的普及和提高,工程图学不论是教学内容还是教学方法都有了深刻的变化。计算机应用技术赋予了这门"古老"的课程以新的活力。传统的理论与现代高新技术的完美结合使机械制图成为当今工程领域最具特色的课程之一。

二、本课程的性质和任务

本课程是用投影的方法来研究空间几何问题和绘制工程图样,是一门既有投影理论,又与生产实践紧密联系的技术基础课,是高职院校工科专业培养高级工程技术应用型人才的必修课。

本课程的任务是:

1. 正确使用绘图工具和仪器,培养较强的绘图技能;
2. 掌握正投影法的基本理论和在二维平面上表达三维空间形体的方法与技能;
3. 培养绘制和阅读工程图样的基本能力;
4. 培养认真负责的工作态度和严谨细致的工作作风。

三、本课程的特点和学习方法

本课程是一门实践性很强的课程,在学习过程中,学生需做大量的习题,才能巩固所学的理论知识。这门课程还有这样一个特点——学生听教师上课,跟着教师的思路走,听懂课程的内容并不会感到太困难;但是一旦自己开始做题,就感觉不太容易,有时还不知从何下手。这是因为从空间到平面,再由平面到空间,空间分析和空间想象力的培养是不可能速成的,因此学生必须多练习、多做题。总之,学习本课程要做到"精益求精、勤思多练"。

第一章　机械制图基本知识

任务驱动

（1）正确使用绘图工具，熟练掌握尺规作图技术。
（2）重点掌握国家标准有关图纸幅面、格式、比例、字体、图线及尺寸等基本规定。
（3）掌握几何作图方法和平面图形的一般画法。

第一节　绘图工具和绘图方法

工程技术人员应熟练掌握尺规绘图技术，掌握尺规绘图常用工具的使用方法。

一、图板、丁字尺、三角板

图板是用来铺放和固定图纸的木板，其大小有不同规格，尺寸比同号图纸略大。板面应光洁、平整且有弹性。图板左侧边称为导边，必须光滑平直。使用时，将图板放在绘图桌上，与水平面倾斜10°～15°，将图纸用胶带固定在图板上。

丁字尺一般用有机玻璃制成，它有尺头和尺身两部分，两部分的连接必须牢固。丁字尺尺身上侧带有刻度的边称为工作边，尺头内边缘为导边，工作边与导边必须垂直。丁字尺长度应与所用图板的长度相适应，丁字尺主要用来画水平线。使用丁字尺时，尺头内侧须靠紧图板的导边，用左手推动丁字尺上下移动，直至所需的画线位置，再自左向右画一系列水平线。如图1-1所示。

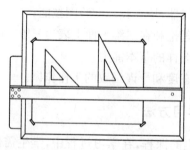

图1-1　丁字尺的使用

一副三角板有两块，一块角度为45°、45°、90°，另一块为30°、60°、90°，一般用有机玻璃制成。三角板与丁字尺配合使用，可画铅垂线和与水平线成特殊角度的倾斜线，也可作已知线段的平行线和垂直线，如图1-2所示。两块三角板配合使用，可以画出已知直线的平行线，如图1-3所示。

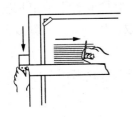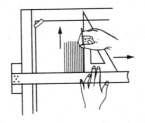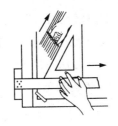

图1-2　用丁字尺和三角板配合画线

图1-3　用两块三角板画已知直线的平行线

二、圆规与分规

圆规是用来画圆或圆弧的工具。它的一条腿上装有钢针,用来定心;另一条腿上有肘形关节,并可装换铅芯插脚、钢针插脚(当分规用)、鸭嘴插脚或接长杆(画大圆用)等,如图1-4所示。

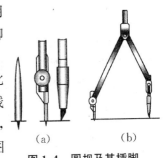

图1-4　圆规及其插脚

画图前应先检查两脚是否对准,并调整到两腿合拢时针尖比铅芯稍长些,以便使针尖扎入图板内。圆规铅芯应根据不同图线选择不同硬度和不同形状,加深时应选软一些的铅芯。画圆时,先将圆规两腿分开至所需的半径尺寸,然后将钢针扎入图纸和图板,按顺时针方向稍微倾斜地转动圆规,转动时用力和速度要均匀。

分规是用来量取尺寸和等分线段或圆弧的工具。分规的两条腿都装有钢针,当两条腿并拢时针尖应重合于一点,如图1-5(a)所示。

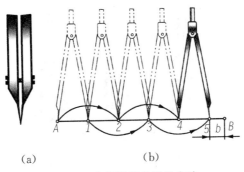

图1-5　分规及等分线段方法

绘图时可利用分规把尺子上的尺寸量取到图上,或把一处图形上的尺寸量取到另一处。量取时用分规针尖在图纸上扎上小孔作标记。用分规在直线上量取若干给定长度的线段时,可先使分规两针间距离等于给定长度,然后在线上连续截取。用分规将已知线段几等分时,可采用试分法。即先用目测估计,使分规两针尖的距离大致为已知线段的 $1/n$,然后试分。若有误差再根据误差大小适当调节针尖距离,继续进行试分,直到满意为止,如图1-5(b)所示(将线段 AB 五等分)。

三、曲线板

曲线板是绘制非圆曲线的常用工具。画曲线时,先定出曲线上足够数量的点,徒手将各点轻轻地连成曲线,然后在曲线板上选取曲率相当的部分,分几段逐次将各点连成曲线。画每段曲线时,注意应留出各段曲线末端的一小段不画,使之与下段吻合,以保证曲线光滑连接,如图1-6所示。

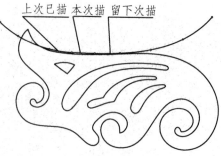

图 1-6 曲线板的使用

四、绘图用品

绘图时还要备好图纸、绘图铅笔、胶带纸、削笔刀、磨铅笔的砂纸、橡皮、清洁图纸的软毛刷或软布等绘图用品。

绘图纸应质地坚实、洁白,绘图时要选择经橡皮擦拭不易起毛的一面。绘图铅笔的铅芯有软、硬之分,分别用 B 和 H 来表示。B 前的数字大,表示铅芯软而黑;H 前数字大,则表示铅芯硬而淡;HB 表示软硬适中。绘图时常用 H 或 2H 的铅笔打底稿,用 HB 的铅笔加深细线和书写,加深粗线可用 B 或 2B 的铅笔。

削铅笔应从没有标号的一端开始,以便保留标号,供使用时识别。画粗线的铅笔应削成(或磨成)铲形(扁平四棱柱形),其他削成(或磨成)圆锥形,如图1-7所示。用铅笔画线时,用力要均匀。画长细实线时要边画边转动笔杆,使图线粗细均匀。笔身在前后方向应垂直于纸面,在走笔方向上自然倾斜,约与纸面成 60°角。

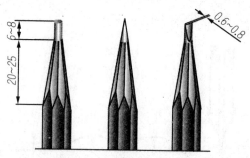

图 1-7 铅笔的削法

为提高绘图速度,可运用各种多功能绘图模板、绘图机等。随着计算机技术的发展,计算机绘图已被广泛使用,绘图质量和效率都有了很大的提高。

第二节 与制图相关的国家标准

工程图样是现代生产和建设的重要技术文件,为了便于生产和技术交流,国家对图样的画法作了统一的规定。工程技术人员必须严格遵守,认真贯彻国家标准。国家标准有专用的代号,如标准代号"GB/T 4457.4-2002"。其中,GB/T 为推荐性国家标准代号,一般简称国标。G 是"国家"一词汉语拼音的第一个字母,B 是"标准"一词汉语拼音的第一个字母,T 是"推荐"一词汉语拼音的第一个字母。4457.4 表示标准编号,2002 表示该标准颁布或修订的年份。

一、图纸幅面和格式

1. 图纸幅面

图纸幅面尺寸是指绘制图样所采用的纸张的大小规格。为了便于管理和合理使用纸张,绘制图样时应优先采用表 1-1 所规定的基本幅面尺寸。必要时也允许选用与基本幅面短边成整数倍增加的加长幅面。绘图时图纸可以横放或竖放。

国家标准规定,机械图样中的尺寸以毫米为单位时,不需标注单位。如采用其他单位,则必须注明相应的单位。本书的文字叙述和图例中的尺寸单位为毫米时,均不标出。

表 1-1 图纸基本幅面尺寸

图幅代号	A0	A1	A2	A3	A4
幅面尺寸($B\times L$)	841×1189	594×841	420×594	297×420	210×297
a	25				
c	10			5	
e	20		10		

2. 图框格式

在每一张图纸上都需要用粗实线画出图框线。图框格式分留装订边(图 1-8(a))和不留装订边(图 1-8(b))两种,但同一产品的多张图样应采用同一种格式,并均应画出图框线及标题栏。不同幅面图纸的 a、c、e 的尺寸如表 1-1 所示。

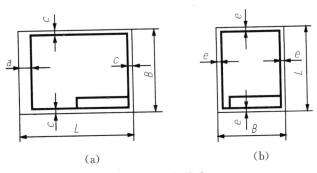

图 1-8 图框格式

3. 标题栏

每张图样必须画出标题栏。一般情况下，标题栏位于图纸右下角，如图1-8所示。标题栏中文字书写方向即为看图方向。国家标准规定了标题栏的格式和尺寸，如图1-9所示。但我们在学习本课程时可暂用图1-10所示的简化格式。

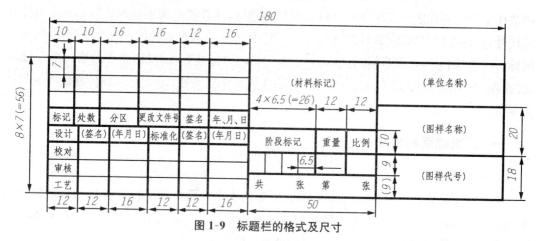

图1-9 标题栏的格式及尺寸

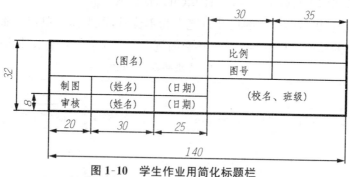

图1-10 学生作业用简化标题栏

二、比例

比例是指图样与其实物相应要素的线性尺寸之比。比例的种类有三种，比值为1的比例，即1∶1，叫原值比例；比值大于1的比例叫放大比例；比值小于1的比例叫缩小比例。表1-2所示为优先选用的比例，必要时也允许选取表1-3规定的比例。

表1-2 优先选用的比例

原值比例	1∶1
放大比例	5∶1　2∶1　$5×10^n∶1$　$2×10^n∶1$　$1×10^n∶1$
缩小比例	1∶2　1∶5　1∶10　$1∶2×10^n$　$1∶5×10^n$　$1∶1×10^n$

表1-3 不常选用的比例

放大比例	4∶1　2.5∶1　$4×10^n∶1$　$2.5×10^n∶1$
缩小比例	1∶1.5　1∶2.5　1∶3　1∶4　$1∶1.5×10^n$　$1∶2.5×10^n$　$1∶3×10^n$　$1∶4×10^n$　$1∶6×10^n$

为了从图样上反映实物大小的真实印象,绘图时应尽量采用原值比例。绘制大而简单的机件可采用缩小比例;绘制小而复杂的机件可采用放大比例。图形不论放大或缩小,在标注尺寸时,均应按实际尺寸标注,如图 1-11 所示。

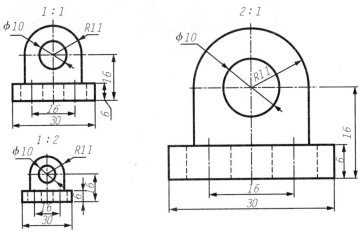

图 1-11　不同比例画出的图形

三、字体

图样中书写字体必须做到:字体端正、笔画清楚、间隔均匀、排列整齐。

字体的高度(h,单位:mm)系列为 2.5、3.5、5、7、10、14、20,如 5 号字即字高为 5 mm。字体的宽度约等于字体高度的 2/3。

1. 汉字的写法

图样中书写汉字字体为长仿宋体,并采用国家正式公布的简化字,字宽约为字高的 2/3。字高不应小于 3.5 号,以避免字迹不清。书写要点是"横平竖直、注意起落、结构均匀、填满方格"。长仿宋体的书写示例如图 1-12 所示。

10号字　字体工整　笔画清楚　间隔均匀　排列整齐

7号字　横平竖直　注意起落　结构均匀　填满方格

5号字　技术制图　机械电子　汽车船舶　土木建筑

3.5号字　螺纹齿轮　航空工业　施工排水　供暖通风　矿山港口

图 1-12　长仿宋体汉字写法

2. 数字与字母的写法

常用字母为拉丁字母和希腊字母,数字为阿拉伯数字和罗马数字。字体分 A 型(机器书写)和 B 型(手工书写)。A 型字体的笔画宽度(d)为字高的 1/14;B 型字体的笔画宽度(d)为字高的 1/10。字体也分为直体和斜体,斜体字字头向右倾斜,与水平线约成 75°角,如图 1-13 所示。在同一图样中只允许选用同一种字体。用作指数、分数、极限偏差、注脚等的数字及字母,一般采用小一号的字体。

图1-13 数字与字母斜体的写法

四、图线

图样中为了表示不同内容,并能分清主次,必须使用不同线型、线宽的图线。国家标准规定了在机械图样中常用的9种图线,其形式、名称、宽度以及应用举例如表1-4和图1-14所示。

机械工程图样中的图线宽度有粗、细两种,其线宽比为2∶1。常用的基本线型有粗实线、细实线、虚线、点画线、波浪线和双点画线。线宽 d 推荐系列为:0.13、0.18、0.25、0.35、0.5、0.7、1、1.4、2 mm,优先选用 0.7 mm。

表1-4 机械制图常用的9种图线

图线名称	线型	线宽	一般应用
细实线		$d/2$	尺寸线、尺寸界线、指引线、过渡线、剖面线、重合断面的轮廓线、螺纹牙底线、投影线
波浪线		$d/2$	断裂处边界线、视图与剖视图的分界线
双折线		$d/2$	
粗实线		d	可见轮廓线、可见棱边线、螺纹牙顶线、螺纹终止线、剖切符号用线、齿顶圆
细虚线		$d/2$	不可见轮廓线、不可见棱边线
粗虚线		d	允许表面处理的表示线
细点画线		$d/2$	轴线、对称中心线、分度圆(线)
粗点画线		d	限定范围表示线
细双点画线		$d/2$	可动零件的极限位置的轮廓线、相邻辅助零件的轮廓线

绘制图线时应注意以下问题(图1-15):

(1) 在同一图样中,同一类型的图线宽度应一致。虚线、点画线及双点画线的线段长度和间隔应力求相等。

(2) 当有两种或更多种的图线重合时,通常应按照图线所表达对象的重要程度优先选择绘制顺序。顺序为:可见轮廓线——不可见轮廓线——尺寸线——各种用途的细实线——中心线和对称线——假想线。

(3) 点画线和双点画线中的点与长画应一起绘制;首、末两端应是长画,不应是点;图线相交时,相交处应是长画,而不应该是点或间隔。

(4) 画圆的中心线时,细点画线的两端应超出轮廓线 2～5 mm;当圆的直径较小(小于 12 mm)时,允许用细实线代替细点画线。

(5) 当虚线处于粗实线的延长线上时,粗实线应画到分界点,虚线与粗实线之间应留有空隙。当虚线圆弧与虚线直线相切时,虚线圆弧的线段应画到切点,而虚线直线需留有空隙。

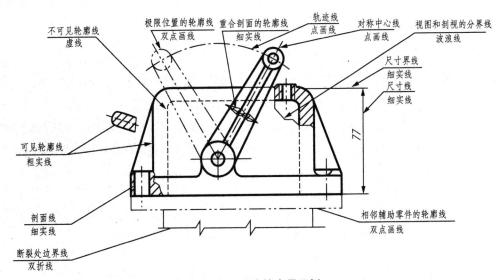

图 1-14 图线的应用示例

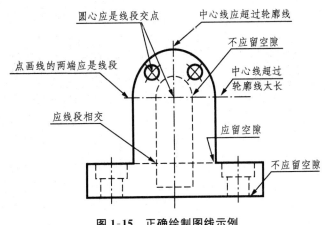

图 1-15 正确绘制图线示例

第三节 尺寸标注

图样中的尺寸是加工制造零件的主要依据。如果尺寸标注错误、不完整或不合理,将给生产带来困难,甚至产生废品。

一、基本规则

(1) 机件的真实大小应以图样上所注的尺寸数值为依据,与图形的大小及绘图的准确度无关。

(2) 图样中的尺寸,以毫米为单位时,不需标注计量单位的代号或名称,如果采用其他单位,则必须注明相应计量单位的代号或名称。

(3) 图样中标注的尺寸为该图样所示机件的最后完工尺寸,否则应另加说明。

(4) 机件的每一尺寸一般只标注一次,并应标注在反映该结构最清晰的图形上。

二、尺寸要素

一个完整的尺寸,包含下列四个尺寸要素:

(1) **尺寸界线** 尺寸界线表示尺寸的起止范围,用细实线绘制,并应由图形的轮廓线、轴线或对称中心线引出。也可直接用轮廓线、轴线或对称中心线作为尺寸界线。

(2) **尺寸线** 尺寸线表示尺寸度量的方向,用细实线绘制。尺寸线必须单独画出,不能与其他图线重合或画在其延长线上;尺寸线不应互相交叉,也要避免和尺寸界线交叉。

(3) **尺寸线终端** 尺寸线终端有箭头或细斜线两种形式,其画法如图 1-16 所示。箭头适用于各种类型的图形,箭头尖端与尺寸界线接触,不得超出也不得离开;当尺寸线终端采用细斜线形式时,尺寸线与尺寸界线必须相互垂直。同一张图样中只能采用一种尺寸终端形式。当采用箭头时,若位置不够,允许用圆点代替箭头,如图 1-17 所示。

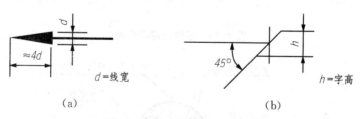

图 1-16 尺寸终端的两种画法

图 1-17 圆点代替箭头终端

(4) **尺寸数字** 尺寸数字表示所标注机件的实际大小。线性尺寸的数字一般注写在尺寸线的上方或尺寸线的中断处,在同一张图样中要采用同一种形式,并应尽可能采用前一种形式。在同一张图样中的尺寸数字大小应一致,一般用3.5号标准字体书写,线性尺寸数字的水平书写方向字头应朝上,垂直书写方向字头应朝左,倾斜方向字头要有向上的趋势。当位置不够时,可引出标注。

角度的数字一律写成水平方向,即数字竖直向上。一般注写在尺寸线的中断处,如图1-18所示。必要时,也可注写在尺寸线的附近或注写在引出线的上方。

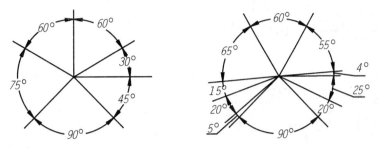

图1-18 角度的标注

常见图形的尺寸标注示例如图1-19所示。

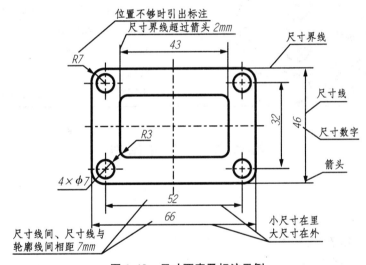

图1-19 尺寸要素及标注示例

应尽可能避免在向左倾斜30°范围内标注尺寸。当无法避免时,可采用引出标注方法注写,如图1-20所示。

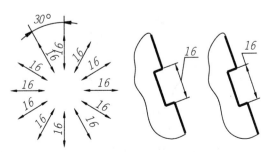

图1-20 避免在向左倾斜30°标注尺寸

尺寸数字要符合书写规定,且要书写准确、清楚。要特别注意,任何图线都不得穿过尺寸数字。当不可避免时,应将图线断开,以保证尺寸数字的清晰。常见尺寸标注方法如表1-5所示。

表1-5 常见尺寸的标注方法

图 例	说 明
直线尺寸的注法 (a)好 (b)不好	串列尺寸,箭头对齐
(a)正确 (b)错误	并列尺寸,小在内,大在外,尺寸线间隔不小于7~10mm
直径尺寸注法	1. 标注直径,应在尺寸数字前加注符号"φ" 2. 直径尺寸线应通过圆心或平行直径,小圆尺寸线方向应指向圆心 3. 直径尺寸与圆周或尺寸界线接触处画箭头终端 4. 不完整圆的尺寸线应超过半径

第四节　几何作图

一、作正多边形

1. 正六边形作法(图1-21)

(1) 画水平、垂直对称中心线,定圆心作已知圆;

(2) 分别以1、4点为圆心,以D/2为半径作圆弧,分别交已知圆于2、3、5、6点;

(3) 用线段连接1、3,1、2,4、5,4、6,3、5,2、6点即得到正六边形。

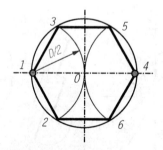

图1-21 圆的六等分与作正六边形

2. 正五边形作法（图 1-22）

(1) 作半径 OB 的等分点 K；
(2) 以 K 点为圆心、KA 为半径作圆弧，交水平直径于 C 点；
(3) 以 AC 为半径，分圆周为五等分；
(4) 依次连接各等分点即得正五边形。

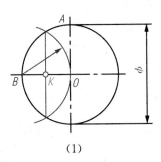
(1)

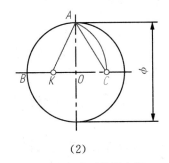
(2)

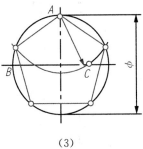
(3)

图 1-22 正五边形作图步骤

二、斜度和锥度

1. 斜度

一直线（或平面）对另一直线或平面的倾斜程度称为斜度。斜度的大小以它们之间夹角 α 的正切来表示，即斜度 $=\tan \alpha = H/L$，并转化成 $1:n$ 的形式。斜度及其符号如图 1-23 所示。

过已知点作 1∶6 斜度线的步骤：

(1) 在水平直线上取 6 个单位，在垂直方向上取 1 个单位；

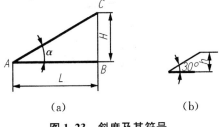

图 1-23 斜度及其符号

(2) 连接 6 等分点和 1 等分点，即得到 1∶6 的斜度；
(3) 过已知点作 1∶6 斜度的平行线，即为所求斜度线。如图 1-24 所示。

注意：锥度符号的高度等于图纸上的字高，倾斜方向应与物体倾斜方向一致。

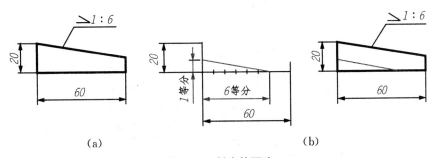

图 1-24 斜度的画法

2. 锥度

正圆锥台上两截面圆的直径差与两截面间的距离之比称为锥度，锥度 $= (D-d)/H$，并将此比值转化为 1∶n 的形式。锥度及其符号如图 1-25 所示。

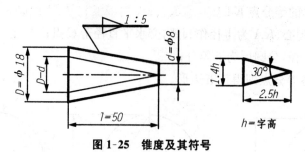

图 1-25 锥度及其符号

过已知点作 1∶3 锥度线的步骤：
(1) 在水平轴线上取 3 个单位，在垂直方向上对称于轴线取 1 个单位；
(2) 连接两条斜边，即得 1∶3 的锥度；
(3) 过已知点分别作平行线，即为所求锥度线，如图 1-26 所示。

注意：斜度符号的高度等于 1.4 倍字高，长度等于 2.5 倍字高，锥角方向应与物体的锥角方向一致。

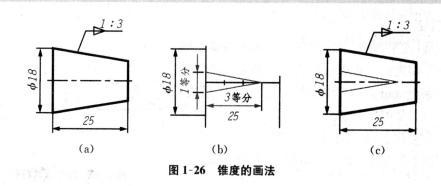

图 1-26 锥度的画法

三、圆弧连接

用一段圆弧光滑地连接相邻两条已知圆弧或直线的作图方法称为圆弧连接。如用一直线连接两圆弧，该直线称为公切线；如用圆弧连接圆弧或直线，该圆弧称为连接弧；两连接线段中圆滑过渡的分界点称为切点，如图 1-27 所示。

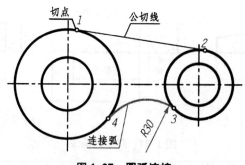

图 1-27 圆弧连接

1. 圆弧连接的作图原理

为使圆弧连接光滑,必须使圆弧与直线、圆弧与圆弧相切,因此必须准确地求出连接圆弧的圆心及切点。圆弧与直线、圆弧与圆弧外切、圆弧与圆弧内切的作图原理如图 1-28 所示。

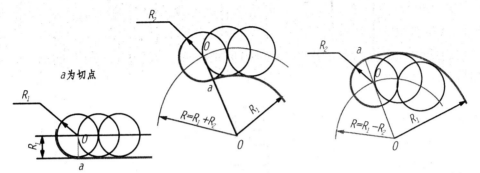

(a)圆弧与直线连接　　(b)圆弧与圆弧连接(外切)　　(c)圆弧与圆弧连接(内切)

图 1-28　圆弧连接的作图原理

2. 圆弧连接的作图步骤

(1) 求出连接圆弧的圆心;
(2) 作垂线或连接两圆心,找到切点;
(3) 画出连接圆弧。

四、椭圆的画法

已知椭圆的长轴 AB、短轴 CD,用近似画法画椭圆的作图步骤如下:

连接椭圆长、短轴的端点 AC,取 $CE = CE_1 = OA - OC$。作 AE_1 的中垂线,与两轴交于点 O_1、O_2,并作对称点 O_3、O_4,分别以 O_1、O_2、O_3、O_4 为圆心,以 O_1A、O_2C、O_3B、O_4D 为半径作弧,切于 K、N、N_1、K_1 即得近似椭圆。此方法关键是找准 O_1、O_2、O_3、O_4 四个圆心,故称为四心圆法。如图 1-29 所示。

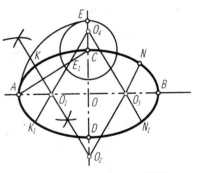

图 1-29　用四心圆法画椭圆

第五节　绘图的一般步骤和方法

一、图形分析

1. 尺寸基准

在坐标系中每个方向上标注尺寸的起点,称为尺寸基准。分析尺寸时,首先要查找尺寸基准。通常以图形的对称轴线、较大圆的中心线、图形边界的轮廓线作为尺寸基准。一个平面图形具有两个坐标方向的尺寸,每个方向至少要有一个尺寸基准。

尺寸基准常常也是画图的基准。画图时,要从尺寸基准开始画。

2. 尺寸分析

图形上的尺寸大致可分为两大类,即定形尺寸和定位尺寸。

(1) **定形尺寸** 决定图形形状的尺寸,称为定形尺寸。如圆的直径、圆弧半径、多边形边长、角度大小等均属定形尺寸。如图1-30中的20、$\phi 27$、R32等。

(2) **定位尺寸** 决定图形中各组成部分与尺寸基准之间相对位置的尺寸,称为定位尺寸。如圆心、封闭线框、线段等在平面图形中的位置尺寸。如图1-30中的6、10、60。

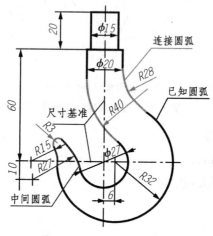

图1-30 平面图形的画法

3. 线段分析

我们把直线段和圆弧都称为线段。直线的作图比较简单,这里只分析圆弧的性质。手工画圆或圆弧,需知道半径和圆心位置,根据图中所给定的尺寸,圆弧有三类:

(1) **已知线段** 半径和圆心位置的两个定位尺寸均为已知的圆弧。根据图中所注尺寸能直接画出。如图1-30中的$\phi 27$、R32。

(2) **中间线段** 已知半径和圆心的一个定位尺寸的圆弧。它需与其一端连接的线段画出后,才能确定其圆心位置。如图1-30中的R15、R27。

(3) **连接线段** 只已知半径尺寸,而无圆心的两个定位尺寸的圆弧。它需要与其两端相连接的线段画出后,通过作图才能确定其圆心位置。如图1-30中的R3、R28、R40。

绘图时,一般从图形的基准线画起,再按已知线段、中间线段、连接线段的顺序作图。对圆弧来说,先画已知圆弧,再画中间圆弧,最后画连接圆弧。如图1-30所示。

二、绘图方法和步骤

1. 准备工作

画图前要准备好绘图工具和仪器,备好图纸,按要求削好铅笔和圆规中的铅芯。

2. 轻画底稿

(1) 选比例、定图幅;

(2) 固定图纸；

(3) 画图框线和标题栏；

(4) 布置图形位置；

(5) 轻画底稿。

先画出图形的所有基准线,再根据尺寸画出主要轮廓线,最后画细节部分。画底稿图时,使用2H铅笔,线应画得轻、细、准。

3. 加深图线

加深图线前要仔细校对,擦去错线、多余线和辅助线。加深不同类型的图线,应选用不同硬度的铅笔。粗实线可使用2B铅笔,细实线、细虚线、细点画线等可使用B或HB铅笔。加深图线的一般顺序为：

(1) 先加深圆、圆弧及曲线；

(2) 自上而下加深水平线；

(3) 自左至右加深垂直线；

(4) 最后加深倾斜线。

4. 标注尺寸

标注尺寸时先一次性画好尺寸界线、尺寸线和箭头,然后注写尺寸数字及符号等。

5. 注写必要的文字说明,填写标题栏

6. 检查、校对全图

思考与实践：

1. 请按国家标准裁剪出A4图纸8张,A3图纸4张,并任取两张绘制图框线和标题栏,以备后用。

2. 按相关规定,绘制粗实线、细实线、细虚线、细点画线,并分别说出其用途。

3. 按5号和7号字体练习长仿宋体,总结长仿宋体的书写要领。

4. 尝试设计一个平面图形,把它画在图纸上,并标注尺寸。

第二章　投影基础

任务驱动

(1) 了解投影法的种类。
(2) 正确理解正投影的投影理论与投影特性。
(3) 掌握三视图的形成及投影规律。
(4) 掌握点的投影规律。
(5) 掌握各类直线的投影特性。
(6) 熟悉两直线相对位置的判定方法。
(7) 掌握各种位置平面的投影特性。
(8) 熟悉平面上的直线和点的投影关系。

在实际生产中，我们遇到的图样因行业的不同而不同。如机械行业、建筑行业等使用的图样就是按照不同的投影方法绘制出来的，机械图样是用正投影法绘制的。

第一节　正投影法及其基本性质

一、投影法

利用投射线使物体在指定面上产生图形的方法叫投影法。如图 2-1 所示，光源 S 称为投射中心，由光源发射出的光线称为投射线；平面 P 是形成图形的平面，称为投影面；物体四边形 $ABCD$ 在投影面 P 上所得到的图形 $abcd$ 称为投影。我们用大写字母表示物体，小写字母表示投影。

常用的投影法有两大类：中心投影法和平行投影法。设投射线都是从投射中心出发，在投影面上作出物体投影的方法，称为中心投影法，如图 2-1 所示。若用相互平行的投射线在投影面上作出物体投影的方法，称为平行投影法。平行投影法中，投射线与投影面相垂直，称为正投影法，如图 2-2(a)所示；投射线与投影面相倾斜，称为斜投影，如图 2-2(b)所示。

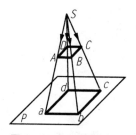

图 2-1　中心投影法

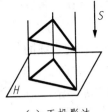 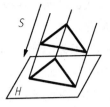

(a) 正投影法　　　　(b) 斜投影法

图 2-2　平行投影法

正投影法能准确地表达物体的形状结构,而且度量性好,因而在工程上应用广泛。机械图样主要是用正投影法绘制的,所以正投影法是我们学习的主要内容。中心投影法常用于画建筑透视图。

二、正投影的基本性质

正投影法有以下基本投影特性,是后面绘图运用到的基本理论,要求理解掌握并能熟练运用。

(1) **实形性**　直线或平面图形平行于投影面时,其投影反映直线的实长或平面图形的实形。如图 2-3 所示,$AB = ab$,三角形 $CDE = cde$。

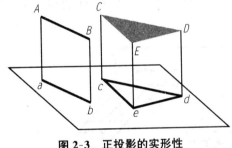 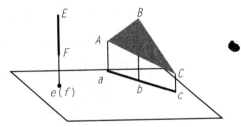

图 2-3　正投影的实形性　　　　图 2-4　正投影的积聚性

(2) **积聚性**　直线或平面图形垂直于投影面时,直线的投影积聚成一点,平面的投影积聚成一条直线。如图 2-4 所示,直线 EF 的投影积聚成了一个点,平面三角形 ABC 积聚成了一条线段。

(3) **类似性**　直线或平面倾斜于投影面时,直线的投影仍为直线,但小于实长;平面图形的投影基本特征不变,但小于真实形状,如图 2-5 所示。

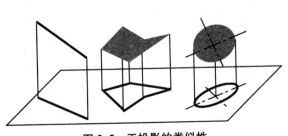 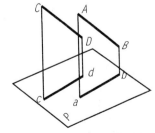

图 2-5　正投影的类似性　　　　图 2-6　正投影的平行性

(4) **平行性**　两平行直线的投影仍相互平行。如图 2-6 所示,物体 $AB \mathbin{/\mkern-2mu/} CD$,则投影

$ab \parallel cd$。当然,两平行直线也可能会在投影面上重合在一条直线上。这是平行的特殊情况。

(5) **从属性**　一个点在直线上,则它的投影一定在此直线的投影上,且分割线段的比例不变。如图 2-7 所示,点 C 在直线 AB 上,则投影 c 一定在 ab 上,点 H 在直线 EF 上,则投影 h 一定在 ef 上。同理,一个点在一个平面上,则它的投影一定在这个平面的投影上。这是我们后面求点的投影的基本理论,请牢记。

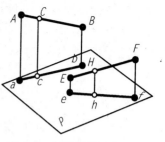

图 2-7　正投影的从属性

第二节　三视图的形成和投影规律

一、三视图的形成

一般来说,只用一个方向的投影来表达立体是不能表达清楚的,如图 2-8 所示,三个不同的形体在同一投影面的投影却是相同的。所以,通常需将立体向几个方向投影,才能完整清晰地表达出立体的形状和结构。我们在空间设立三个互相垂直的投影平面,构成三投影面体系,如图 2-9 所示。其中,V——正面,W——侧面,H——水平面,V、H 交线——X 轴,H、W 交线——Y 轴,V、W 交线——Z 轴。

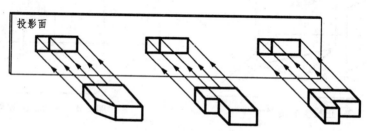

图 2-8　不同形体在同一投影面的投影

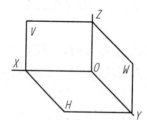

图 2-9　三投影面体系

用正投影法将物体向投影面投射所得到的图形,称为视图。物体在三投影面(V、H、W)体系中的投影,称为三视图,V 面投影称为主视图,H 面投影称为俯视图,W 面投影称为左视图,如图 2-10 所示。

为了便于看图和画图,通常要使物体的主要表面、对称平面或回转体轴线相对于投影面处于平行或垂直的特殊位置,这样可使形成的视图更加直观。物体在三投影面体系中的位置一经选定,在投影过程中不能移动或变更。我们将 X、Y 和 Z 轴方向分别设为物体的长度方向、宽度方向和高度方向。

为了画图方便,需将互相垂直的三个投影面展开在同一个平面上。展开时,V 面保持不动,H 面绕 X 轴向下旋转 $90°$,W 面绕 Z 轴向右旋转 $90°$,这样 V 面、H 面和 W 面就在同一平面上了。同时,三视图也随之展开,展开后,以主视图为准,俯视图在它的正下方,左视图在它的正右方,如图 2-10(b)所示。

用正投影法表示的物体的形状和大小与其离投影面的远近无关,所以,画物体的三视图时,不必画出投影轴和投影连线,最后成图如图 2-11 所示。

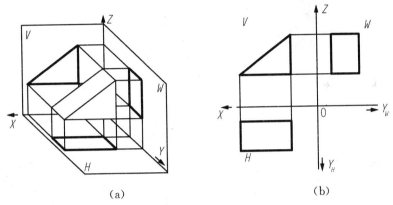

图 2-10 三视图的形成

二、三视图的投影规律

1. 三视图反映物体尺寸的投影规律

物体有长、宽、高三个方向的尺寸,但每个视图只能反映其中的两个。主视图反映物体的长度和高度,俯视图反映物体的长度和宽度,左视图反映物体的宽度和高度。并且尺寸与投影之间有以下关系:主、俯视图长对正,主、左视图高平齐,俯、左视图宽相等。应当指出,无论是物体的整体或局部,其三面投影都必须符合"长对正、宽相等、高平齐"的投影规律。这是正确绘图的重要性质,必须理解并熟练运用。

2. 三视图反映物体方位的投影规律

所谓方位关系,是指观察者面对正面(即主视图的投射方向)来观察物体,所分出的上、下、左、右、前、后六个方位。每个视图只能反映出物体六个方位关系中的四个,即:主视图可以反映物体的上、下和左、右关系;俯视图可以反映物体的左、右和前、后关系;左视图可以反映物体的上、下和前、后关系。需要注意的是,俯、左视图中靠近主视图的一边(里边),均表示物体的后面;远离主视图的一边(外边),均表示物体的前面。

3. 三视图反映物体形状的投影规律

一般情况下,物体有六面(上、下、左、右、前、后)外形和三个方向(主视、俯视、左视)上的内形,每个视图只能反映物体的两面外形和一个方向上的内形:主视图反映物体的前、后外形和主视方向上的内形;俯视图反映物体的上、下外形和俯视方向上的内形;左视图反映物体的左、右外形和左视方向上的内形。

由上面三视图的投影规律可知:物体三个方向的尺寸、六个方位由两个视图就能确定;而物体的形状一般需要三个视图才能确定。物体的内形和背面的外形都是不可见的,在三视图上,不可见部分以虚线表示。具体物体的立体图与对应的三视图如图 2-11 所示。**请读者细细体会,锻炼空间立体图与平面三视图相互转化的能力。**

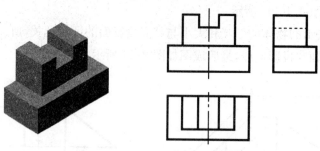

图 2-11 物体的立体图与三视图

第三节 点的投影

点是构成物体最基本的几何要素。只有学习和掌握了几何元素的投影规律和特征,才能正确地绘制和阅读形体的投影,才能透彻理解机械图样所表示物体的具体结构形状。学习点的投影规律是学习直线、平面和立体投影的基础。

点的投影仍然是点。

一、点的三面投影和投影规律

如图 2-12(a)所示,假设在三面投影体系中有一空间点 A,过点 A 分别向 H 面、V 面和 W 面作垂线,得到三个垂足 a,a',a'' 即为空间点 A 在三个投影面上的投影。

为了区别空间点以及该点在三个投影面上的投影,规定空间真实点用大写字母表示,如 A、B、C 等;水平投影用相应的小写字母表示,如 a、b、c 等;正面投影用相应的小写字母加撇表示,如 a'、b'、c';侧面投影用相应的小写字母加两撇表示,如 a''、b''、c''。

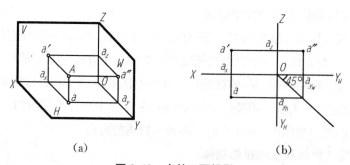

(a)　　　　　　　　　　(b)

图 2-12 点的三面投影

按照前面介绍的三视图的投影面展开方法,将三个投影面展开摊平并去掉边框,得到点 A 的三面投影,如图 2-12(b)所示。

点 A 在 H 面上的投影 a，叫做点 A 的水平面投影，它是由点 A 到 V，W 两个投影面的距离所决定的；

点 A 在 V 面上的投影 a'，叫做点 A 的正面投影，它是由点 A 到 H，W 两个投影面的距离所决定的；

点 A 在 W 面上的投影 a''，叫做点 A 的侧面投影，它是由点 A 到 V，H 两个投影面的距离所决定的。

由此可知：空间点 A 在三投影面体系中有唯一确定的一组投影 (a, a', a'')。若已知点的投影，就能知道点到三个投影面的距离，就可以完全确定点在空间的位置。反之，若已知点的空间位置，也可以画出点的投影。

由图 2-12 中可以得到点的三面投影规律：

(1) 点的正面投影和水平投影的连线垂直 OX 轴；

(2) 点的正面投影和侧面投影的连线垂直 OZ 轴；

(3) 点的水平投影 a 到 OX 轴的距离等于侧面投影 a'' 到 OZ 轴的距离，即"宽相等"。

在作图中，可以用 45°辅助线或以原点为圆心作弧线来反映这一投影关系。熟练掌握后，也可以直接用分规截取二者相等。

根据上述投影规律，若已知点的任何两个面的投影，即可求出它的第三面投影。

例 2-1　如图 2-13(a)所示，已知点的水平面投影和正面投影，求它的侧面投影。

首先，自原点作与水平线方向夹角为 45°的辅助线。根据点的投影规律，过 a' 作 Z 轴的垂线，过 a 点作 Y 轴的垂线，交 45°斜线再向上作 Y 轴垂线与刚才作的水平垂线交于一点。此点即为所求 a''，如图 2-13(b)所示。

也可以直接用分规截取水平投影到 X 轴的距离，到 $a'a_z$ 的延长线上截取相等的长度，得侧面投影 a''，如图 2-13(c)所示。

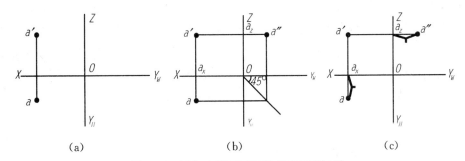

(a)　　　　　　　　　　(b)　　　　　　　　　　(c)

图 2-13　已知点的两面投影求第三面投影

第二种方法利用的原理是在投影面翻转中，点的 Y 坐标是保持不变的。下面介绍点的投影与直角坐标的联系。

二、点的投影与直角坐标

三投影面体系可以看成是一个空间直角坐标系，可用直角坐标确定点的空间位置。投影面 H，V，W 作为坐标面，三条投影轴 OX，OY，OZ 作为坐标轴，三轴的交点 O 作为坐标原点。由图 2-14 可以看出 A 的直角坐标与其三个投影的关系。

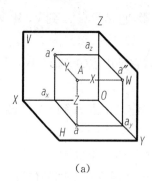
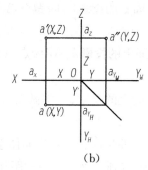

(a)   (b)

图 2-14 点的投影与直角坐标的关系

点在空间的位置也可用其直角坐标来确定。如图 2-15 所示,根据点的三面投影,可直接量出该点的三个坐标;反之,已知一个点的三个坐标,就可以知道该点的三面投影。

(1) 点到 W 面的距离 $a'a_Z = aa_{Y_H} = Oa_X = X_A$;

(2) 点到 V 面的距离 $aa_X = a''a_Z = Oa_{Y_W} = Y_A$;

(3) 点到 H 面的距离 $a'a_X = a''a_{Y_W} = Oa_Z = Z_A$。

例 2-2 已知 A 点的坐标值 $A(12,10,15)$,求作 A 点的三面投影图。

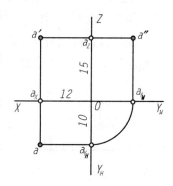

图 2-15 由点的三面投影可得到直角坐标值

作图步骤:

(1) 在 X 轴上量取得到 X 坐标为 12 的点 a_X,过 a_X 作 X 轴的垂线;

(2) 在 Z 轴上量取得到 Z 坐标为 15 的点 a_Z,过 a_Z 作 Z 轴的垂线,两条线的交点即为 a';

(3) 在 Y_H 轴上量取得到 Y 坐标为 10 的点 a_{Y_H},过 a_{Y_H} 点作 Y_H 轴垂线,与 $a'a_X$ 的延长线的交点即为 a;

(4) 用圆规以原点为圆心,以 Oa_{Y_H} 为半径作弧交于 Y_W 轴于 a_{Y_W},过 a_{Y_W} 作 Y_W 轴垂线,与 $a'a_Z$ 的延长线的交点即为 a'',如图 2-16 所示。

图 2-16 已知点的坐标求作点的三面投影

三、各种位置点的投影

点在三投影面体系中有以下四种位置情况:

(1) **在空间的一般位置点(X,Y,Z 坐标均不为 0)**

点的 X,Y,Z 坐标均不为零,所以对三个投影面都有一定距离,点的三个投影都不在轴上,如图 2-17 所示。我们称之为一般位置点。

(2) **在投影面上的点(有一个坐标为 0)**

在投影面上的点,有一个坐标为 0。在 H 面上,坐标为

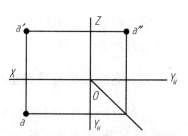

图 2-17 一般位置点的三面投影

$(X,Y,0)$；在 V 面上，坐标为 $(X,0,Z)$；在 W 面上，坐标为 $(0,Y,Z)$。

由于点在投影面上，点对该投影面的距离为零。所以，点在该投影面上的投影与空间点重合，另两个投影在该投影面的两根投影轴上。如图 2-18 所示的点 B、C、D 分别在水平面、正面和侧面上。

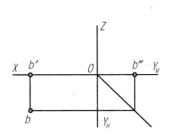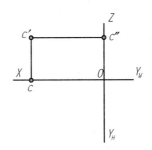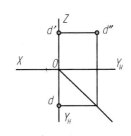

图 2-18　投影面上的点的三面投影

(3) 在投影轴上的点(有两个坐标为 0)

在投影轴上的点，有两个坐标为 0。在 X 轴上，坐标为 $(X,0,0)$；在 Y 轴上，坐标为 $(0,Y,0)$；在 Z 轴上，坐标为 $(0,0,Z)$。

投影轴上的点的三面投影，有一个投影在原点上，另两个投影和其空间点本身重合，如图 2-19 中的 C 点。正面投影与侧面投影重合在 Z 轴上，但"c'"、"c''"要分别标注在 V 面和 W 面的区域内，不能混淆。

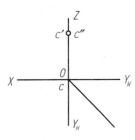

图 2-19　在投影轴上的点的三面投影

(4) 在原点上的空间点(三个坐标都为 0)

三个坐标都为 0，它的三个投影必定都在原点上。

四、两点的相对位置

空间两点的相对位置是指两点的上下、左右、前后关系。在投影图中可通过它们的坐标差来判断它们之间的相对位置。其中，左、右由 X 坐标判别；前、后由 Y 坐标判别，上、下由 Z 坐标判别。点的投影既能反映点的坐标，也能反映出两点的坐标差。两点中 X 值大的点在左，Y 值大的点在前，Z 值大的点在上。

如图 2-20 所示，已知空间两点 A、B 的三面投影，判别 A 点和 B 点的相对位置。由图可知，$X_A < X_B$，因此 A 点在 B 点的右方；$Y_A > Y_B$，因此 A 点在 B 点的前方；$Z_A > Z_B$，因此 A 点在 B 点的上方。概括地说，就是 A 点在 B 点的右、前、上方。

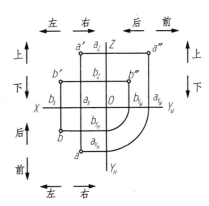

图 2-20　两点的相对位置

例 2-3　已知 A 点的直角坐标为 (20,15,20)，B 点在 A 点之左 10、之下 15、之前 10，C 点在 A 点的正前方 5。请作出 A、B、C 三点的三面投影。

已知 A 点的 X、Y、Z 坐标,可先作出 A 点的三面投影。根据 B、C 点相对 A 点的位置,B 点在 A 点之左 10、之下 15、之前 10,C 点在 A 点的正前方 5,分别作出 B、C 两点的三面投影。作图过程如图 2-21 所示。

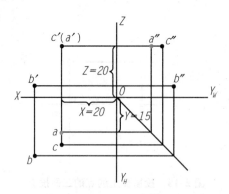

图 2-21 已知点的坐标和相对位置关系求作三面投影

五、重影点

从例 2-3 中可以发现 A 点和 C 点的正面投影是重合的。共处于同一条投影线上的两点,必在相应的投影面上具有重合的投影。若空间两点在某一投影面上的投影重合,则这两个点被称为该投影面的一对重影点。重影点的可见性需根据这两点不重影的投影的坐标大小来判别。判断其可见性,即判断两个点哪个可见,哪个不可见。

注意:对 H 面的重影点,从上向下观察,Z 坐标值大者可见;对 W 面的重影点,从左向右观察,X 坐标值大者可见;对 V 面的重影点,从前向后观察,Y 坐标值大者可见。在投影图上不可见的投影加括号表示,如(a')。

如图 2-22 所示,A 点和 B 点的 X 坐标和 Z 坐标相等,A 点的 Y 坐标大于 B 点的 Y 坐标,即 A 点在 B 点的正前方。A 点和 B 点的正面投影是一对重影点,且 a' 遮住了 b',b' 在投影面上须打括号,表示不可见。

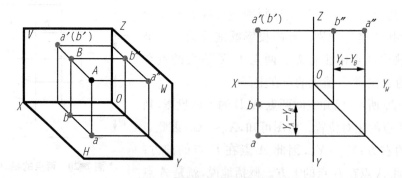

图 2-22 重影点的表示方法

判断可见性的方法是:

(1) 若两点的水平面投影重合,则看两点的正面投影或侧面投影,Z 坐标值大者为可见点;

(2) 若两点的正面投影重合,则看两点的水平面投影或侧面投影,Y 坐标值大者为可见点;

(3) 若两点的侧面投影重合,则看两点的水平面投影或正面投影,X 坐标值大者为可见点。

简单来说,就是上遮下、前遮后、左遮右。

第四节 直线的投影

一、直线三面投影的一般求法

空间一直线的投影可由直线上的两点(通常取线段两个端点)的同面投影来确定。如图 2-23 所示的直线 AB,求作它的三面投影图时,可分别作出 A、B 两点的投影(a,a',a'')、(b,b',b'')。然后将其同面投影连接起来即得直线 AB 的三面投影图,如图 2-23 所示。

直线的投影一般仍为直线,但当直线垂直于投影面时,投影积聚为一点。

作图步骤:

(1) 作出直线两端点的三面投影;
(2) 用直线连接两端点的同面投影。

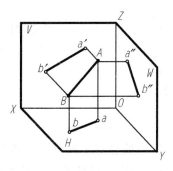
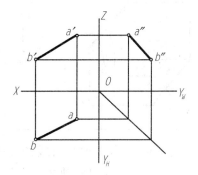

图 2-23 求作直线的投影

二、各种位置直线的投影特性

根据直线在三投影面体系中的位置可分为投影面平行线、投影面垂直线和一般位置直线三类。前两类直线称为特殊位置直线。

直线与投影面所夹的角称为直线对投影面的倾角。我们规定,用 α、β、γ 分别表示直线对 H 面、V 面、W 面的倾角。

1. 投影面平行线

平行于一个投影面,同时倾斜于另外两个投影面的直线,称为投影面平行线。平行于 H 面的称为水平线;平行于 V 面的称为正平线;平行于 W 面的称为侧平线。

在表 2-1 中,分别列出了水平线、正平线和侧平线的投影及其特性。

表 2-1 投影面平行线的投影特性

名称		直观图	投影图	投影特性
投影面平行线	水平线			(1) ab 与投影轴倾斜，$ab = AB$，反映倾角 β、γ 的大小 (2) $a'b' \parallel OX$，$a''b'' \parallel OY_W$
	正平线			(1) $a'c'$ 与投影轴倾斜，$a'c' = AC$，反映倾角 α、γ 的大小 (2) $ac \parallel OX$，$a''c'' \parallel OZ$
	侧平线			(1) $a''d''$ 与投影轴倾斜，$a''d'' = AD$，反映倾角 α、β 的大小 (2) $ad \parallel OY_H$，$a'd' \parallel OZ$

根据表中分析可知，投影面平行线的投影特性是：直线在它们所平行的投影面上的投影，反映直线的实长，它与两投影轴之间的夹角反映该空间直线对另外两个投影面的真实倾角；直线的另外两个投影分别平行于相应的投影轴且都小于实长。

画投影面平行线时，应先画反映实长的那个投影，即与投影轴倾斜的斜线。读图时，如果直线的三面投影中有一个投影与投影轴倾斜，另两个投影与相应投影轴平行，则该直线一定是投影面平行线，平行于投影为倾斜线的那个投影面。

2. 投影面垂直线

垂直于一个投影面，同时平行于另外两个投影面的直线，称为投影面垂直线。垂直于 V 面的称为正垂线；垂直于 H 面的称为铅垂线；垂直于 W 面的称为侧垂线。表 2-2 列出了三种投影面垂直线的直观图、投影图和投影特性。

表 2-2 投影面垂直线的投影特性

名称		直观图	投影图	投影特性
投影面垂直线	铅垂线			(1) ab 积聚为一点 (2) $a'b' \perp OX$，$a''b'' \perp OY_W$ (3) $a'b' = a''b'' = AB$
	正垂线			(1) $a'c'$ 积聚为一点 (2) $ac \perp OX$，$a''c'' \perp OZ$ (3) $ac = a''c'' = AC$
	侧垂线			(1) $a''d''$ 积聚为一点 (2) $ad \perp OY_H$，$a'c' \perp OZ$ (3) $ad = a'd' = AD$

投影面垂直线的投影特性：直线垂直于投影面，它在该投影面上的投影变成一个点。直线上任一点 M 的投影 m 也重合在这个点上，这种性质叫积聚性；在另外两个投影面的投影垂直于相应的投影轴，且反映实长。

对于投影面垂直线，在画图时，一般先画出积聚成一点的那个投影。读图时，如果直线的投影中有一个投影积聚成一点，则该直线一定是投影面垂直线，垂直于投影积聚成一点的那个投影面。

3. 一般位置直线

与三个投影面都处于倾斜位置的直线称为一般位置直线。表 2-3 列出了一般位置直线的直观图、投影图和投影特性。由投影图可知，直线 AB 与 H、V、W 面都处于倾斜位置，在投影面的投影均不能真实反映倾角 α、β、γ。

一般位置直线的投影特征可归纳为：

(1) 直线的三个投影 ab、$a'b'$、$a''b''$ 和投影轴都倾斜，各投影和投影轴所夹的角度不反映空间直线对相应投影面的真实倾角。

(2) 任何投影都小于空间直线的实长，也不能积聚为一点。

利用上述投影特征，如果直线的投影与三个投影轴都倾斜，则可判定该直线为一般位置直线。

表 2-3 一般位置直线的投影特性

名称	直观图	投影图	投影特性
一般位置直线	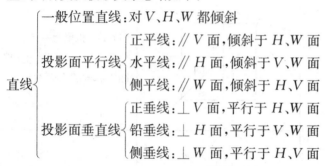		(1) 三个投影都与投影轴倾斜 (2) 三个投影均小于实长 (3) 不能反映与三个投影面的真实夹角

直线的种类及投影关系总结如下：

直线 ⎧ 一般位置直线：对 V、H、W 都倾斜
　　 ⎨ 投影面平行线 ⎧ 正平线：∥V 面，倾斜于 H、W 面
　　 ⎪　　　　　　 ⎨ 水平线：∥H 面，倾斜于 V、W 面
　　 ⎪　　　　　　 ⎩ 侧平线：∥W 面，倾斜于 H、V 面
　　 ⎩ 投影面垂直线 ⎧ 正垂线：⊥V 面，平行于 H、W 面
　　　　　　　　　　⎨ 铅垂线：⊥H 面，平行于 V、W 面
　　　　　　　　　　⎩ 侧垂线：⊥W 面，平行于 H、V 面

4. 直线上的点

（1）**点的从属性** 若点在直线上，则点的各个投影必定在该直线的同面投影上；反之，若一个点的各个投影都在直线的同面投影上，则该点必定在直线上。但是要注意：若点的三面投影有一个不在直线的同面投影上，则该点就不在此直线上。

（2）**点的定比性** 若点在直线上，则该点将线段的同面投影分割成与空间直线相同的比例，即具有定比性。

如图 2-24 所示，直线 AB 在水平面和正面的投影分别为 ab、$a'b'$，C 点在 AB 上，则 c 在 ab 上，c' 在 $a'b'$ 上；同时满足 $AC:CB = ac:cb = a'c':c'b'$。

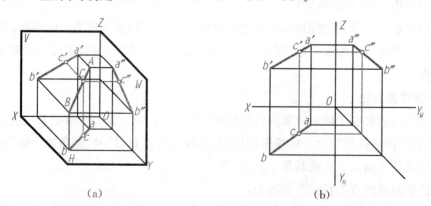

图 2-24 直线上的点

5. 两直线的相对位置

两直线的相对位置有：平行、相交、交叉三种情况。前两种位置的直线又称为共面直线，而交叉位置的直线又称为异面直线。

(1) 平行的两直线

若空间两直线平行,则它们的各同面投影必定互相平行。如图 2-25 所示。

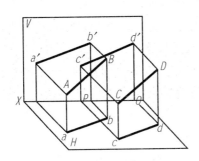
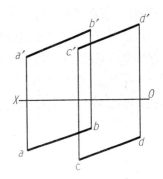

图 2-25　两直线平行

判定两直线是否平行的方法:若两直线处于一般位置,则只需观察两直线中的任何两组同面投影是否互相平行即可判定;但对于投影面平行线,只有两个同面投影互相平行,空间直线并不一定平行。如图 2-26 所示,从水平面投影和正面投影看,$ab \parallel cd$,$a'b' \parallel c'd'$,但并不能证明 $AB \parallel CD$,从侧面投影也验证了这一点,AB、CD 是不平行的。这是因为 AB、CD 两直线是投影面平行线——侧平线。因此,对于投影面平行线,需从三个面的投影是否平行来判断空间两条直线是否平行。

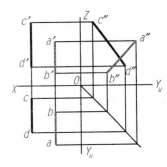

图 2-26　判断两直线是否平行

若只有两个面的投影判断,其中应包括反映实长的投影,或者观察两直线所平行的那个投影面上的投影是否互相平行才能确定。

(2) 相交的两直线

若空间两直线相交,则它们在三个投影面上的同面投影必定相交,且交点符合点的投影规律。如图 2-27(a)所示,两直线 AB、CD 相交于 K 点,因为 K 点是两直线的共有点,则此两直线的各组同面投影的交点 k、k'、k'' 必定是空间交点 K 的投影。反之,若两直线的各同面投影相交,且各组同面投影的交点符合点的投影规律,则此两直线在空间也必定相交,如图 2-27(b)所示。

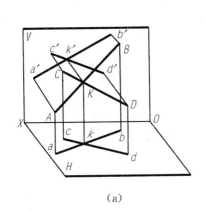

(a)

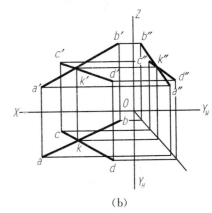

(b)

图 2-27　两直线相交

判定两直线是否相交的方法:如果两直线均为一般位置直线,则只需观察两直线中的任何两组同面投影是否相交,并根据交点是否符合点的投影规律即可判定。

当两直线中有一条直线为投影面平行线时,则需观察两直线在该投影面上的投影是否相交,并根据交点是否符合点的投影规律才能确定。如图 2-28(a)所示,从水平面投影和正面投影看,两直线是相交的,且交点也满足点的投影规律。其实 AB 与 CD 并不相交,CD 是侧平线,所以要在通过侧面投影来证明交点是否满足点的投影规律,才能判断是否真的相交,作侧面投影如图 2-28(b)所示,发现三个面的交点投影不满足点的投影规律,所以不相交。

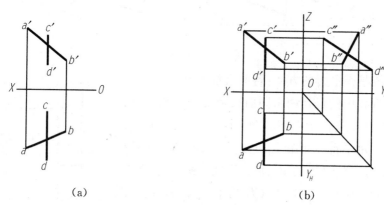

图 2-28　两直线并不真的相交

(3) 交叉的两直线

空间两直线既不平行又不相交时,称为两直线交叉。

若空间两直线交叉,则它们的各组同面投影可能相交或不相交,或者它们的各同面投影虽然相交,但其交点也不符合点的投影规律。反之亦然。如图 2-29(a)所示。

判定空间交叉两直线的相对位置:空间交叉两直线的投影的交点,实际上是空间两点的投影重合点。利用重影点和可见性,可以很方便地判别两直线在空间的相对位置。在图 2-29(b)中,判断 AB 和 CD 的正面重影点 $k'(l')$ 的可见性时,由于 K、L 两点的水平投影 k 比 l 的 Y 坐标值大,所以当从前往后看时,点 K 可见,点 L 不可见,由此可判定 AB 在 CD 的前方。同理,从上往下看时,点 M 可见,点 N 不可见,可判定 CD 在 AB 的上方。

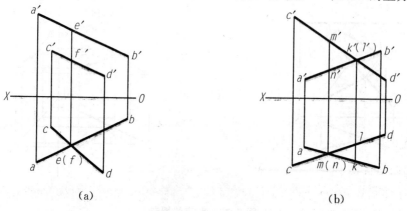

图 2-29　两直线交叉

第五节 平面的投影

一、平面的表示法

下面任一形式的几何元素都能够确定一个平面,因此它们的投影就是表示一个平面的投影:

(1) 不在同一直线上的三点,如图 2-30(a)所示;
(2) 一直线和直线外一点,如图 2-30(b)所示;
(3) 平行两直线,如图 2-30(c)所示;
(4) 相交两直线,如图 2-30(d)所示;
(5) 任意平面图形,如三角形、四边形、圆形等,如图 2-30(e)所示。

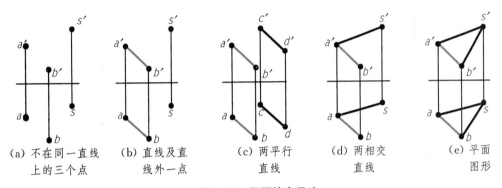

(a) 不在同一直线上的三个点　(b) 直线及直线外一点　(c) 两平行直线　(d) 两相交直线　(e) 平面图形

图 2-30　平面的表示法

二、各种位置平面的投影特性

空间平面相对于一个投影面的位置有平行、垂直和倾斜三种,三种位置分别有着不同的投影特性,如图 2-31 所示。

平行　　　　垂直　　　　倾斜

图 2-31　平面的投影特性

根据平面在三投影面体系中的位置不同可分为:投影面垂直面、投影面平行面和一般位置平面,前两种平面称为特殊位置平面。

1. 投影面垂直面

垂直于一个投影面,而且同时倾斜于另外两个投影面的平面称为投影面垂直面。

投影面垂直面又分为三种:垂直于 V 面的称为正垂面,垂直于 H 面的称为铅垂面,垂直于 W 面的称为侧垂面。空间平面与投影面所夹的角度称为平面对投影面的倾角。用 α、β、γ 分别表示空间平面对 H 面、V 面、W 面的倾角。

铅垂面、正垂面和侧垂面的投影特性见表 2-4。

表 2-4 投影面垂直面的投影特性

名称		直观图	投影图	投影特性
投影面垂直面	铅垂面	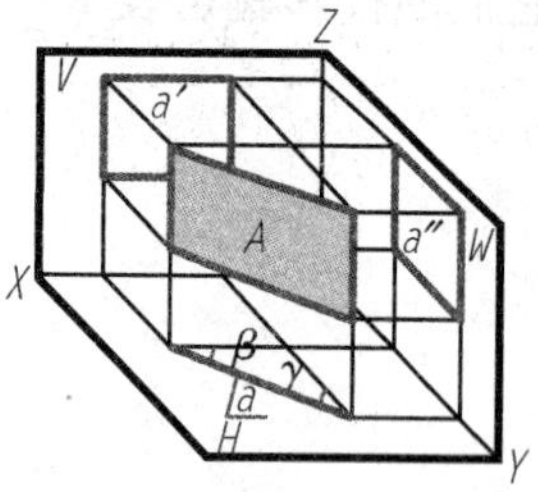	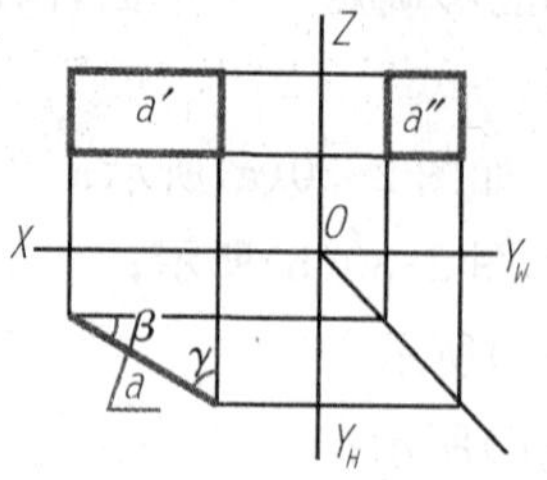	(1) H 面投影 a 积聚为一条斜线且反映 β、γ 的大小 (2) V 面投影 a′ 和 W 面投影 a″ 小于实形,是类似形
	正垂面	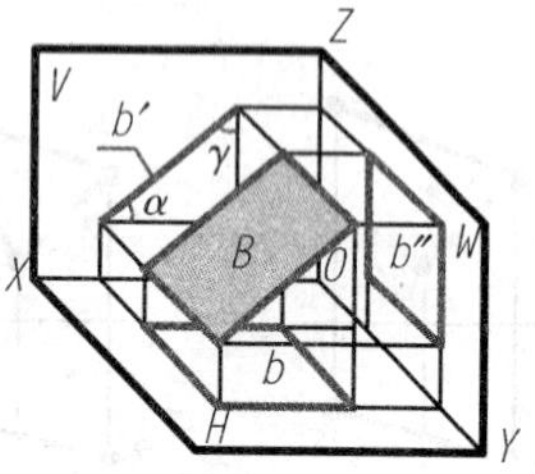	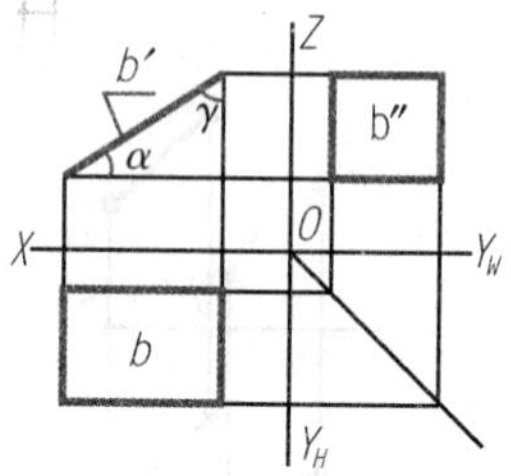	(1) V 面投影 b′ 积聚为一条斜线且反映 α、γ 的大小 (2) H 面投影 b 和 W 面投影 b″ 小于实形,是类似形
	侧垂面	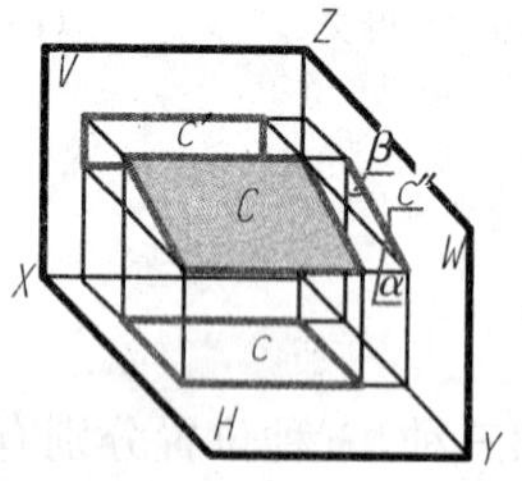	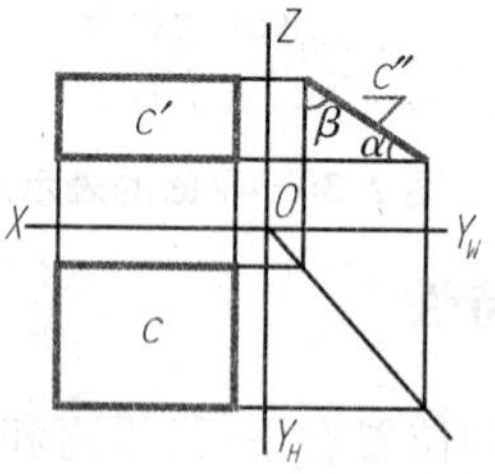	(1) W 面投影 c″ 积聚为一条斜线且反映 α、β 的大小 (2) H 面投影 c 和 V 面投影 c′ 小于实形,是类似形

平面在所垂直的投影面上的投影,是一条有积聚性的倾斜直线;此直线与两投影轴的夹角反映空间平面与另外两个投影面的真实倾角,另外两个投影是与空间平面图形相类似的平面图形。

2. 投影面平行面

平行于一个投影面,且同时垂直于另外两个投影面的平面称为投影面平行面。

投影面的平行面也有三种:平行于 V 面的称为正平面,平行于 H 面的称为水平面,平行于 W 面的称为侧平面。

水平面、正平面和侧平面的投影特性见表 2-5。

表 2-5 投影面平行面的投影特性

名称		直观图	投影图	投影特性
投影面平行面	水平面	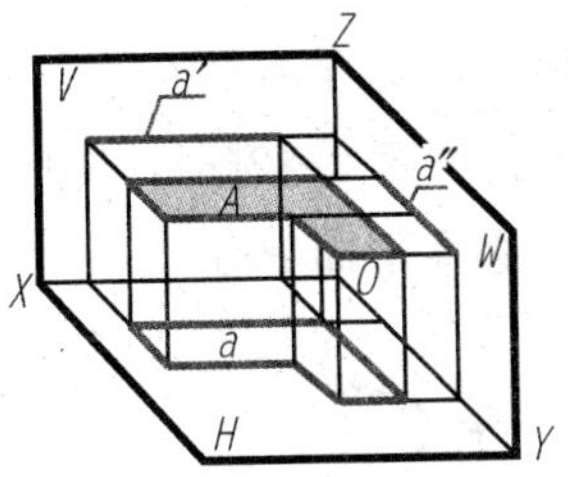	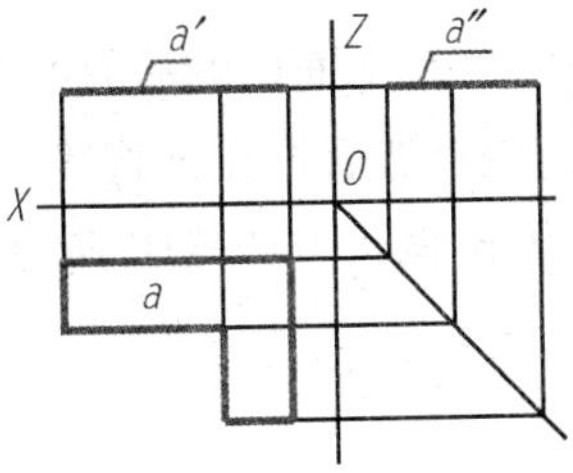	(1) H 面投影 a 反映实形 (2) V 面投影 a' 和 W 面投影 a″ 积聚为直线，分别平行于 OX、OY_W 轴
	正平面	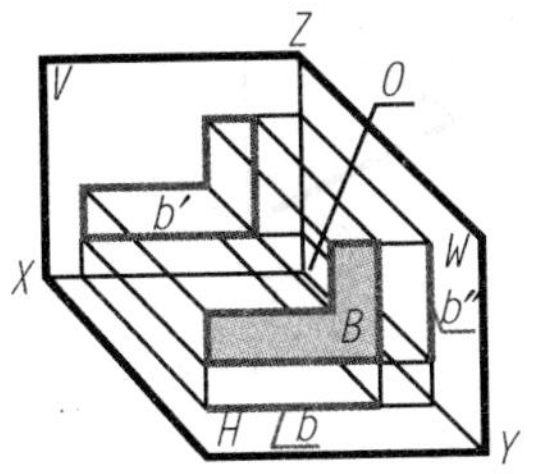	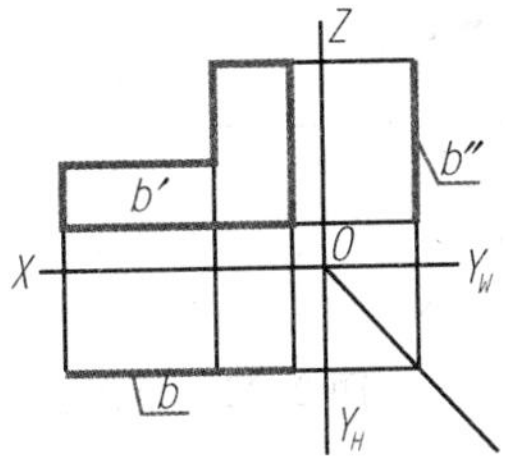	(1) V 面投影 b' 反映实形 (2) H 面投影 b 和 W 面投影 b″ 积聚为直线，分别平行于 OX、OZ 轴
	侧平面	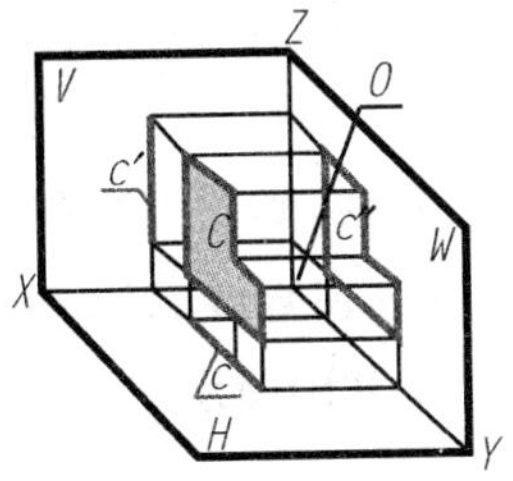	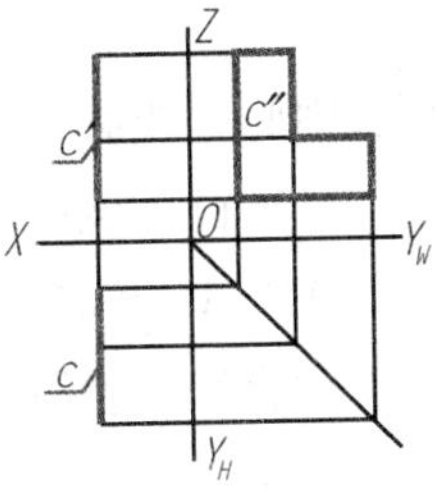	(1) W 面投影 c″ 反映实形 (2) H 面投影 c 和 V 面投影 c' 积聚为直线，分别平行于 OY_H、OZ 轴

投影面平行面的投影特性是两个投影积聚成直线；另一个投影反映实形。

3. 一般位置平面

与三个投影面都处于倾斜位置的平面称为一般位置平面。如表 2-6 所示，一般位置平面的投影特性可归纳为：

(1) 一般位置平面的三面投影，既不反映实形，也无积聚性，都为类似形。

(2) 一般位置平面的投影也不反映该平面对投影面的倾角 α、β、γ。

表 2-6 一般位置直线的投影特性

名称	直观图	投影图	投影特性
一般位置平面	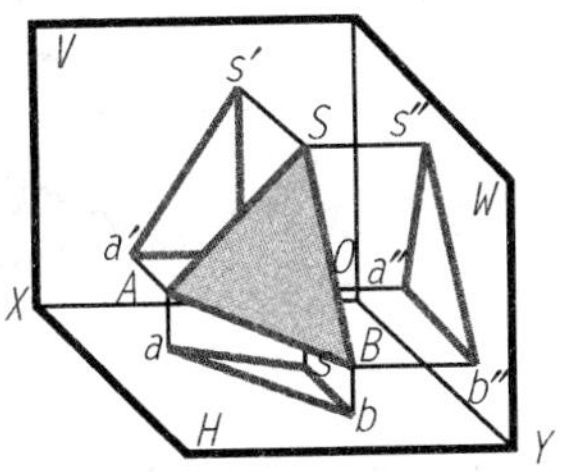	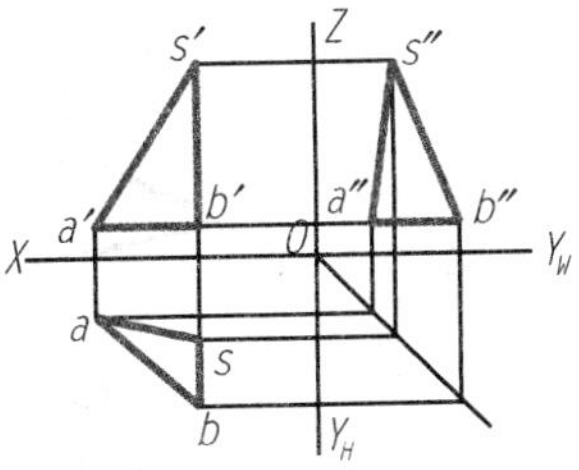	一般位置平面的三个投影均为原图形的类似形

三、平面上的点和直线

1. 平面上的点

点在平面上的几何条件是：点在平面内的一直线上，则该点必在该平面上。因此在平面上取点，必须先在平面上取一直线，然后再在该直线上取点。如图2-32(a)、(b)所示，相交两直线AB、AC确定一平面P，点K取自直线AB，所以点K必在平面P上。

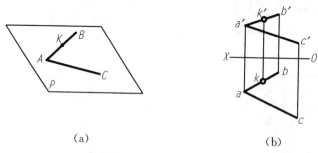

(a)　　　　　　　　　　(b)

图 2-32　平面上的点

2. 平面上的直线

判断直线在平面上的方法：

(1) 若一直线过平面上的两点，则此直线必在该平面上。

(2) 若一直线过平面上的一点，且平行于该平面上的另一直线，则此直线在该平面上。

如图2-33(a)所示，相交两直线AB、AC确定一平面P，分别在直线AB、AC上取点E、F，连接EF，则直线EF为平面P上的直线。作图方法如图2-33(b)所示。

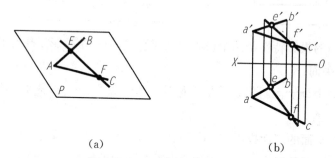

(a)　　　　　　　　　　(b)

图 2-33　平面上的直线

例 2-4　如图2-34(a)所示，已知点K在平面ABC上，求点K的水平投影。

分析：通过在平面上作辅助线求解。先找出过此点而又在平面内的一条直线作为辅助线，然后再在该直线上确定点的位置。具体步骤如图2-34(b)所示。

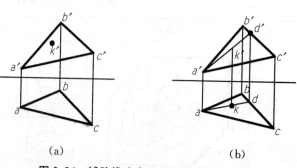

(a)　　　　　　(b)

图 2-34　辅助线法求平面上的点的投影

例 2-5 如图 2-35(a)所示,已知平面 ABC 的正面投影和水平面投影,点 K 在正面上的投影为 k',问点 K 在不在平面 ABC 上。

分析:判断点是否在平面上,可以过该点作一直线,与平面上联系起来,然后判断直线是否在平面上,若在,则该点就在平面上。而判断直线是否在平面上,根据两直线的相交和平行两种情况均可解题。因此,这道题可以用通过平面内两已知点和通过平面内一点且平行于平面内的一条已知直线这两种方法来求解。具体解法如图 2-35(b)、(c)所示。

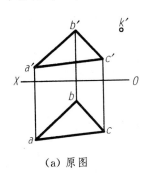
(a) 原图

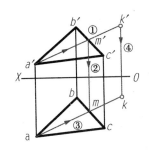
(b) 通过平面内两已知点求解

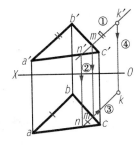
(c) 过平面内一点且平行于平面内的一条已知直线求解

图 2-35 判断点是否在平面上

例 2-6 如图 2-36(a)所示,已知四边形 ABCD 是平面四边形,补全四边形 ABCD 的水平投影。

分析:因为四边形 ABCD 是平面四边形,所以其两条对角线应该是相交的。所以,根据两对角线的交点满足点的投影规律来求解。

解法如图 2-36(b)所示。

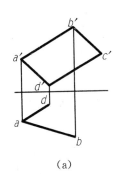
(a)

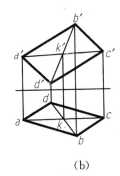
(b)

图 2-36 求平面的另一投影

思考与实践:

1. 请设计一种简单立体图形,用三视图将它表达出来,并标注尺寸。
2. 请任意定坐标和尺寸,画出空间的特殊位置的点、线和面的三面投影,总结其投影特性。

第三章　基本体

任务驱动

(1) 了解基本体的定义及分类。
(2) 掌握常见平面立体和回转体的投影特征和作图方法。
(3) 熟悉基本体表面特殊点的几何意义和作图要领。
(4) 掌握平面立体和回转体表面一般点的作图方法。

基本体是由若干面围成的，表面均为平面的基本体称为平面立体，常见的有：棱柱、棱锥；表面为曲面或平面与曲面组成的基本体称为曲面立体，常见的有回转体如圆柱、圆锥、球等。

第一节　平面体及其表面上的点

由于平面立体是由若干个多边形平面所围成，相邻两表面的交线称为棱线，棱线的交点称为顶点，因此绘制平面立体的投影可归结为绘制立体上点、直线和平面的投影。常见的平面立体有棱柱体和棱锥体两种。

一、棱柱

1. 棱柱的三视图

棱柱由顶面、底面和侧面围成，各侧棱相互平行。常见的棱柱有三棱柱、四棱柱、五棱柱、六棱柱等。图 3-1 为正三棱柱立体及其视图。

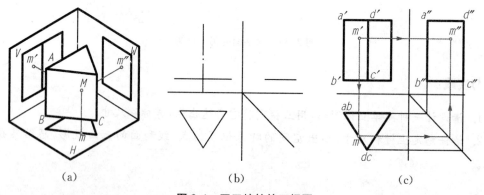

图 3-1　正三棱柱的三视图

三棱柱的顶面和底面均为水平面,其水平投影反映实形,在正面及侧面投影积聚成一直线。后侧面平行于正面,它们的正面投影反映实形,水平投影及侧面投影积聚为一直线。棱柱的其他两个侧面垂直于水平面,水平投影积聚为直线,正面投影和侧面投影均为类似形。

画三棱柱的三视图时,一般先画对称中心线,再画底面的反映实形的投影和积聚的另两个投影,然后画侧棱的投影,并判别可见性,最后加深。正三棱柱三视图的作图步骤如图 3-1(c) 所示。可在三视图右下方作 45°斜线为作图辅助线,来保证"宽相等"。

2. 求棱柱表面的点的三面投影

已知在棱柱表面上一点的某一面投影,要求出该点的另外两面投影时,首先必须确定该点所在的平面,并分析该平面的投影特性。若该平面为特殊位置平面,则利用平面的积聚性和点在平面上的从属性,即可求得该点的另外两个投影。

如图 3-1 所示,正三棱柱侧面上有点 M,已知其正面投影 m',求出 M 的另外两个投影。

首先根据 m' 的位置及可见性(m' 没有加括号,表示在主视图上是可见的),判断出点 M 在左前方的侧面上。利用侧面的水平投影有积聚性的特性,先求出水平投影 m,再根据"高平齐"、"宽相等"求出 m''。因点 M 在左侧面上,故 m'' 是可见的。另外说明一点,若平面为特殊位置平面,平面积聚成直线,则该平面上的点的投影在直线上不加括号。可以这样理解:平面是没有厚度的,平面上的点没有被遮住的可能性。当表示两个点的空间位置时,为了明确表示两个点的空间位置,要用括号来表示其左右、前后或上下关系。

二、棱锥

1. 棱锥的三视图

以四棱锥为例,如图 3-2 所示,其底面放置在水平面上,因此它的水平投影反映底面的实形,底面的正面投影和侧面投影积聚为线段。四个侧面中有两个是垂直于正面的,另两个是垂直于侧面的,所以它们在正面和侧面的各个投影均积聚成直线。

画棱锥的三视图时,一般是先画底面的投影,由反映实形的投影开始,再画积聚成线段的投影;接着由棱锥顶点相对位置,确定锥顶点的三个投影;连接锥顶点与底面上的各个端点并判别可见性;最后加深。其作图步骤如图 3-2 所示。要保证"宽相等",除了使用 45°辅助线,也可以用分规或圆规直接截取线段相等来绘图,这样更快捷。

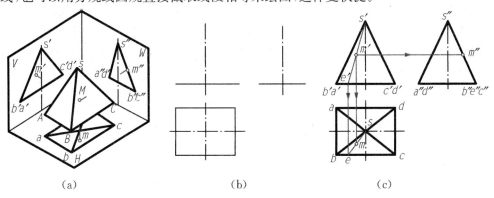

图 3-2 四棱锥的三视图

2. 用辅助直线法求棱锥表面上的点的另两面投影

在棱锥表面上给定一点的某一个投影,要求出该点的另外两个投影时,首先必须确定该点所在的平面,分析该平面的投影特性。若该平面为一般位置平面,需采用辅助直线法求出点的投影。

如图 3-2 所示,已知四棱锥表面有点 M,已知点 M 的正面投影 m',求出它的其他两面投影。

首先判断出点 M 在棱面 $\triangle SBC$ 上,$\triangle SBC$ 是垂直侧面的,在侧面的投影具有积聚性,根据投影的从属性,所以 M 点在侧面的投影 m'' 一定在直线 $s''b''$ 上。再根据"长对正"、"宽相等",由 m'、m'' 的位置可以求出水平投影 m 的位置。此图解从略。

我们来分析另外一种解法,即不利用侧面投影,求出水平投影。$\triangle SBC$ 在水平面的投影是类似形,M 的水平投影 m 不能直接画出,需用辅助直线法。在主视图上,过点 m' 及锥顶点 s' 作一条辅助直线 $s'm'$,与底边 $b'c'$ 交于点 e'。根据点的从属性,点 e' 在直线 $b'c'$ 上,则点 e 在直线 bc 上,找到 E 的水平投影 e。连接 se,同理,m' 在 $s'e'$ 上,则 m 在 se 上,根据投影规律中的"宽相等",过 m' 根据"长对正"向下作竖直线与 se 相交,交点即是所求的 M 点的水平投影 m。如图 3-2(c)所示。

这种作辅助线求点的投影的方法要求熟练掌握,后面会多次用到。

第二节 回转体及其表面的点

表面为回转曲面或回转曲面与平面的立体称为回转体,回转曲面是由母线(可能为直线或曲线)绕某一轴线旋转而形成的。最常见的回转体有圆柱、圆锥、球和圆环等。

一、圆柱

1. 圆柱的三视图

圆柱由顶面、底面和圆柱面围成,顶面和底面为平行且全等的圆。圆柱面可看成是一条母线绕与其平行的直线旋转而成,该直线称为圆柱的轴线。母线旋转到任一位置称为素线。

如图 3-3 所示,圆柱体的顶面和底面均放置为水平面,其水平投影为圆,反映底面的实形;正面和侧面投影分别积聚成一线段。由于圆柱面上所有素线都是铅垂线,所以圆柱面的水平投影积聚为一个圆,与底面圆周重合。注意,因圆柱面是光滑曲面,没有转折的,所以主视图和左视图中间是没有轮廓线的。在水平投影上,顶面可见,底面不可见;在正面投影上,前半圆柱面可见,后半圆柱面不可见;在侧面投影上,左半圆柱面可见,右半圆柱面不可见。由上面投影分析可知,圆柱体的三视图特点是:一个视图为圆,另外两个视图为相等的矩形。同时,应在三视图中用点画线画出圆柱体轴线的投影和圆的中心线。

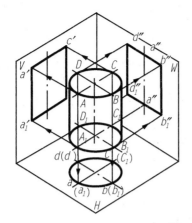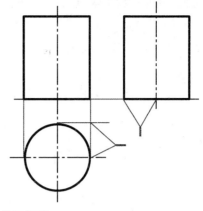

图 3-3 圆柱体的三视图

画圆柱的三视图时,一般先画对称中心线、轴线,再画投影具有积聚性的圆,然后根据投影规律画出另两个投影为矩形的视图,最后加深。

2. 求圆柱表面上的点的另两面投影

圆柱表面上点的投影,可利用圆柱投影的积聚性来求得,不需作辅助线,可直接求出。如图 3-4 所示,已知圆柱表面的点的正面投影 1′、2′、3′ 和水平投影 4,求其另两面投影。

以 2′ 点为例分析,因为 2′ 不可见,所以点 2 必在后半圆柱面上,根据圆柱表面的水平投影具有积聚性的特性,点 2 的水平投影应在圆柱面水平投影的后半圆周上,据此可求出水平投影 2 在最后面的素线上,然后可求出 2″。其他投影的求法如图 3-4 所示。

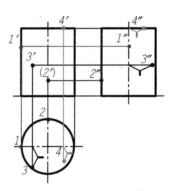

图 3-4 求圆柱体表面上点的投影

二、圆锥

圆锥由底面圆和圆锥面围成。圆锥面可看成是一条母线绕与其倾斜相交的已知直线旋转而成,已知直线称为轴线,母线旋转到任一位置称为素线,各素线的交点称为顶点。

1. 画圆锥体的三视图

如图 3-5 所示,圆锥体底面为水平面,所以它的水平投影为圆,反映底面的实形;正面和侧面投影分别积聚成一直线。圆锥面的水平投影与底面水平投影重合,圆锥面在正面上应画出转向轮廓素线 SA 和 SC 的投影(SA 和 SC 是前半圆锥面和后半圆锥面的分界线),在侧面上应画出转向轮廓素线 SB 和 SD 的投影(SB 和 SD 是左半圆锥面和右半圆柱面的分界线)。同时,应在投影图中用点画线画出圆锥体轴线的投影和圆的中心线。在水平投影上,圆锥面可见,底面不可见;在正面投影上,前半圆锥面可见,后半圆锥面不可见;在侧面投影上,左半圆锥面可见,右半圆锥面不可见。圆锥体的三视图特点是:一个视图为圆,另外两个视图为全等的等腰三角形。

画圆锥的三视图时,先画出对称中心线、轴线及底面圆的各个投影,再画出锥顶的投影,然后分别画出其外形轮廓素线,最后加深。

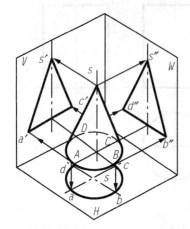 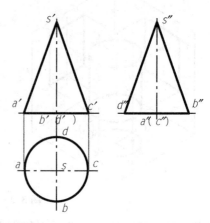

图 3-5　圆锥体的三视图

2. 求圆锥表面的点的另两面投影

圆锥表面的点的投影要分为特殊位置与一般位置两种情况来求。

(1) 特殊位置点

已知棱锥表面上点的投影 1′、2′、3,求其他两面投影,如图 3-6 所示。

由图 3-6 知,1 点在圆锥最左方的素线上,2 点在最后方的素线上,3 点在底面上。这些位置我们称之为特殊点。因为根据三面投影的方位关系及圆锥的对称特点,圆锥最左方的素线在左视图上的投影应在正中间。在这些特殊位置的素线上的点也可以根据点的从属性直接求出。如图 3-6 所示。

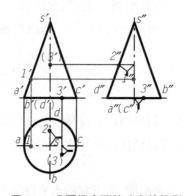

图 3-6　求圆锥表面特殊点的投影

(2) 一般位置点

如图 3-7 所示,已知圆锥表面上点的投影 1′、2′,求其他两面投影。这样位置的点没有特殊性,所以需要作辅助线来求出,具体作图可采用下面两种方法。

①辅助素线法:如图 3-7 所示,连接 s′1′并延长到底面,交底面圆上于 m′。根据"长对正"和从属性,由 m′可求出水平投影 m,连接 sm,根据从属性,则 1 点在 sm 上。再根据"高平齐"和"宽相等",求出侧面投影 1″。

②辅助平行圆法:如图 3-7 所示,过点 2′作一平行于圆锥底面的辅助圆,该圆在正面的

投影积聚成一条平行于底面的直线,该圆的水平投影为底面的同心圆,侧面投影也为平行于底面的直线,辅助圆的半径就是该直线的一半,这样可以作出水平面投影——圆。2点在圆上,也在圆锥表面上,所以可求出水平投影2和侧面投影2″。

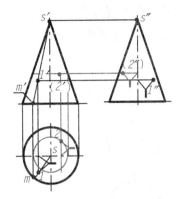

图 3-7 求圆锥体表面上点的投影

三、球

球体是由球面围成的,球面可看成是一个圆绕其中心线旋转而成的。

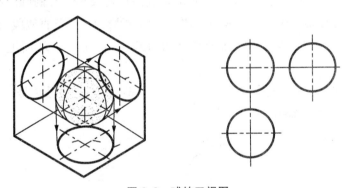

图 3-8 球的三视图

1. 球的三视图

图 3-8 为球的三视图,三个投影面上的投影均为直径相等的圆。但三个投影面上的圆的意义不同。正面投影上的圆是球上平行于 V 面的最大圆的投影,该圆为前半球面和后半球面的分界线,它的水平投影和侧面投影都与圆的相应中心线重合,不应画出。同理,水平投影的圆是球上平行于 H 面的最大圆的投影,该圆为上半球面和下半球面的分界线。它的正面投影和侧面投影都与圆的相应中心线重合,不应画出。侧面投影的圆是球上平行于 W 面的最大圆的投影,它是左半球面和右半球面的分界线。它的正面投影和水平面投影都与圆的相应中心线重合,不应画出。在正面投影上,前半球的表面可见,后半球的表面不可见;在侧面投影上,左半球的表面可见,右半球的表面不可见;在水平投影上,上半球的表面可见,下半球的表面不可见。

画球的三视图时,先画对称中心线,再画出球的轮廓线并加深。

2. 求球表面上点的另两面投影

球面的投影没有积聚性,且球面上也不存在直线,所以对于一般位置点,不能采用辅助线法来求出点的投影,只能采用辅助平行圆法来求其表面上点的投影。特殊位置点仍然和圆锥一样不用作辅助线或辅助平行圆,可直接求出。

(1) 特殊位置点。如图 3-9,已知正面投影 a'、b'、c',求另两面投影。特殊位置点的投影求法如图 3-9 所示。

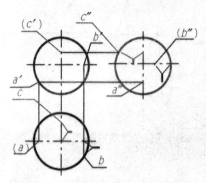

图 3-9 球的表面特殊点的三面投影

(2) 一般位置点。我们知道,球的任何位置截面都是大小不等的圆。如图 3-10 所示,过点 $1'$ 在球的正面投影上作水平的辅助圆,在正面上投影即是一条直线段,它的水平投影是以此直线段的一半为半径的圆,侧面投影也为直线段,位于上半球面上。由此可求出 1 和 $1''$。

过 $1'$ 也可以作与正面平行的或与侧面平行的辅助圆,解题的思路是一样的。2 点也可同理求出。请读者尝试求解。

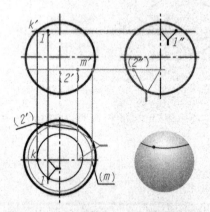

图 3-10 求球表面上一般位置点的投影

思考与实践:

1. 构思出几种简单基本体,画出其三视图,并分析其方位关系。
2. 在圆锥和球的表面有一点,试在三视图中找到该点的三面投影。
3. 思考圆环是如何形成的,画出其三视图。

第四章　截交线与相贯线

任务驱动

(1) 了解截交线的基本性质,掌握求作截交线的基本方法。
(2) 了解相贯线的基本性质,掌握求作相贯线的基本方法。

我们知道,大部分零件都是由几个基本体相互组合构成的。在组合过程中会产生一些交线。这些交线有的由平面与立体相交构成,有的由立体与立体相交构成。其中,平面与立体表面的交线称为截交线,两立体相交的表面交线称为相贯线。

第一节　截交线

在机器零件上常有一些立体被一个或几个平面截去一部分的情况,如图4-1所示。平面截切立体的现象称为截交,平面与立体表面的交线称为截交线,用来截切立体的平面称为截平面。

图4-1　截交线实体示例

截交线的性质:

(1) **共有性**　截交线既在截平面上,也在立体表面上,因此截交线是截平面与立体表面的共有线,截交线上的点均为截平面与立体表面的共有点。

(2) **封闭性**　由于任何被截立体都有一定的范围,而截交线又在截平面上,所以截交线一定是闭合平面图形,如图4-1所示。

所以,求截交线的实质就是求截平面与立体表面的全部共有点的集合。

求截交线的步骤:

(1) 求出截交线上的所有特殊点;
(2) 求出若干一般点;
(3) 顺次连接各点,判别可见性。

一、平面立体的截交线

平面立体的截交线是一个平面多边形,此多边形的各个顶点就是截平面与平面立体的棱线的交点。多边形的每一条边,就是截平面与平面立体表面的交线。所以求截平面与平面立体的截交线可归结为求直线与平面的交点和平面与平面的交线。

1. 棱柱的截交线

如图 4-2 所示,求正五棱柱被垂直于正面的平面 P 截切后的俯视图和左视图。

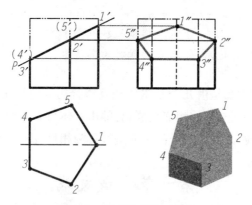

图 4-2 平面截交正五棱柱

分析:因为截平面 P 垂直于正面,其在正面的投影具有积聚性,所以截交线的正面投影成一斜线;而正五棱柱的水平投影也有积聚性,所以截交线水平投影就积聚在正五边形上;P 面与侧面是倾斜的,所以截交线在侧面投影是类似性的五边形。因为截平面五个顶点都在五条棱线上,因此只要求出各棱线与截平面的交点,再顺次连接各点即得截交线的侧面投影。

作图:

(1) 由截交线各顶点的正面投影,等高连线到侧面投影上,在相应的棱线上求出截交线顶点的侧面投影 $1''、2''、3''、4''、5''$;

(2) 依次连接各点,判别可见性,这五个点都是可见的;

(3) 画左视图,注意棱线的虚线;

(4) 检查、描深。

如图 4-3 所示,补全正六棱柱被截切后的俯视图和左视图。

分析:如有两个或两个以上的截平面截切,可以逐个截平面分析和绘制截交线。当平面体只有局部被截切时,先假想为整体被截切,求出截交线后再取局部。

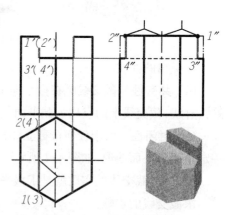

图 4-3 正六棱柱的截交线

作图过程如图 4-3 所示。用分规或圆规以对称中心线为基准,截取 y 坐标,保证左视图与俯视图"宽相等"。

注意,左视图中的水平截平面留下的虚线别忘了画。

2. 棱锥的截交线

如图4-4所示,求正四棱锥被截切后的俯视图和左视图。

分析:截平面为垂直正面的平面,截平面与四棱锥的四个侧面相交有四条交线(即与四条侧棱相交有四个交点),所以截平面截切形成的截交线围成一个四边形。因此,只要求出截交线上四个顶点在各投影面上的投影,然后依次连接各点的同面投影,即得截交线的另外两个投影。

作图:

(1) 因截平面的正面投影具有积聚性,可直接求出截交线各顶点的正面投影1′、2′、3′、4′;

(2) 根据直线上点的从属性和"高平齐"投影特性,求出各侧面投影1″、2″、3″、4″,再根据"长对正"和"宽相等"分别求出各顶点的水平投影1、3和2、4;

(3) 依次连接各顶点的同面投影,即得截交线的水平投影和侧面投影。

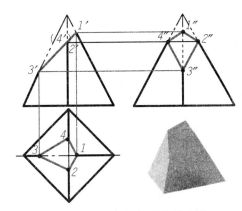

图4-4 平面与四棱锥的截交线

二、回转体的截交线

求回转体截交线的实质是求截平面与曲面上被截各素线的交点,然后依次光滑连接。

1. 圆柱的截交线

由于截平面与圆柱轴线的相对位置不同,有截平面与圆柱轴线平行、截平面与圆柱轴线垂直和截平面与圆柱轴线倾斜三种情况,如图4-5所示。截交线可能有三种不同的形状,三种情况的三视图如图4-6所示。

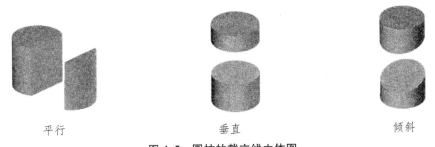

平行　　　　　垂直　　　　　倾斜

图4-5 圆柱的截交线立体图

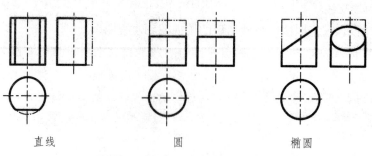

| 直线 | 圆 | 椭圆 |

图 4-6 圆柱三种截交线的三视图

如图 4-7 所示,圆柱被垂直于正面且倾斜于水平面的截平面截断,求作其左视图。

分析：截平面倾斜于圆柱轴线,截交线的立体形状为椭圆。由于截平面垂直于正面,因此截交线的正面投影积聚成线段。截交线上的点又在圆柱面上,其水平投影与圆柱面的积聚性投影重合,已知截交线的两面投影,求侧面投影。

作图：

（1）先在正面上取出截交线上特殊点 1、2、3、4 的正面投影 1′、2′、3′、4′,分别是最左点、最前点、最右点、最后点。根据圆柱面的投影有积聚性的特点,可求出它们的水平投影 1、2、3、4,最后根据正面投影和水平投影求侧面投影 1″、2″、3″、4″;

（2）再求出一定数量的一般点。先在正面投影上选取 5′、6′、7′、8′,根据圆柱面的积聚性,找出其水平面投影 5、6、7、8,再根据"高平齐"、"宽相等"作出侧面投影 5″、6″、7″、8″;

（3）依次光滑连接各点的侧面投影,即得截交线的侧面投影。

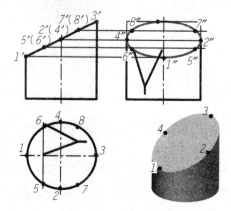

图 4-7 圆柱的截交线

2. 圆锥的截交线

根据截平面与圆锥轴线的相对位置不同,截交线可分为五种形状,如图 4-8 所示。

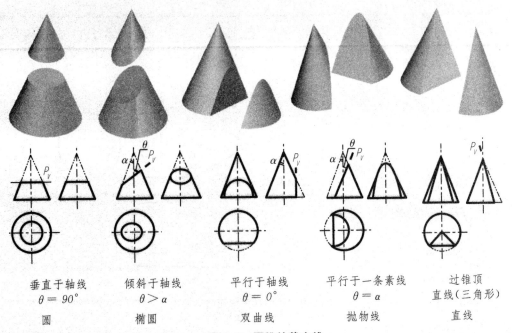

图 4-8 圆锥的截交线

我们选择其中一种情况加以分析。画出正平面截平面切割圆锥后的三视图,如图 4-9 所示。其他截交线的作图方法和步骤类似,都是先找特殊点,再找一般点,最后连成光滑的曲线。

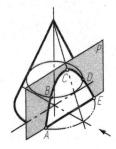

图 4-9 圆锥被平行于正面的截平面截切的截交线

分析:先根据投影特性,找到最高点和最低点,再利用辅助平行圆法任意截取圆锥,找一般点,最后描成光滑的曲线。作图过程如图 4-10 所示。

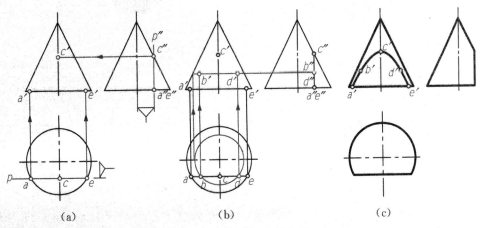

图 4-10 求圆锥的截交线

下面我们再来分析难度稍大的情况,两个基本体的组合体被两个平面截切。如图 4-11(a)所示,圆锥和圆柱的组合体顶尖被两个相交平面截切,其中一个平面为水平面,另一个平面为正垂面,求其截交线。

分析：同理,如上述方法,先找特殊点,再找一般点。因为被两个平面截切,所以需要分别求出两个平面上的特殊点和一般点,最后描成平滑的曲线。作图过程如图 4-11(b) 所示。

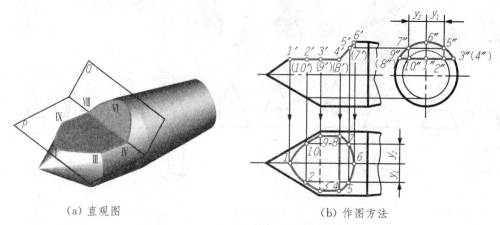

(a) 直观图　　　　　　　　　　　(b) 作图方法

图 4-11　用水平面和正垂面截切顶尖

3. 球的截交线

用任何位置的截平面截割球,截交线的形状都是圆。当截平面平行于某一投影面时,截交线在该投影面上的投影为圆的实形,其它两面投影积聚为直线。截平面为水平面的球的截交线如图 4-12 所示。

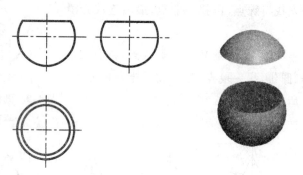

图 4-12　球的水平截交线

如图 4-13 所示,求半球体被截后的俯视图和左视图。

分析：水平面截球的截交线的投影,在俯视图上为部分圆弧,在侧视图上积聚为直线。两个平行侧面的平面截球的截交线的投影,在侧视图上为部分圆弧,在俯视图上积聚为直线。作图轨迹如图 4-13 所示。

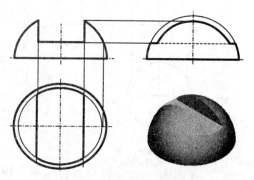

图 4-13　球的截交线画法

第二节　相贯线

两立体相交时,表面所产生的交线称为相贯线,如图4-14所示。

图 4-14　相贯线

两立体的形状、大小和相对位置不同,相贯线的形状也不同,但都有下列共同的性质:

(1) **共有性**　相贯线是两立体表面的共有线。
(2) **分界性**　相贯线是两立体表面的分界线。
(3) **封闭性**　相贯线一般是封闭的空间曲线,特殊情况下为不封闭或平面曲线或直线。

一、相贯线的画法

画相贯线的实质是找出相贯的两立体表面的若干个共有点的投影。

两半径不等的圆柱相贯线作图方法:

(1) 求特殊点。相贯线上的特殊点主要是两相贯体转向轮廓线上的共有点。小圆柱与大圆柱的正面轮廓转向素线的交点 1′、2′ 是相贯线上的最左、最右(也是最高)点;小圆柱的侧面轮廓线与大圆柱表面的交点 3″、6″ 是相贯线上的最前、最后(也是最低)点。根据积聚性可直接求出水平投影 1、2、3、6 和侧面投影 1″、2″、3″、6″,最后根据两面投影求正面投影 1′、2′、3′、6′;

(2) 求一般点。在小圆柱的水平投影圆周上取 4、5 点,根据"宽相等"作出其侧面投影 4″、(5″),再求出正面投影 4′、5′;

(3) 顺次光滑连接 1′、4′、3′、5′、2′ 各点,即得相贯线的正面投影,如图4-15所示。

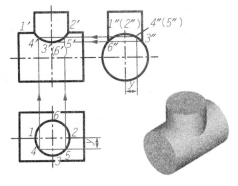

图 4-15　两半径不等的圆柱相贯线的画法

若在圆柱上钻一圆柱通孔,也形成相贯,如图 4-16 所示,则相贯线也看成是两垂直圆柱相交所形成的,其形状和求法与两外圆柱面垂直正交的相贯情况一样。

图 4-17 是在内空的立体上钻一圆柱孔,形成内相贯线。内相贯线与外相贯线的形状和求法一样,所不同的是内相贯线用虚线表示。

图 4-16 圆柱钻圆孔的相贯情况
与实体相贯的画法相同

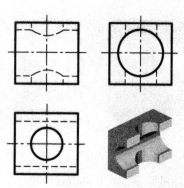

图 4-17 内部相贯的相贯线为虚线

二、相贯线的简化画法——用圆弧代替相贯线

相贯线可以近似看成是一段圆弧。该圆弧是以大圆柱的半径为半径,在小圆柱上画圆弧,圆弧两端点是两圆柱转相交位置的交点。该圆弧的特征是:圆弧的圆心与大圆柱的中心轴线分别位于圆弧的两边,如图 4-18 所示。在绘图过程中,通常采用简化画法作出相贯线的投影,这样方便快捷。

三、圆柱相贯线的变化趋势

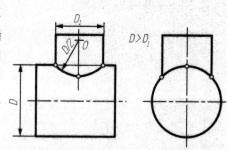

图 4-18 相贯线的简化画法

如图 4-19 所示,两圆柱正交的相贯线随着圆柱直径大小的相对变化,其形状、弯曲方向也随之改变。

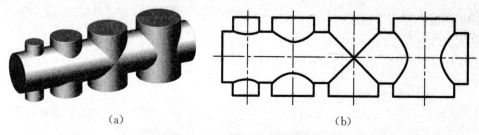

(a)　　　　　　　　　　　　(b)

图 4-19 相贯线的变化趋势

四、相贯线的特殊情况

当两圆柱直径相等且中心轴线垂直正交时,相贯线为平面曲线——椭圆。椭圆所在的

平面垂直于两条轴线所决定的平面,故它们的正面投影为两条相交线段;圆柱与球相贯,相贯线为一水平圆,在水平面投影反映实形,在与水平圆垂直方向的两个视图上的投影也为线段,如图4-20所示。

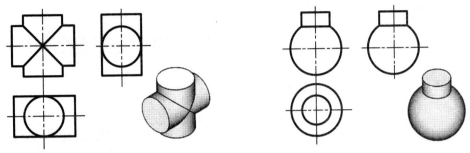

图4-20 相贯线的特殊情况

思考与实践:

1. 一个圆柱体被平面所切,有几种情况,请分别用三视图表达出来。
2. 一个圆锥体被平面所切,有几种情况,请分别用三视图表达出来。
3. 一个球体中心被挖出一个正方形通孔,请用三视图表达出来。
4. 两个圆柱体相交,请画出其相贯线。

第五章　组合体

任务驱动

(1) 掌握组合体的组合形式及组合体相邻表面的连接关系。
(2) 掌握组合体的尺寸标注方法。
(3) 掌握形体分析法和线面分析法及读图步骤。
(4) 培养空间想象能力和分析问题的能力。

任何复杂的物体从形体的角度来看，都可以认为是由一些基本几何体组合而成。这种由基本立体按一定方式组合而成的物体称为组合体。组合体的组合形式有叠加和截切两种方式。叠加方式是指用若干个基本体，按照一定的相对位置拼接组合成为组合形体，如图5-1(a)所示。截切方式是从基本体上切除部分形状的材料，从而形成一个组合的形体，如图5-1(b)所示。常见的组合体是前两种形式的综合，如图5-1(c)所示。

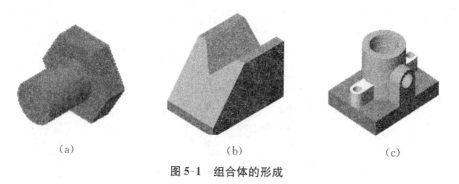

图 5-1　组合体的形成

第一节　组合体的组合形式

组合体中各基本形体组合时的相对位置关系，称为组合形式。常见的组合形式有叠加、切割和既有叠加又有切割的综合形式三种。

下面我们来分析常见的几种基本体之间的连接关系。

(1) **共面与不共面**　两形体表面连接时，当面与面相互重合而平齐为一个平面时，在连接处无分界线。两形体表面不平齐时，在连接处有分界线，如图5-2所示。

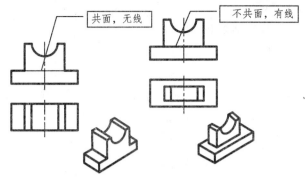

图 5-2 共面与不共面的的画法

(2) **相切与相交** 当两形体表面相切时,表面光滑过渡,在其相切处不存在轮廓线;两形体表面相交时,在相交处会产生交线,且交线必须画出,如图 5-3 所示。

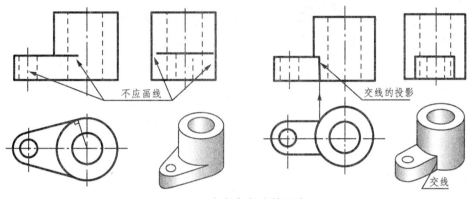

图 5-3 相切与相交的画法

第二节 组合体的三视图画法

画组合体的三视图时,可以采用"先分后合"的方法。就是说,先想象把组合体分解成若干个基本几何体,然后按其相对位置逐个画出各基本几何体的投影,再综合起来,即得到整个组合体的视图。这样,就可以把一个复杂的问题分解成几个简单的问题加以解决。下面以图 5-4(a)所示的支架零件为例来说明画组合体三视图的方法和步骤。

一、形体分析

为了便于画图和看图,我们将组合体分解成若干个基本形体,并分析它们之间的组合形式和相对位置的方法,称为形体分析法。形体分析法是画图、看图和标注尺寸的基本方法。画图时,利用它可将复杂的形体简化为若干个基本形体进行绘制;看图时,利用它可从简单的基本几何体着手,看懂复杂的形体;标注尺寸时,也是从分析基本形体来考虑尺寸的标注的。

形体分析法的具体分析过程有：

（1）将组合体分解成几个基本的几何体；

（2）确定各基本体的形状及相对位置；

（3）分析各基本体表面之间的连接关系。

画图之前，应先对组合体进行形体分析。了解该组合体是由哪些形体所组成，分析各组成部分的结构特点，它们之间的相对位置和组合形式，以及各形体之间的表面连接关系，从而对该组合体的形体特点有个总的概念。如图5-4(b)中，轴承座由底板、背板、圆筒及肋板组成。背板侧面与圆筒相切，肋板与圆筒外表面相交。

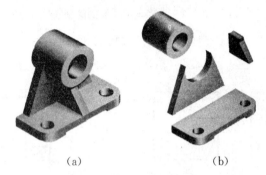

图 5-4　轴承座的形体分析

二、视图选择

画图前，首先要确定主视图的投射方向并兼顾考虑其他视图，即确定组合体的安放位置和主视图的投影方向。应选择反映组合体各组成部分形状和相对位置较为明显的方向作为主视图的投射方向；为使投影能得到实形，便于作图，应使物体主要平面和投影面平行；同时考虑组合体的自然安放位置；并要兼顾其他两个视图表达的清晰性，虚线尽量少。同时，主视图的投射方向应尽可能多的反映组合体的形状特征，一般应将组合体放平、放正，使它的主要平面或主要轴线与投影面平行或垂直。主视图选定后，俯视图和左视图也就随着确定了。

三、选择比例、确定图幅

视图确定后，应根据实物的大小和复杂程度，按照国标要求选择比例和图幅。在表达清晰的前提下，尽可能选用1∶1的比例。同时注意，所选的幅面要比绘制视图所需的面积大一些，即留有余地，以便标注尺寸和画标题栏等，使图面布置合理、美观。

四、作图

1. 布局、画作图基准线

先画出各个基本视图中的对称中心线、主要轮廓线或主要轴线和中心线，确定好各个基本视图的具体位置。注意在各个视图之间要留有适当的位置标注尺寸，匀称布置。

2. 打底稿

按形体分析法逐个画出各形体，三个视图同时进行，以便对应投影关系，不要画完组合体的一个完整视图后，再画另外一个。这样可以提高绘图速度，避免漏线、多线。画底稿时，一般是从基准线开始，将和基准线有直接关系的先画出来，即先画大形体，后画小形体；先画主要形状，再画次要形状；先画外轮廓，后画内部结构；先画圆，后画直线，先画实线，后画虚线。

3. 检查、加深

画完底稿后，应认真检查各部分投影关系是否正确、各形体表面连接关系是否正确，是否漏线、多线，检查无误后，按标准线型加深。可见部分用粗实线画出，不可见部分用虚线画出。对称图形、半圆或大于半圆的圆弧要画出对称中心线，回转体一定要画出轴线。对称中心线和轴线用细点画线画出。

加深的步骤是：先画曲线后画直线，先画小形状后画大形状。

作图过程如图 5-5 所示。

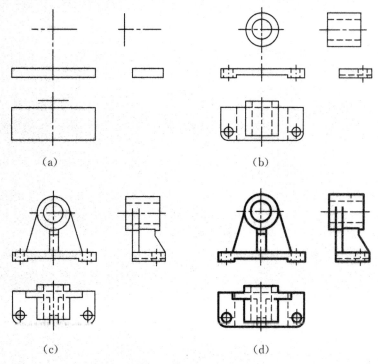

图 5-5 组合体的作图步骤

若绘制的是截切式组合体三视图，应按照这个形体的形成过程考虑图形的绘制。有些图线也是必须采用这种方法才能绘制出来的，长方体被截切形成的组合体三视图的画法步骤如图 5-6 所示。

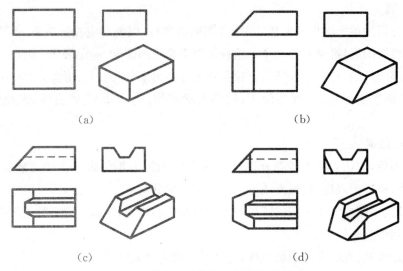

图 5-6 截切组合体的三视图画法步骤

第三节 组合体的尺寸标注

一、组合体尺寸标注的要求

(1) **正确** 数值应正确无误,注法符合国家标准规定。

(2) **完整** 标注的尺寸应能完全确定物体的形状和大小,既不重复,也不遗漏。

(3) **清晰** 尺寸布置应清晰,便于标注和看图。

(4) **合理** 尺寸标注不仅要保证设计要求,还应便于加工和测量。

标注组合体图形尺寸时,一般应注意以下几点:

(1) 应将多数尺寸布置在图形之外。相邻视图有关尺寸最好注在两视图之间,以便于看图。

(2) 尺寸应布置在反映该结构最明显的视图上。

(3) 圆弧半径尺寸应标注在投影成圆弧的视图上。相同结构的圆角半径只标注一次。

(4) 尽量不要将尺寸布置在该结构投影成虚线的视图上。

(5) 尺寸线不能与尺寸线或图形中的其他图线相交。

(6) 同一结构的尺寸应尽量集中标注,并尽量标注在反映该形体形状特征和位置特征较为明显的视图上,以便于读图。

(7) 同轴回转体(台阶孔、台阶轴等)的直径尺寸,最好标注在非圆视图上。

(8) 同方向平行并列尺寸,小尺寸在内,大尺寸在外,间隔均匀,依次向外分布,以免尺寸界限与尺寸线相交,影响看图。同一方向串联尺寸,箭头应首尾相连,排在同一直线上。

二、组合体的尺寸基准

尺寸标注和度量的起点,称为尺寸基准。由于形体有 X、Y、Z 三个方向上的尺寸,因此长、宽、高三个方向上,一般最少应有一个尺寸基准。通常将尺寸基准设置在形体的比较重要的端面、底面、对称面等,回转形体的尺寸基准应放置在轴线上。以对称面作为基准标注尺寸时,一般应直接标注对称面两侧相同结构的相对距离,而不能从对称面开始标注尺寸。

如图 5-7 的所示的组合体,长度方向尺寸基准是组合体的左右对称平面,宽度方向是底板的后表面为尺寸基准,高度方向的尺寸基准是底板的下表面。

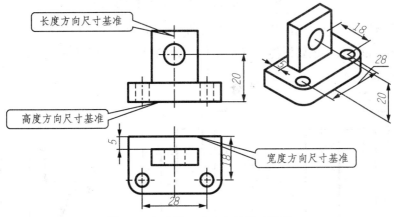

图 5-7 组合体三个方向的尺寸基准

三、组合体的尺寸标注

1. 基本体的尺寸标注

组合体是由基本体组合而成的,所以我们首先要熟悉基本体的尺寸标注。基本体一般有长、宽、高三个方向的尺寸,应尽量集中标注在特征视图上,如图 5-8 所示。

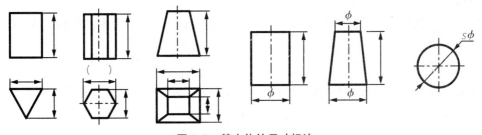

图 5-8 基本体的尺寸标注

基本体在组合过程中可能会被截切,长、宽、高尺寸可能会发生变化,尺寸标注方式也就发生了变化。如图 5-9 所示,平面体被截切后,应先标注基本体的长、宽、高三个方向的尺寸,再标注切口的大小和位置尺寸。

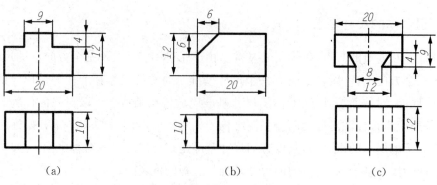

图 5-9 平面立体被截切后的尺寸标注方法

回转体被截切后,应首先标注出没有被截切时形体的尺寸,然后再标注出切口的形状尺寸。对于不对称的切口,还要标注出确定切口位置的尺寸。回转体被截切后的尺寸标注方法如图 5-10 所示。

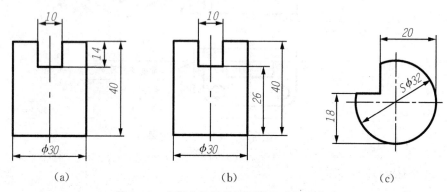

图 5-10 曲面立体被截切后的尺寸标注方法

2. 尺寸分类标注

要使尺寸标注齐全,既不遗漏,也不重复,应先按形体分析法区分出定形尺寸、定位尺寸及总体尺寸。

定形尺寸就是确定组合体中各基本形体大小的尺寸。如图 5-7 中的底板的长、宽、高;底板上圆孔的直径,竖板的长、宽、高就是定形尺寸。定位尺寸就是确定组合体中各基本体之间相对位置的尺寸。总体尺寸就是确定组合体总长、总宽和总高尺寸。如图 5-7 形体的总长和总宽尺寸即底板的长 40 和宽 24,不再重复标注,总高尺寸从高度基准处下底面向上注出。

注意:标注了总高尺寸,应省去竖板的高尺寸的标注,否则就是重复标注。

标注顺序一般是先标注定形尺寸,再标注定位尺寸,最后标注总体尺寸,标注完成后如图 5-11 所示。

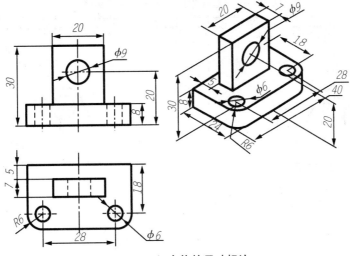

图 5-11 组合体的尺寸标注

3. 标注尺寸应注意的问题

(1) 突出特征。

(2) 相对集中。

(3) 布局整齐。

(4) 圆的直径尽量注在非圆视图上。

(5) 组合体的一端为同轴圆孔时,通常仅标注孔的定位尺寸和外端圆柱面的半径,不注总体尺寸,如图 5-12 所示。总长、总宽出现类似的结构也同样不标注总体尺寸。

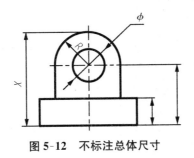

图 5-12 不标注总体尺寸

四、组合体上常见结构的尺寸标注

组合体中有些结构的尺寸标注有一定的固定模式和方法,不可标错。表 5-1 给出了常见结构正确的标注方法和错误的标注方法。

表 5-1　组合体尺寸标注中常见错误

正确注法	错误注法

组合体中底座等常见结构的尺寸标注方法如图 5-13 所示。

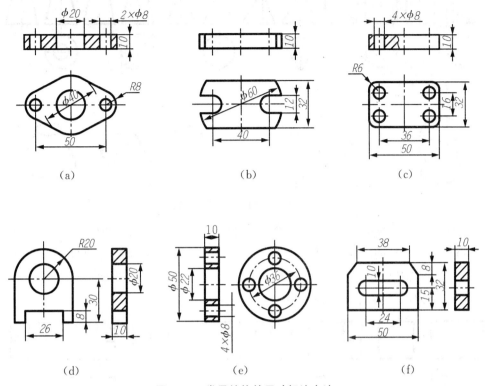

图 5-13　常见结构的尺寸标注方法

第四节　读组合体的三视图

读组合体视图就是根据二维图形，分析视图之间的投影关系，想象出三维形体的空间形状。读图是画图的一个逆过程。视图是物体某一方向的投影，看图时，要把几个视图对应起来进行分析和联系，才能看懂物体的形状。要从反映物体形状特征最明显的视图入手。为了能正确而迅速地读懂组合体的视图，必须熟悉读图的基本要领和基本方法。

一、读图的基本要领

（1）熟练掌握基本体的形体表达特征，各种形体的特征图是识别形体的关键。图 5-14 给出了几种基本体的特征视图。

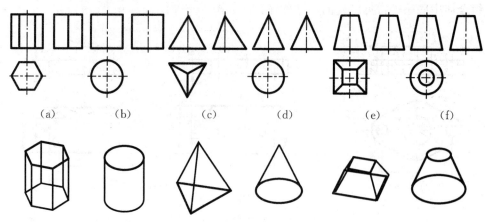

图 5-14 几种基本体的特征视图

（2）要几个视图联系起来识读，找出其主要特征视图，才能确定物体形状。一个视图只能反映机件一个方位的形状，因此，仅由一个或两个视图往往不能确定机件的形状，应将几个视图联系起来构思。图 5-15 所示的四个形体很相似，但根据其主要特征视图，可以区分出其不同的结构，联想出空间立体模型。

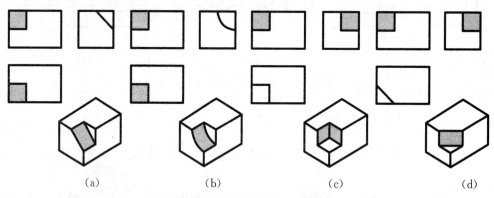

图 5-15 找出主要特征视图

（3）要弄清视图中重要图线和线框的含义，并判断出相邻表面间的相对位置，联想出空间立体模型。

二、形体分析法读图

形体分析法是画图的基本方法，同时也是读图的基本方法。一般来说，在视图中一个封闭线框往往代表一个基本形体。根据投影关系，分析每一封闭线框所代表的内容，看懂各基本体的相对位置关系，综合起来想象组合体的形状。下面通过图 5-16 来说明看图的具体步骤和方法：

（1）**看视图，分线框**　首先从主视图入手，把整体视图分成几个独立的封闭线框，这些封闭线框将会代表几个基本形体。如图 5-16(a)中的Ⅰ、Ⅱ、Ⅲ、Ⅳ四个线框。

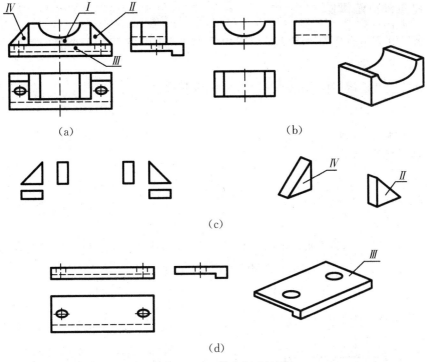

(a) (b) (c) (d)

图 5-16 用形体分析法读图

(2) **对投影，定形体** 从主视图出发，分别把每个线框的其余投影找出来，将有投影关系的线框联系起来，就可确定各线框所表示的简单形体的形状。图 5-16(b)、(c)、(d)分别表示出 Ⅰ、Ⅱ、Ⅲ、Ⅳ 所表示的形体的视图及物体形状。

(3) **综合起来想整体** 分别想象出各部分的形体后，再分析它们之间的相对位置和连接关系，就能想象出该物体的总体形状，如图 5-17 所示。

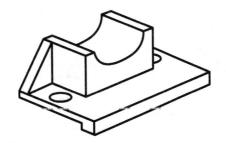

图 5-17 组合体的空间总体形状

综上所述，可以总结出读组合体三视图的一般方法：

(1) 从形状特征明显的视图出发，读整个视图；

(2) 先看大致，后看细节；先看实线，后看虚线；先将整体化繁为简，再针对局部加以分析；

(3) 图中的尺寸有助于分析物体的形状，如直径符号表示圆孔或圆柱，半径符号可能表示的是圆角等。

三、线面分析法读图

有许多切割型组合体有时无法运用形体分析法将其分解成若干个组成部分,这时读图需要采用线面分析法。

线面分析法就是运用投影规律把物体的表面分解为线、面等几何要素,通过分析这些几何要素的空间形状和位置来想象物体各表面的形状和相对位置,并借助立体概念想象物体形状,以达到看懂视图的目的。下面以压块三视图为例介绍用线面分析法读图的步骤方法。

1. 分析整体形状

如图 5-18(a) 所示,将压块三视图的缺角补齐,可知其基本轮廓是矩形,说明它是由长方体切割而成的。

2. 内部结构分析

如图 5-18(b) 所示,从主视图斜线 1′ 出发,在俯、左视图中找出与之对应的线框 1 与 1″,由此可知,Ⅰ面是正垂面,长方体被正垂面Ⅰ切掉一角。

同理,如图 5-18(c) 所示,长方体又被前后对称的铅垂面Ⅱ截切;如图 5-18(d) 所示,长方体被前后对称的正平面Ⅲ和水平面Ⅳ截切。

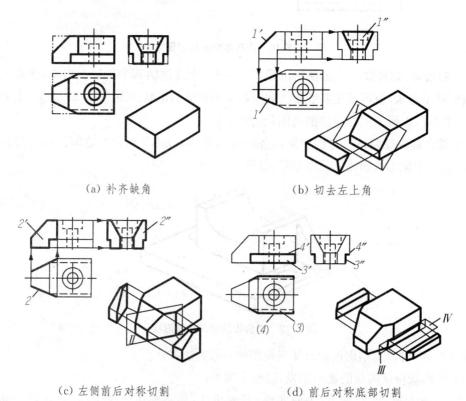

(a) 补齐缺角　　　　　　(b) 切去左上角

(c) 左侧前后对称切割　　(d) 前后对称底部切割

图 5-18　用线面分析法读图

经过分析,可以想象出压块的形状是由长方体经多次挖切后形成的,如图 5-19 所示。沉孔部分请读者自行分析。

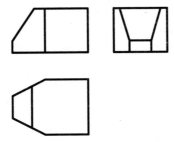

图 5-19　由长方体挖切形成的压块的三视图

思考与实践:

1. 试用形体分析法分析你常见到的组合体。
2. 想一想,如何才能将组合体的尺寸标注得清晰、合理、不重复、不遗漏。
3. 请你构思一个含有常见的四种基本体的组合体,将它用三视图表达出来并标注尺寸。

第六章 轴测图

任务驱动

(1) 了解轴测图的种类与投影特性。
(2) 理解轴测图的轴间角和轴向伸缩系数。
(3) 掌握正等轴测图的画法。
(4) 掌握斜二等轴测图的画法。

我们知道,用三视图能确定物体的形状和大小,但缺点是立体感不强,缺乏看图基础的人难以看懂。为此,在工程上有时也采用富有立体感的轴测图作为辅助图样,帮助人们看懂三视图,以弥补三视图的不足。轴测图多用于结构设计、设计革新及广告等方面,它在表达机器的工作原理和运动机构等方面比三视图更加直观、清晰、易懂。

轴测图是一种单面投影图,在一个投影面上能同时反映出物体三个坐标的形状,并接近于人们的视觉习惯,形象逼真,富有立体感。但是轴测图因为要反映出物体各表面的实形,因而度量性差,同时作图较复杂。因此,在工程上常把轴测图作为辅助图样,来说明机器的结构、安装和使用情况。在设计中,用轴测图帮助构思、想象物体的形状,以弥补正投影图的不足。

第一节 轴测图的形成及分类

一、轴测图的形成

用平行投影法沿不平行于任一直角坐标轴的方向,将物体连同其直角坐标系投射在单一投影面上所得到的图形称为轴测图,如图 6-1 所示。投影所在的面称为轴测投影面。

1. 轴测轴与轴间角

确定空间位置的直角坐标系 OX、OY、OZ 在轴测投影面上的投影 O_1X_1、O_1Y_1、O_1Z_1 称为轴测轴。轴测轴之间的夹角 $\angle X_1O_1Y_1$、$\angle Y_1O_1Z_1$、$\angle Z_1O_1X_1$ 称为轴间角。

2. 轴向伸缩系数

由于空间三个坐标轴对轴测投影面的倾斜角度不同,所以在轴测图上各条轴线长度的变化程度也不一样,因此把轴

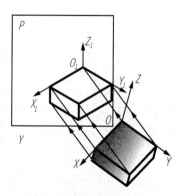

图 6-1 轴测图的形成

测轴上的线段与相应的真实线段的长度比,称为轴向伸缩系数。X、Y、Z 方向的轴向伸缩系数分别用 p、q、r 表示。用轴向伸缩系数控制轴测投影的大小变化。

由于轴测图是用平行投影法得到的,因此具有以下投影特性:

(1) 在空间直角坐标系中与坐标轴平行的直线,在其轴测图中必与相应轴测轴平行,且其伸缩系数与相应轴测轴的轴向伸缩系数相同。我们把与坐标轴平行的直线称为轴向线段。因此,我们画轴测图时,一定要沿着轴测轴或平行于轴测轴的方向来度量尺寸。轴测图也正是因此而得名的。

(2) 在空间直角坐标系中相互平行的直线,其轴测投影必互相平行。

凡是与坐标轴平行的直线,都可以在轴测图上沿轴向进行度量和作图。这是我们画轴测图时刻要用到的特性,须牢记。

二、轴测图的分类

根据投射方向与轴测投影面的相对位置,轴测图分正轴测图和斜轴测图两大类。当投射方向与轴测投影面垂直时,称为正轴测图;当投射方向与轴测投影面倾斜时,称为斜轴测图。

正轴测图按三个轴向伸缩系数是否相等分为三种:正等轴测图(轴向伸缩系数 $p = q = r$)、正二等轴测图(轴向伸缩系数中有两个相等)和正三轴测图($p \neq q \neq r$)。

同样,斜轴测图也相应地分为三种:斜等轴测图(轴向伸缩系数 $p = q = r$)、斜二等轴测图(轴向伸缩系数中有两个相等)和斜三轴测图($p \neq q \neq r$)。

工程上常用的是正等轴测图和斜二等轴测图。这里介绍正等轴测图和斜二等轴测图的画法,其他形式的画法类似。

第二节 基本体的正等轴测图画法

一、正等轴测图的形成

当空间直角坐标系的三根坐标轴(OX、OY、OZ)与轴测投影面倾斜的角度都相等时,用正投影法将物体向轴测投影面投射所得到的投影图称为正等轴测图,简称正等测,如图 6-1 所示。

在正等轴测图中,由于直角坐标系的三根轴对轴测投影面的倾角相等,因此,轴间角都是 120°;且 3 个轴向的伸缩系数相等,$p = q = r = 0.82$。为了简化长度计算,一般用 1 代替 0.82,即 $p = q = r = 1$。这样,相当于将轴向平行线段均放大 1.22(1/0.82 = 1.22)倍,但形状没有改变。同时,规定将 O_1Z_1 轴画成铅垂线,如图 6-2 所示。为使图形清晰,轴测图通常不画虚线。

画轴测图时,先要确定三个轴测轴 O_1X_1、O_1Y_1、O_1Z_1 的

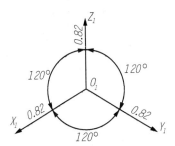

图 6-2 正等轴测图的轴间角和轴向伸缩系数

位置。理论上讲,轴测轴可以设置在物体的任何位置,甚至在物体之外,但为了分析形体和画图方便,一般设置在物体上的某一特征直线上,如对称中心线、轴线或主要棱线等。总之,轴测轴应选择在物体上最有利于画轴测图的位置。

二、平面体正等轴测图的画法

画正等轴测图常用的方法有坐标法、切割法、叠加法等,坐标法是最基本的方法。所谓坐标法,就是根据立体表面上每个定点的坐标,分别画出它们的轴测投影,然后依次连接各点的轴测投影,从而获得立体轴测图的方法。这种方法既适用于平面立体,也适用于曲面立体;既适用于正等轴测图,也适用于斜二等轴测图等。

下面我们来根据已知正六棱柱的三视图,用坐标法画出正六棱柱的正等轴测图。

分析:画轴测图时,首先要选择好坐标原点,以便有利于确定各顶点的坐标。由于正六棱柱的前后、左右对称,故把坐标原点定在顶面六边形的中心,如图6-3(a)所示。正六棱柱的顶面和底面均为平行于水平面的六边形,在轴测图中,顶面可见,底面不可见。为减少作图线,可从顶面开始画。然后画出厚度,即沿着轴测轴方向平移柱体厚度尺寸,画出另一特性面的可见部分,不可见部分不画。

具体作图步骤如下:

(1) 画轴测轴,如图6-3(b)所示;

(2) 用坐标法作图。先根据轴测图投影特性,平行坐标轴的线段在轴测图上仍平行于相应的轴测图,画出六棱柱顶面的轴测图,如图6-3(c)所示。再根据线段平行画出侧棱和底面的轴测图,如图6-3(d)所示。最后完成全图,擦去多余图线并加深,如图6-3(e)所示。

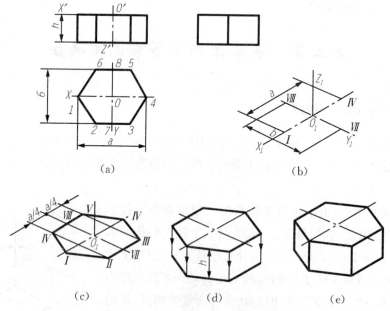

图6-3 正六棱柱的正等轴测图画法

三、回转体正等轴测图的画法

1. 圆的正等轴测图的画法

由于三个直角坐标轴都与轴测投影面倾斜,所以平行于投影面的圆的正等轴测图均为椭圆形,如图6-4所示。

画圆的正等轴测图一般采用四心圆法。下面以半径为 R 的水平圆为例,说明圆的正等轴测图的画法。

作图步骤:

(1) 在水平面的圆上定出直角坐标的原点及坐标轴,画圆的外切正方形,如图6-5(a)所示;

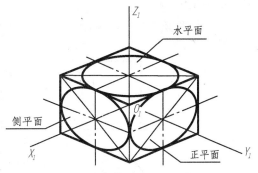

图6-4 平行于投影面的圆的正等轴测图

(2) 画出轴测轴,并在 X_1、Y_1 轴上对称截取半径 R,得 Ⅰ、Ⅱ、Ⅲ、Ⅳ 四点,过点 Ⅰ、Ⅱ、Ⅲ、Ⅳ 分别作 Y_1、X_1 轴的平行线,得菱形 $ABCD$,如图6-5(b)所示;

(3) 连接 BⅢ、BⅣ 分别与 AC 交于 O_2 和 O_4,包括点 B 和 D,得到 O_1、O_2、O_3、O_4 四个圆心,如图6-5(b)所示;

(4) 分别以 O_1、O_3 为圆心,以 O_3Ⅳ 为半径画两段圆弧,如图6-5(c)所示。再分别以 O_2、O_4 为圆心,以 O_2Ⅱ 为半径画两段圆弧如图6-5(d)所示。由这四段圆弧光滑连接而成的图形,即为所求的近似椭圆,如图6-5(e)所示。

请思考:如何画半圆的正等轴测图。提示:要注意半圆在坐标系中的位置。

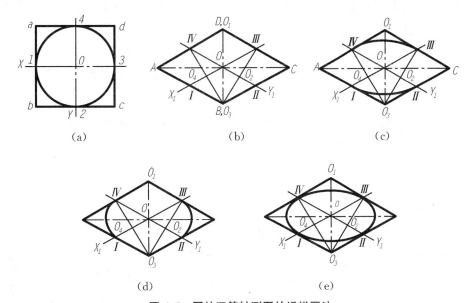

图6-5 圆的正等轴测图的近似画法

2. 圆柱体的正等轴测图的画法

圆柱体的正等轴测图的画法步骤:

(1) 定直角坐标系的原点和坐标轴,如图6-6(a)所示;

(2) 画出轴测轴,高度不变,确定上、下底面圆心,在上、下底面分别画出 X_1、Y_1 轴,如图 6-6(b)所示;

(3) 画出顶面圆的正等轴测图,再将顶面四段圆弧的圆心向下移 H,画出底面圆的正等轴测图,如图 6-6(c)所示;

(4) 作两椭圆的公切线,擦去辅助线和不可见的线,描深完成全图,如图 6-6(d)所示。

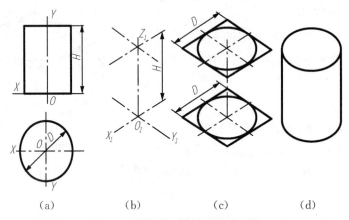

图 6-6 圆柱的正等轴测图的画法

四、1/4 圆角的正等轴测图的画法

画出如图 6-7(a)所示带圆角的长方体底板的正等轴测图。

作图步骤:

(1) 先画出不带圆角的长方体底板的正等轴测图,并按已知的圆角半径 R 在底板相应的棱线上找出切点 1、2 和 3、4,如图 6-7(b)所示;

(2) 过切点 1、2 和 3、4 分别作切点所在直线的垂线,其交点 O_1、O_2 就是轴测圆角的圆心,以 O_1 和 O_2 为圆心,以 $O_1 1$ 和 $O_2 3$ 为半径作圆弧,即得底板上顶面圆角的正等轴测图,如图 6-7(c)所示;

(3) 将顶面圆角的圆心 O_1、O_2 及其切点分别沿 Z 轴下移底板厚度 h,再用与顶面圆弧相同的半径分别画圆弧,并作出对应圆弧的公切线,即得底板圆角的正等轴测图,擦去辅助线并描深图线,最后得到带圆角的长方体底板的正等轴测图,如图 6-7(d)所示。

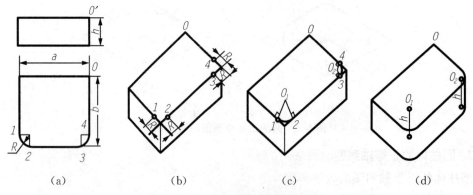

图 6-7 圆角的正等轴测图的画法

第三节　组合体的正等轴测图画法

画组合体的正等轴测图时,也像画组合体三视图一样,要先进行形体分析,分析组合体的构成,然后再作图。作图时,可先画出基本形体的轴测图,再利用切割法和叠加法完成全图。叠加法就是按照各个基本形体逐一叠加画出轴测图;先把完整形体画出,然后用切割方法画出不完整部分,称为切割法。既用到叠加法又用到切割法的组合体的画法,称为综合法。作图顺序一般是从前、上面开始画起,后面被遮住的虚线不画。另外,利用轴向线段平行投影特性是加快作图速度和提高作图准确性的有效手段。

一、用切割法画组合体的正等轴测图

已知一组合体的三视图,如图 6-8(a)所示,请画出其正等轴测图。

分析:该立体是由长方体切割形成的,作图时可先画出长方体的正等轴测图,再按逐次切割的顺序作图,作图步骤如图 6-8(b)、(c)、(d)、(e)所示。

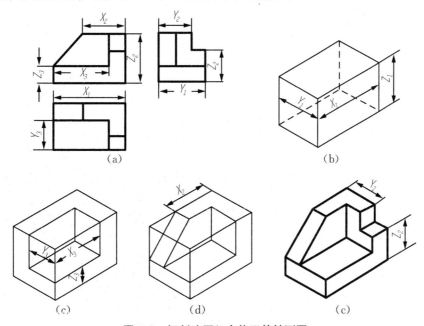

图 6-8　切割法画组合体正等轴测图

切割法画组合体正等轴测图的关键是如何确定截切平面的位置及求作截切平面与立体表面的交线。

注意:先画轴向线段,由轴向线段的长度定出斜线段的端点,再连成斜线段。斜线段在轴测图中是不能反映真实长度和夹角的,所以不能直接量取。

二、用叠加法画组合体的正等轴测图

画出如图 6-9(a)所示的组合体的正等轴测图。

分析：该立体是叠加型组合体，由底板、圆筒、支承板、肋板四部分组成。作图时按照逐个形体叠加的顺序画图。

作图步骤：

（1）画底板及 1/4 圆角；

（2）画圆筒；

（3）画支撑板；

（4）画肋板；

（5）擦去多余线条，描深，完成全图。

如图 6-9(b)、(c)、(d)、(e)、(f) 所示。

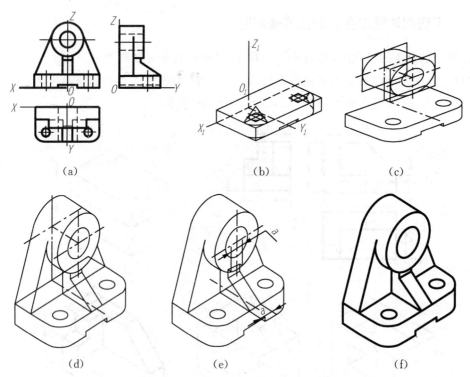

图 6-9　叠加法画组合体的正等轴测图

第四节　斜二等轴测图的画法

将形体放置成使它的一个坐标面平行于轴测投影面，然后用斜投影的方法向轴测投影面进行投影，得到的轴测图称为斜二等轴测图，简称斜二测，如图 6-10 所示。

根据斜二等轴测投影的定义，如果使确定物体位置的一个坐标平面 XOZ 平行于轴测投影面 P，则坐标平面 XOZ 上的两

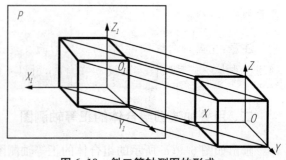

图 6-10　斜二等轴测图的形成

根直角坐标轴 OX、OZ 也都平行于轴测投影面 P,则轴测轴 O_1X_1、O_1Z_1 分别仍为水平、铅垂方向,且它们的轴向伸缩系数均为 1,即 $p=r=1$,这种斜二等轴测投影称为正面斜二等轴测图,简称正面斜二测。

画斜二等轴测图时,正面形状能反映形体正面的真实形状,特别当形体正面有圆或圆弧时,使画图简单。所以如果物体正面有一个或多个圆或圆弧特征时,优先选择斜二测。

一、轴间角和轴向伸缩系数

轴间角:由于确定物体位置的坐标平面之一的 XOZ 平行于轴测投影面 P,所以,轴测轴 O_1X_1 和轴测轴 O_1Z_1 之间的轴间角 $\angle Z_1O_1X_1$ 反映真实夹角,即 $\angle Z_1O_1X_1=90°$。当投射方向与 P 面倾斜适当角度时,可使轴测轴 O_1Y_1 在轴间角 $\angle Z_1O_1X_1$ 的角平分线上,即 $\angle X_1O_1Y_1=\angle Y_1O_1Z_1=135°$,如图 6-11 所示。

轴向伸缩系数:由于坐标平面 XOZ 平行于投影面 P,轴测轴 O_1X_1、O_1Z_1 的平行线段长度没有改变,轴向伸缩系数均为 1,即 $p=r=1$,而轴测轴 O_1Y_1 方向的长度明显缩小了,轴向伸缩系数为 0.5,即 $q=0.5$,如图 6-11 所示。

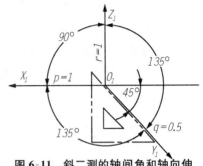

图 6-11 斜二测的轴间角和轴向伸缩系数

二、斜二等轴测图的投影特性

(1) 斜二等轴测图的投射方向倾斜于轴测投影面 P。

(2) 由于确定物体位置的一个坐标平面 XOZ 平行于轴测投影面 P,因此,物体与该坐标平面平行的平面图形,其斜二等轴测图能反映实形,如图 6-10 所示。

如图 6-12(a)所示,已知物体的主视图和俯视图,画出其斜二测图。

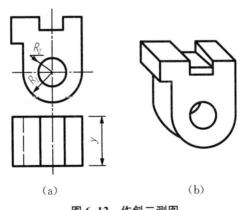

(a)　　　　(b)

图 6-12 作斜二测图

作图步骤:

(1) 首先画正面形状,此物体正面有圆和圆弧,适合用斜二测法来绘轴测图;

(2) 按轴间角 135° 画出 OY,按轴向伸缩系数,取宽度是原宽度的 1/2,即 $0.5y$ 处为圆心画前面的圆和圆弧,半径不变;

（3）再沿 OY 向后移 0.5y 取圆心，画出后表面的圆弧和一小段可见的小圆；

（4）作前后圆的切线；

（5）画出并完善其他部分的轮廓线，加深，得斜二测图如图 6-12(b)所示。

画轴测图要切记两点：一是利用平行性质作图，这是提高作图速度和准确度的关键；二是沿轴向度量，这是作图正确的关键。

思考与实践：

1. 什么是轴测投影？它是怎样分类的？轴测图的基本性质有哪些？
2. 请画出正等测和斜二测的轴测轴，标注角度。
3. 组合体的轴测图，我们常用哪几种作图方法？
4. 请你构思出一个形体，用轴测图将它画出来。

第七章 机件的表达方法

任务驱动

(1) 掌握视图、剖视图和断面图的画法及标注方法。
(2) 熟悉常见的一些规定画法和简化画法。
(3) 灵活运用各种表达方法来正确、清晰、简洁地表达出机件。

在生产实际中,机件的结构形状多种多样。为了将机件的内外形状结构完整、清晰、简便、规范地表达出来,除了三视图外,还需要其他方向的投影和剖视图、断面图等多种表达方法来辅助和补充说明。

第一节 视 图

我们知道,根据正投影法所绘制出的物体的图形称为视图。视图主要用来表达机件的外部结构和形状,其不可见部分用虚线表达,但必要时也可省略不画。视图的种类通常有基本视图、向视图、局部视图和斜视图四种。

一、基本视图

如图 7-1 所示,用立方体的六个面作为基本投影面,将机件放在正六面体内,按正投影法分别向各基本投影面投射,所得的视图称为基本视图。除了前述的主视图、俯视图、左视图外,还有从右向左投射所得的右视图,从下向上投射所得的仰视图,从后向前投射所得的后视图。

六个基本投影面的展开方法如图 7-1 所示。

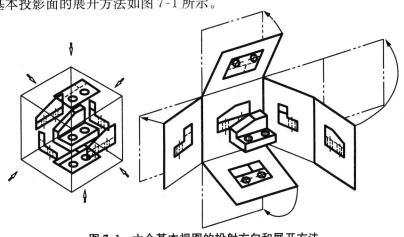

图 7-1 六个基本视图的投射方向和展开方法

我们规定,六个基本视图的位置关系如图 7-2 所示。在同一张图纸内照此配置视图时,不必标注视图名称。六个基本视图之间,仍符合"长对正、高平齐、宽相等"的投影规律。除后视图外,各视图的里侧(靠近主视图的一侧)均表示机件的后面,各视图的外侧(远离主视图的一侧)均表示机件的前面,我们可简单记忆为"外为前"。

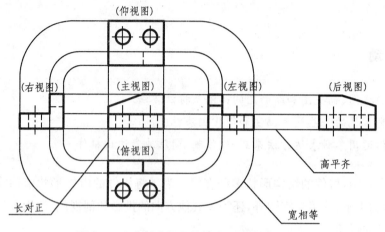

图 7-2 六个基本视图的位置配置及投影规律

二、向视图

向视图是指位置可以自由配置的视图,其实还是基本视图,只不过配置的位置可以不固定。其画法与基本视图相同。

为了便于读图,向视图必须进行标注。即在向视图的上方标注"×"("×"为大写字母 A、B、C 等),在能反映其投影方向的另一视图上用箭头指明投射方向,并标注相同的字母,如图 7-3 所示。

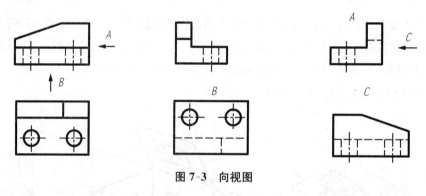

图 7-3 向视图

画向视图时,应注意以下几点:

(1) 向视图是基本视图的另一种表达方式,是移位配置的基本视图。但只能平移,不可旋转配置。

(2) 向视图不能只画出部分图形,必须完整地画出投射所得的图形。否则,投射所得的局部图形就是局部视图而不是向视图。

(3) 表示投射方向的箭头尽可能配置在主视图上,以使所获视图与基本视图相一致。

表示后视图投射方向的箭头,应配置在左视图或右视图上。

三、局部视图

将物体的某一部分向基本投影面投射所得的视图,称为局部视图。局部视图是不完整的基本视图。可以减少基本视图的数量,补充基本视图尚未表达清楚的部分。

如图 7-4 所示的机件,采用主、俯两个基本视图,其主要结构已表达清楚,但左、右两个凸台的形状不够明晰,若因此再画两个基本视图中的左视图和右视图,则大部分属于重复表达。可以只画出基本视图的一部分,即用两个局部视图来表达,则可使图形重点更为突出,左、右凸台的形状更清晰,如图 7-4 所示。

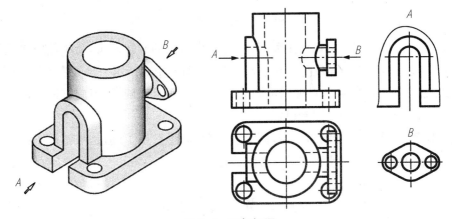

图 7-4 局部视图

1. 局部视图的配置和标注

局部视图可按以下两种形式配置,并进行必要的标注。

(1) 按基本视图的配置形式配置,当与相应的另一视图之间没有其他图形隔开时,则不必标注。

(2) 按向视图的配置形式配置和标注。

2. 局部视图的画法

局部视图的断裂边界以波浪线表示,如图 7-4 中的局部视图 A。若表示的局部结构是完整的,且外形轮廓成封闭状态时,波浪线可省略不画,如图 7-4 中的局部视图 B。

四、斜视图

当机件某部分的倾斜结构不平行于任何基本投影面时,此部分在六个基本投影方向都不能反映真实的形状。这时,我们可以以垂直于斜面方向为投射方向,获得一个斜向的但能反映实形的局部视图。我们把向不平行于任何基本投影面的平面投影所得的视图,称为斜视图。

如图 7-5(a)所示,机件的右倾斜面不平行于任何基本投影面,在基本视图中不能反映该部分的实形。我们选择一个与机件上倾斜部分平行且垂直于某一个基本投影面(如 V 面)的新的辅助投影面,然后将机件上的倾斜部分向新的辅助投影面投影,再将新投影面旋转到与其垂直的基本投影面重合的位置,就可得到该部分实形的视图,即斜视图,如图 7-5(b)所示。斜视图通常按向视图的配置形式配置并标注,在斜视图的上方标注"×",其断裂边界可用波浪线表示。

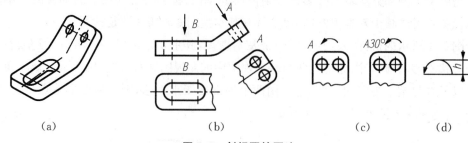

图 7-5 斜视图的画法

另外,也允许将斜视图旋转摆正配置,但需画出半圆的旋转箭头,箭头端应靠近该视图名称的字母,也允许将旋转角度标注在字母之后,如图 7-5(c)所示。半圆箭头的高度为图纸上的字高,如图 7-5(d)所示。斜视图可顺时针旋转或逆时针旋转,但旋转箭头的方向要与实际旋转方向一致,以便于看图者识别。

一般不建议旋转摆正绘制斜视图,因为旋转后,图形摆正了,但是与斜视图的投射方向的投影关系就不满足了,不便于初学者看图、画图。

第二节 剖视图

一、剖视图的形成

用假想的剖切平面剖开机件,将处在观察者和剖切面之间的部分移去,而将其余部分向投影面投射所得的图形,称为剖视图,简称剖视,如图 7-6 所示。

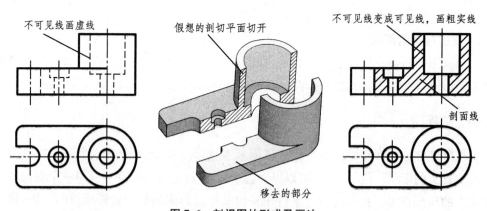

图 7-6 剖视图的形成及画法

将视图与剖视图相比较,可以看出,由于主视图采用了剖视的画法,将机件上不可见的部分变成了可见的,图中原有的细虚线变成了粗实线,再加上剖面线的作用,使机件内部结构形状的表达既清晰,又有层次感。同时,画图、看图和标注尺寸也都更为简便。

画剖视图的注意事项：

(1) 因为剖切是假想的，并不是真把机件切开并拿走一部分。因此，当一个视图采用剖视图后，其余视图仍按完整机件画出。

(2) 为使图形清晰，剖视图中看不见的结构形状，在其他视图已表示清楚时，其细虚线可省略不画。但对尚未表达清楚的内部结构形状，其细虚线不可省略。

(3) 在剖切面后面的可见轮廓线，应全部画出，不得遗漏。

二、剖面符号

机件被假想剖开后，剖切面与机件相接触的实体区域应画出剖面符号，以便区别机件的实体与空心部分。机件的材料不同，剖面符号也不相同，国家标准规定的常见材料的剖面符号见表7-1。其中金属材料的剖面符号为与机件主要轮廓线成45°（左右倾斜均可）互相平行且间距相等的细实线，也称剖面线，如图7-6所示。

同一机件各个视图中的剖面线方向相同、间隔相等。当图形中的主要轮廓线与水平成45°，应将该图形的剖面线画成与水平成30°或60°的平行线，但其倾斜方向仍应与其他图形的剖面线一致。

表7-1　各种材料的剖面符号

材料名称	剖面符号	材料名称	剖面符号
金属材料（已有规定剖面符号者除外）	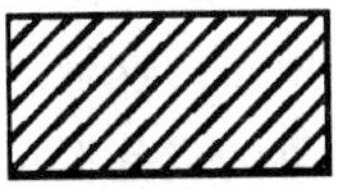	基础周围的泥土	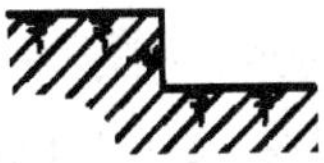
非金属材料（已有规定剖面符号者除外）	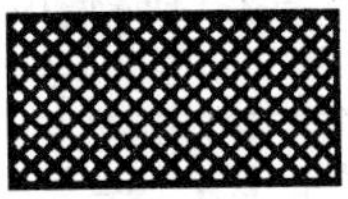	混凝土	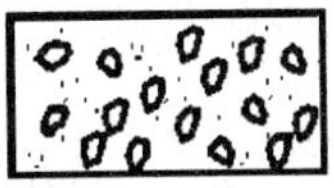
型砂、粉末冶金、陶瓷、硬质合金等	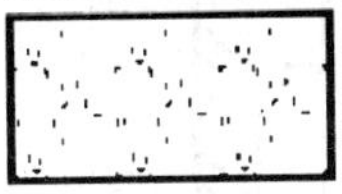	钢筋混凝土	
线圈绕组元件	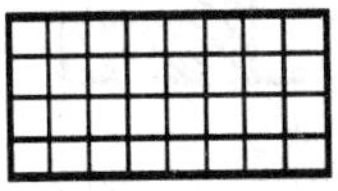	砖	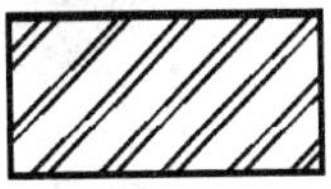
转子、变压器等的叠钢片	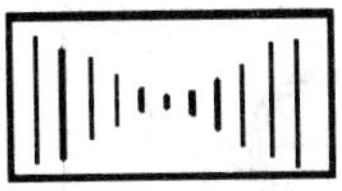	玻璃及其他透明材料	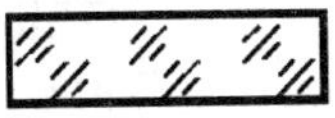
木质胶合板	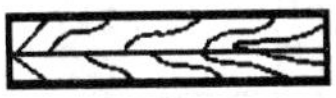	格网（筛网、过滤网等）	
木材 纵剖面	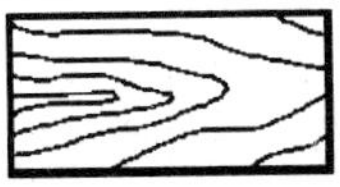	液体	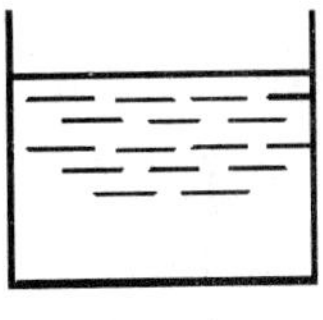
木材 横剖面	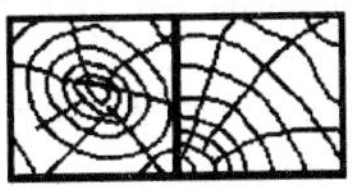		

三、全剖视图

用剖切平面完全地剖开机件所得的剖视图称为全剖视图。全剖视图适用于机件外形比较简单,而内部结构比较复杂,机件在垂直剖切平面方向的投影视图是不对称时。如图7-6就是全剖视图。

一般应在剖视图上方用字母标出剖视图的名称"×—×",在另一个相应视图上用剖切符号(5 mm长的短粗实线)表示剖切平面位置,用箭头表示投射方向,并注上同样的字母,如图7-7所示。当剖视图按投影关系配置,中间又没有其他图形隔开时,可省略箭头。

如果剖切平面通过机件的位置基本不会引起歧义(如对称中心线),且剖视图按投影关系配置,中间又没有其他图形隔开时,可省略剖切面符号、箭头和字母。如图7-1就没有标注剖切符号和字母。

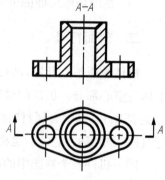

图 7-7　剖切符号的标注

四、半剖视图

半剖视图主要用于内、外形状都需要表达的对称机件或接近对称的机件。当机件具有对称平面时,向垂直于对称平面的投影面上投影所得的图形,以对称中心线为界,一半画成剖视图,另一半画成视图,这种组合的图形称为半剖视图,如图7-8所示。这样既充分地表达了机件的内部结构,又保留了机件的外部形状,但它只适宜于表达对称的或基本对称的机件,图7-7所示的机件为左右对称,所以最佳表达是半剖,而不是全剖。请读者自行画出其全剖视图。

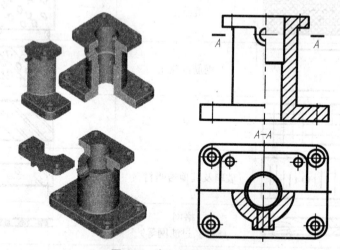

图 7-8　半剖视图的画法

半剖视图的优点在于,一半(剖视图)能够表达机件的内部结构,而另一半(视图)可以表达外形,由于机件是对称的,所以很容易据此想象出整个机件的内、外结构形状。一半剖视图的位置通常按以下原则配制:若半剖的是主视图,剖视部分放在对称线右侧;俯视图中位于对称线下方,左视图中位于对称线右侧。

画半剖视图的注意事项：

(1) 一半剖视图和一半视图应以点画线为分界线，而不是粗实线或细实线。如果刚好和轮廓线重合，则应避免采用半剖。

(2) 半剖视图中，机件的内部形状已经在半个剖视图中表达清楚，因此在半个外形图中不必画出虚线。那些在半个剖视图中未表达清楚的结构，可在半个视图中作局部剖视图。

(3) 在半剖视图中，标注机件对称结构的尺寸时，其尺寸线应略超过对称中心线，并在尺寸线的一端画出箭头。

(4) 半剖视图的标注和省略标注的要求与全剖视图完全相同。

五、局部剖视图

用剖切面局部地剖开机件所得的剖视图，称为局部剖视图，如图7-9所示。

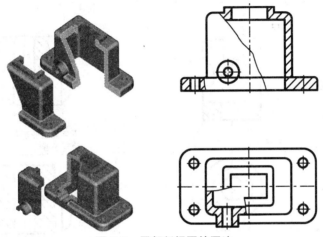

图 7-9　局部剖视图的画法

局部剖视图具有同时表达机件内、外结构的优点，且不受机件是否对称的限制，在什么位置剖切、剖切范围多大，均可根据需要而定，所以应用比较广泛。

局部剖视图主要用于以下几种情况：

(1) 不对称物体的内、外部形状都需要表达或物体上只有局部的内部结构形状需要表达，不必或不宜画成全剖视图时。

(2) 当对称机件的轮廓线与中心线重合，不宜采用半剖视时。如图 7-10 所示。

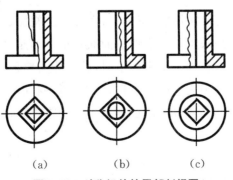

(a)　　　(b)　　　(c)

图 7-10　对称机件的局部剖视图

(3) 当实心机件如轴、杆等上面的孔或槽等局部结构需剖开表达时。如图7-11所示。

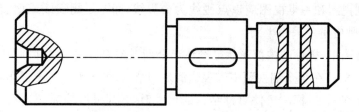

图7-11 轴上孔结构的局部剖视图

画局部剖视图的注意事项：

(1) 在一个视图中，局部剖切的次数不宜过多，否则就会显得零乱甚至影响图形的清晰度。

(2) 波浪线只能画在物体的实体部分，不得穿越孔或槽（应断开），也不能超出视图之外。如图7-12所示。

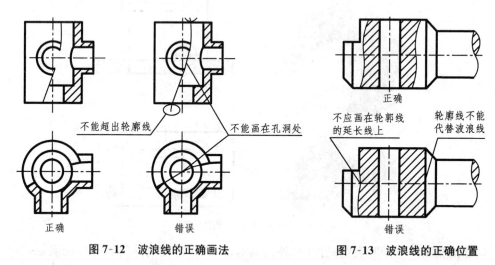

图7-12 波浪线的正确画法　　　　图7-13 波浪线的正确位置

(3) 波浪线不应与其他图线重合或画在它们的延长线位置上，如图7-13所示。

(4) 当剖切平面的位置明显时，局部剖视图的标注可省略。当剖切平面的位置不明显或局部剖视图不在基本视图位置时，应标注剖切符号、投射方向和局部剖视图的名称。

六、阶梯剖（几个平行的平面剖切形成的剖视图）

单一剖切平面是剖视图最常用的一种。前面的全剖视图、半剖视图或局部剖视图都是采用单一剖切平面获得的。但是，当机件上几个欲剖部位不处在同一个平面上时，就可能需要采用几个平行的平面剖切方法来表达内部结构，几个平行的剖切平面可能是两个或两个以上，各剖切平面的转折处必须是直角，如图7-14所示。

画阶梯剖视图的注意事项：

(1) 在画阶梯剖时应把几个平行的剖切平面看作一个剖切

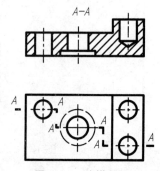

图7-14 阶梯剖

平面,因此在剖视图中各剖切平面的转折处不必画出,如图7-15(a)所示。

(2) 在画阶梯剖时还应注意剖切符号不得与图形中的任何轮廓线重合,如图 7-15(b) 所示。

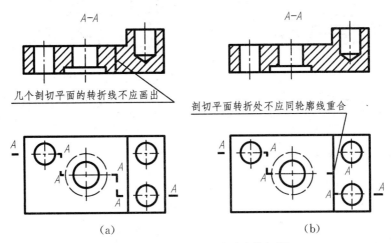

图 7-15　画阶梯剖时应注意的问题

七、旋转剖（几个相交的平面剖切形成的剖视图）

用两个相交的剖切平面(交线垂直于某一投影面)剖开机件的方法,称为旋转剖。常用于表达盘类零件上的孔、槽等结构,如图 7-16 所示。

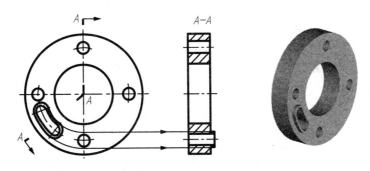

图 7-16　旋转剖的应用及画法

采用这种方法画剖视图时,先假想按剖切位置剖开机件,然后将被剖切面剖开的结构及其有关部分旋转到与选定的投影面平行后再进行投影。位于剖切平面后的其他结构仍然按原来位置投影,如图 7-17 中的油孔,并没有跟着旋转投影,还在原来位置画出。

注意:旋转剖的视图中旋转的部分不再满足投影特性,如图 7-17 所示,俯视图与主视图"长"已不对正。

对于物体上的肋板、轮幅及薄壁等,如按纵向(剖切平面平行于它们的厚度方向)剖切时,这些结构都不画剖面线,而是用粗实线将它与其相邻部分分开,如图 7-17、7-18 所示。

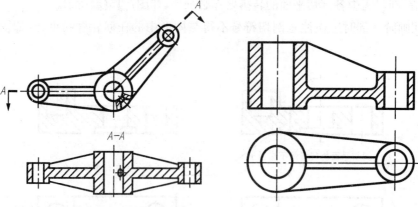

图 7-17 旋转剖的画法及注意事项　　图 7-18 肋板纵向剖切不画剖面线

机件上均匀分布的肋板、轮辐、孔等结构,当其不处在剖切平面上时,可将这些结构旋转到剖切平面上画出,如图 7-19(a)、(b)所示两种情况。

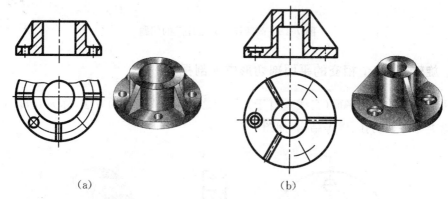

(a)　　　　　　　　(b)

图 7-19 均匀分布的肋板和孔旋转到剖切平面上画出

第三节　断面图

假想用剖切平面将物体的某处切断,仅画出该剖切面与物体接触部分的图形,称为断面图,简称断面,如图 7-20(a)、(b)所示。断面图常用来表达机件上的肋板、轮辐、键槽、小孔、杆料和型材等的断面形状。

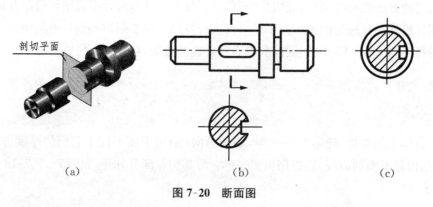

(a)　　　　　　　　(b)　　　　　　　　(c)

图 7-20 断面图

断面图与剖视图的区别:断面图只画机件被剖切后的断面形状,剖切平面之后的可见轮廓线也不必画出。而剖视图除了画出断面形状之外,还必须画出机件上剖切平面之后的轮廓线,如图 7-20(c)所示。

一、移出断面图

图 7-20(b)中的断面图画在视图之外,我们称之为移出断面图。

注意:移出断面图的轮廓线用粗实线绘制。

1. 移出断面图的画法规定

(1) 当剖切面通过回转体的孔或凹坑的轴线时,这些结构应按剖视图绘制,如图 7-21 所示。

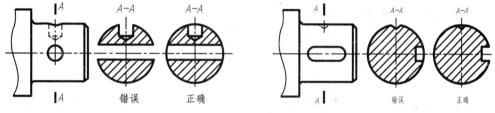

图 7-21　带回转体孔的移出断面图画法

(2) 当剖切面通过非圆孔,而导致出现完全分离的两个断面时,则这些结构应按剖视图绘制,如图 7-22 所示。

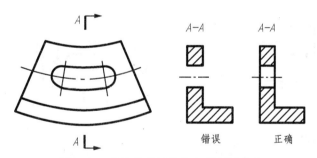

图 7-22　轮廓线断开的移出断面图画法

(3) 当断面图形对称时,也可在视图的中断处画出断面图,视图用波浪线断开,如图 7-23 所示。

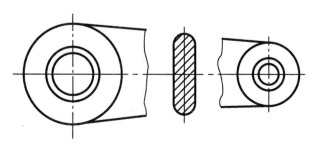

图 7-23　断面图形对称的移出断面图画法

(4) 剖切平面应与被剖切部分的主要轮廓线垂直。由两个(或多个)相交的剖切平面剖切得出的断面,中间一般应断开,如图7-24所示。

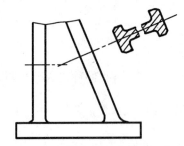

图7-24　剖切面相交的移出断面图画法

2. 移出断面图的配置与标注

(1) 移出断面图应尽量配置在剖切面迹线或剖切符号的延长线上,此时,不需要注写字母。

(2) 未配置在剖切线上的移出断面图,要用剖切符号表明剖切位置,注写字母表明对应关系,当图形不对称时,要画箭头指示投影方向;如果图形对称,可省略箭头。如图7-25(a)所示。

(3) 配置在剖切符号延长线上的移出断面图,若图形对称可不标注,此时,应用细点画线画出剖切位置,如图7-25(a)所示;若图形不对称,需要用剖切符号和箭头表明剖切位置和投影方向,如图7-25(b)所示。

(4) 按投影关系配置的移出断面图,可省略箭头。如图7-25(b)所示。

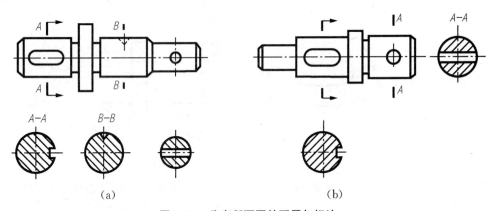

(a)　　　　　　　　　　　　(b)

图7-25　移出断面图的配置与标注

二、重合断面图

配置在剖切平面迹线处,并与原视图重合的断面图称为重合断面图,如图7-26、7-27所示。

注意: 重合断面图的轮廓线用细实线绘制。当视图中轮廓线与重合断面图的图形重叠时,视图中的轮廓线仍应连续画出,不可间断。

配置在剖切线上的对称的重合断面图,可不标注,如图 7-26 所示。不对称的重合断面图,可不标注名称(字母),需画出剖切符号和指明投影方向的箭头,如图 7-27 所示,在不致引起误解的情况下也可省略标注。

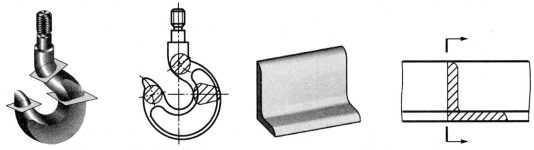

图 7-26　对称重合断面图的画法　　　　图 7-27　不对称重合断面图的画法

第四节　局部放大图及简化画法

一、局部放大图

当机件上的细小结构在视图中表达不清楚,或不便于标注尺寸和技术要求时,制图标准中规定了局部放大图,供绘图时选用。

将机件的部分细小结构,用大于原图形所采用的比例画出的图形,称为局部放大图。局部放大图可画成视图、剖视图、断面图,它与被放大的原视图的表达方式无关,如图 7-28 所示。

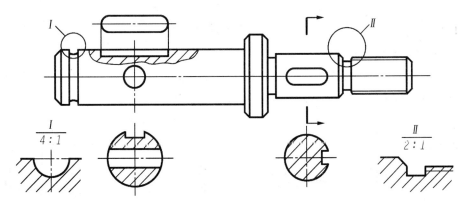

图 7-28　局部放大图

局部放大图应尽量配置在被放大部位的附近。绘制局部放大图时,一般应用细实线圈出被放大的部位。

当同一零件上有几处被放大的部分时,必须用罗马数字依次标明被放大的部位,并在局部放大图的上方标注出相应的罗马数字和所采用的比例,如图 7-28 所示。当零件上被放大的部分仅一个时,在局部放大图的上方只需注明所采用的比例。应特别指出,局部放大图的比例,是指该图形中的线性尺寸与实际机件相应的线性尺寸之比,而与原图形所采用的比例无关。

二、简化画法

1. 均匀分布的孔,只画一个,其余用中心线表示孔的中心位置,并在图中注明孔的总数即可,如图 7-29 所示。

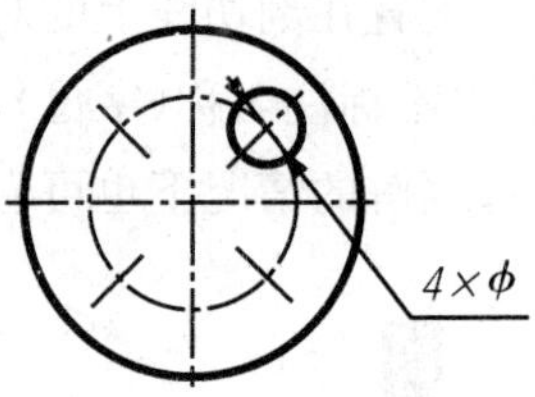

2. 当机件具有若干相同结构(齿、槽等),并按一定规律分布时,只需画出几个完整的结构,其余用细实线连接,但在图中必须注明该结构的总数,如图 7-30 所示。

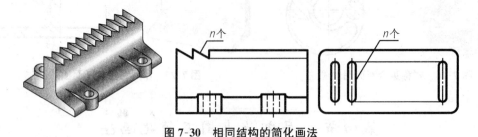

图 7-29 均匀分布的孔的简化画法

图 7-30 相同结构的简化画法

3. 平面的表示方法

为了避免增加视图、剖视图或断面图,可用平面符号即两条相交的细实线表示平面,图 7-31(b) 比图 7-31(a) 的表达要简便得多。

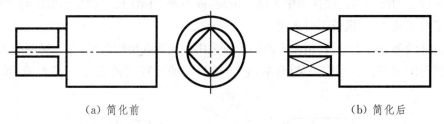

(a) 简化前   (b) 简化后

图 7-31 平面的表示方法

4. 较长机件的简化画法

较长机件(如轴、杆、型材等)沿长度方向的形状一致或按一定规律变化时,可断开绘制,如图 7-32(a)、(b) 所示。

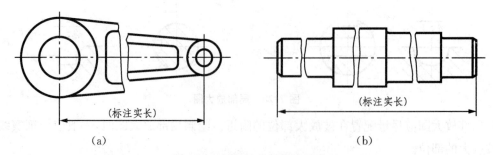

(标注实长)   (标注实长)

(a)   (b)

图 7-32 较长机件的简化画法

5. 对称机件的简化画法

对称机件的视图在不致引起误解时可以只画 1/2 或 1/4,并在对称中心线的两端画出与其垂直的平行细实线,如图 7-33 所示。

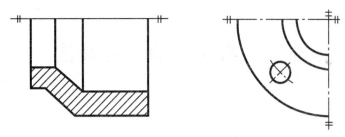

图 7-33 对称机件的简化画法

6. 在不致引起误解时,移出断面图允许省略剖面符号,但剖切位置和断面图的标注必须按照规定画出,如图 7-34 所示。

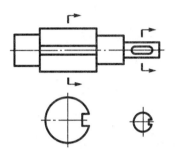

图 7-34 移出断面图省略剖面线

7. 与投影面倾斜角度小于或等于 30°的圆或圆弧,其投影可以用圆或圆弧代替,方便绘图,如图 7-35 所示。

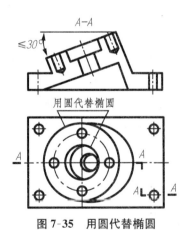

图 7-35 用圆代替椭圆

思考与实践:

1. 用合适的视图表达常见的生活用品。
2. 用恰当的剖视方法表达出你选择的生活用品的内部结构。
3. 断面图有哪几种?分别用于什么类型的机件表达?
4. 局部放大图和简化画法分别用于什么情况?

第八章　标准件与常用件的规定画法

任务驱动

(1) 掌握螺纹、螺纹紧固件连接的规定画法。
(2) 掌握圆柱直齿轮及其啮合的规定画法。
(3) 掌握滚动轴承的规定画法和简化画法。
(4) 熟悉弹簧的规定画法。

在机械设备和仪器仪表中广泛使用的螺栓、螺柱、螺钉、垫圈、键、销、滚动轴承等,其结构参数已全部标准化,称之为标准件;而使用也十分广泛的齿轮、弹簧等,因其只是部分结构参数标准化,有些参数可以根据实际需要设计修改,称之为常用件。

在标准件和常用件中,结构要素复杂且重复,如螺纹和齿轮中的齿结构,而这些比较复杂的结构要素均已标准化,在生产中由专用机床和专用刀具加工。因此,为了设计和绘图的方便,国家标准对标准件和常用件规定了简化的画法和注法,这样就不用把已标准化的结构要素真实地画出来。

第一节　螺纹连接

螺纹是指在圆柱(锥)表面上,沿着螺旋线所形成的、具有相同剖面的连续凸起和沟槽。加工在圆柱体外表面上的螺纹叫外螺纹,加工在圆柱体内表面上的螺纹叫内螺纹,如图 8-1 所示。

图 8-1　外螺纹与内螺纹

螺纹是根据螺旋线原理加工而成的。图 8-2(a)表示在车床上加工外螺纹的情况,图 8-2(b)表示在车床上加工内螺纹的情况。这时圆柱形工件作等速旋转运动,车刀则与工件相接触作等速的轴向移动,刀尖相对工件即形成螺旋线运动。由于刀刃的形状不同,在工件表面切去部分的截面形状也不同,所以可加工出各种不同的螺纹。内螺纹也可以用丝锥攻丝的方法得到。

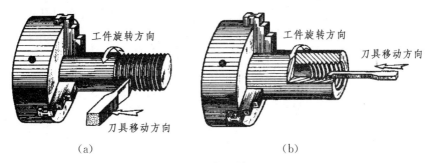

图 8-2 螺纹的加工

一、了解螺纹的五个基本要素

1. 牙型

在通过螺纹轴线的断面上,螺纹的轮廓形状称为螺纹牙型。它由牙顶、牙底和两牙侧构成,并形成一定的牙型角。螺纹的牙型常见的有三角形、梯形、锯齿形等,分别对应的名称为普通螺纹(代号为 M)、梯形螺纹(代号为 Tr)、锯齿形螺纹(代号为 B),如图 8-3 所示。

三角形(普通螺纹 M)   梯形(梯形螺纹 Tr)   锯齿形(锯齿形螺纹 B)

图 8-3 螺纹的牙型

2. 螺纹的直径

(1) 螺纹大径(公称直径)。与外螺纹牙顶或内螺纹牙底相切的假想圆柱体的直径,是螺纹的最大直径。外螺纹大径用 d 表示,内螺纹大径用 D 表示。外螺纹与内螺纹的牙顶、牙底是相反的,请注意区分,如图 8-4 所示。

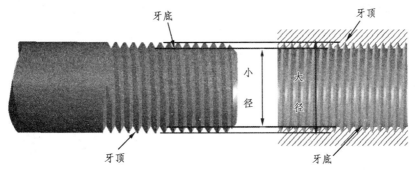

图 8-4 螺纹的牙顶与牙底

(2) 螺纹小径。螺纹小径是指与外螺纹牙底或内螺纹牙顶相切的假想圆柱体的直径,是螺纹的最小直径。外螺纹小径用 d_1 表示,内螺纹小径用 D_1 表示。

(3) 螺纹中径。在螺纹大径和小径之间有一假想圆柱,圆柱母线通过牙型上沟槽和凸起宽度相等,则该假想圆柱直径为螺纹中径。外螺纹中径用 d_2 表示,内螺纹中径用 D_2 表示。

螺纹直径如图 8-5 所示。

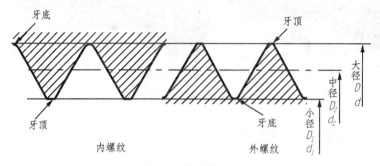

图 8-5 螺纹的直径

3. 线数(n)

在同一圆柱(锥)面上加工出螺纹的条数,称为螺纹线数,用 n 表示。螺纹有单线和多线之分,沿一条螺旋线形成的螺纹称为单线,沿两条或两条以上螺旋线形成的螺纹称为多线螺纹,如图 8-6 所示。

4. 螺距(P)与导程(P_h)

相邻两牙(不一定是同一线上)在中径线上对应两点间的轴向距离,称为螺距,以 P 表示。同一线上相邻两牙在中径线上对应两点间的轴向距离,称为导程,以 P_h 表示。螺纹导程 = 螺距 × 线数,即 $P_h = nP$。如图 8-6 所示。

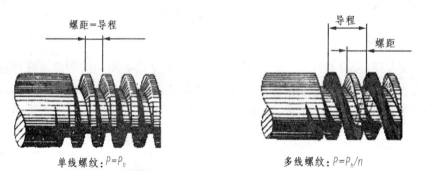

图 8-6 螺纹的线数与螺距、导程

5. 旋向

螺纹有右旋和左旋之分。按照右螺旋线加工、顺时针旋转时旋入的螺纹称右旋螺纹。按照左螺旋线加工、逆时针旋转时旋入的螺纹称左旋螺纹,如图 8-7 所示,四指指向表示螺纹旋转方向,大拇指所指方向表示旋入方向,符合左手示意为左旋螺纹,符合右手示意为右旋螺纹。

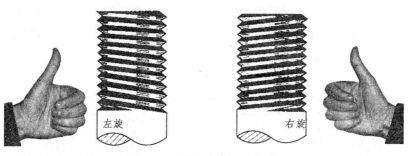

图8-7 右旋螺纹与左旋螺纹

二、螺纹的画法和标注

1. 外螺纹的画法

如图8-8所示,在投影为非圆的视图上,螺纹的大径(d)用粗实线表示,小径($d_1 = 0.85d$)用细实线表示,螺纹的终止线用粗实线表示。在投影为圆的视图中,表示螺纹大径的圆用粗实线绘制,表示螺纹小径的细实线圆只画约3/4圈,轴端倒角圆省略不画。

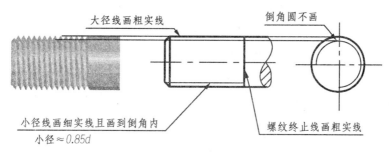

图8-8 外螺纹的画法

2. 内螺纹的画法

如图8-9所示,画内螺纹通常采用剖视图,在投影为非圆的视图中,小径($D_1 = 0.85D$)用粗实线画出,大径用细实线画出,螺纹终止线用粗实线表示,剖面线画到表示小径的粗实线为止。在投影为圆的视图上,表示螺纹大径的圆用细实线只画约3/4圈,孔口倒角圆省略不画;表示螺纹小径的圆用粗实线画。

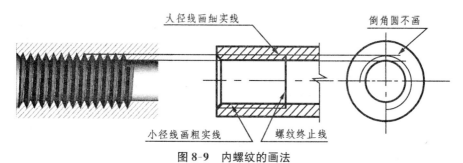

图8-9 内螺纹的画法

3. 内、外螺纹旋合后的画法

如图8-10所示,内外螺纹旋合在一起时,称为螺纹连接。画螺纹连接时,一般采用剖视图,在剖视图中,旋合部分应按外螺纹的画法绘制,未旋合部分仍按各自的画法绘制。画图时必须注意内、外螺纹牙底、牙顶的粗细线对齐,以表示相互连接的螺纹具有相同的大径和小径。剖面线在内螺纹部分应画到粗实线。钻孔底部的角度为麻花钻头留下的痕迹,夹角画 120°。

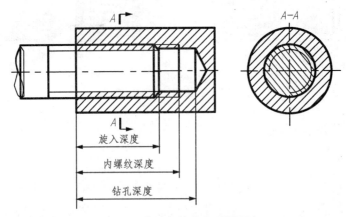

图 8-10　内外螺纹旋合后的画法

4. 普通螺纹的标记及在图样上的标注

(1) 普通螺纹是最常用的连接螺纹,普通螺纹代号为"M"。公称直径为螺纹的大径。普通螺纹的螺距有粗牙与细牙之分,粗牙是指相应公称直径的一系列螺距(可以查相关表格得到)的最大值,最大值自然是唯一值,所以粗牙普通螺纹螺距值省略不标,细牙是指一系列螺距中除最大值外的其他值,有多个,所以细牙螺纹应注出螺距数值,以确定是一系列螺距中的某个。

(2) 右旋螺纹不必注旋向,左旋螺纹应注"LH"。

(3) 螺纹公差带代号表示尺寸允许的误差范围,由表示中径及顶径的公差等级的数字和表示公差位置的基本偏差系列字母组成,大写字母表示内螺纹,小写字母表示外螺纹,如果中径、顶径公差带代号相同时可只注写一个代号。

(4) 旋合长度有短、中、长之分,其代号分别为 S、N、L。如是中等旋合长度,"N"可省略不注。

如:在图纸上有如下标记"M20×2LH-5g6g-s",则它的含义如下:

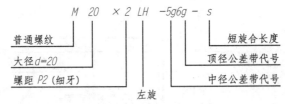

普通螺纹用尺寸标注形式注在大径上,如图 8-11 所示。

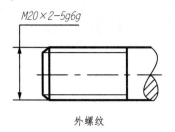
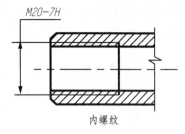

图 8-11　普通螺纹在图样上的标注

5. 管螺纹的标记及在图样上的标注

管螺纹适用于水管、油管、煤气管等薄壁管子的连接,为英寸制螺纹,可分为55°螺纹密封的管螺纹和55°非螺纹密封的管螺纹。

用螺纹密封的管螺纹标记格式由螺纹特征代号、尺寸代号、旋向代号组成。

圆柱内管螺纹特征代号为"Rp";圆锥外管螺纹特征代号为"R";圆锥内管螺纹特征代号为"Rc";与圆柱内螺纹相配合的圆锥外螺纹特征代号为"R_1";与圆锥内螺纹相配合的圆锥外螺纹特征代号为"R_2"。用螺纹密封的管螺纹的标注如图 8-12 所示。

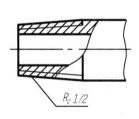
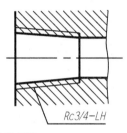

图 8-12　55°密封管螺纹的标注

非螺纹密封的管螺纹标记方由螺纹特征代号、尺寸代号、公差等级代号、旋向代号组成。

非螺纹密封的内、外管螺纹特征代号为"G"。管螺纹的公称直径(尺寸代号)不表示螺纹大径,而是指加工有管螺纹的管孔直径,因而用指引线指在管螺纹大径上来标注,单位为英寸。只有非螺纹密封的外管螺纹,分为 A、B 两个等级,在尺寸代号后注明。对内螺纹,不标记公差等级代号。非螺纹密封的管螺纹的标注如图 8-13 所示。

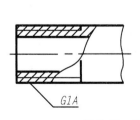
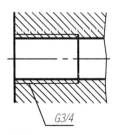

图 8-13　55°非密封管螺纹的标注

6. 梯形螺纹

梯形螺纹的代号为"Tr"。右旋可不标旋向代号,左旋时标"LH"。单线螺纹标注螺距,多线螺纹标注导程和螺距。

注意：梯形螺纹没有粗牙、细牙的概念，不要和普通螺纹混淆。梯形螺纹公差带代号只有中径公差带代号。旋合长度只分中(N)、长(L)两组，N可省略不注。

如：在图样中出现"Tr40×7(14/2)-7H-L"这样的标记，则其含义如下：

三、螺纹紧固件的简化画法

1. 常用螺纹紧固件的种类及标记

螺纹紧固件连接是工程上应用最广泛的一种可拆连接形式。螺纹紧固件的连接形式通常有螺栓连接、双头螺柱连接和螺钉连接。常见的紧固件有螺栓、双头螺柱、螺母、垫圈及螺钉等，如图 8-12 所示。它们的结构、尺寸都已标准化。使用或绘图时，可以从相应标准中查到所需的结构尺寸，一般无需画出它们的零件图，只需按规定进行标记。常用螺纹紧固件的标记及含义见表 8-1。

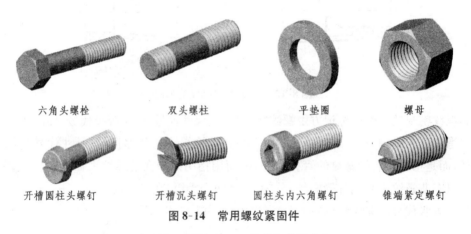

图 8-14 常用螺纹紧固件

表 8-1 常用螺纹坚固件的标注及含义

名称及标准号	图 例	标记及含义
六角头螺栓 GB/T 5782-1988	（图示：M10，长50）	螺栓 GB/T 5782 M10×50 表示螺纹规格 d = M10，公称长度 l = 50、性能等级为 8.8 级、表面氧化、杆身半螺纹、A 级的六角头螺栓
双头螺柱 GB/T 897-1988	（图示：M10，10 50）	螺柱 GB/T 897 M10×50 表示两端均为粗牙普通螺纹，螺纹规格 d = M10，公称长度 l = 50、性能等级为 4.8 级、不经表面处理、B 型、b_m = 1d 的双头螺柱

续表

名称及标准号	图 例	标记及含义
开槽圆柱头螺钉 GB/T 65-2000		螺钉 GB/T 65 M10×50 表示螺纹规格 d = M10,公称长度 l = 50、性能等级为4.8级、不经表面处理的A级开槽圆柱头螺钉
内六角圆柱头螺钉 GB/T 70.1-2000		螺钉 GB/T 70.1 M10×40 表示螺纹规格 d = M10,公称长度 l = 40、性能等级为8.8级、表面氧化的A级内六角圆柱头螺钉
十字槽沉头螺钉 GB/T 819.1-2000		螺钉 GB/T 819.1 M10×50 表示螺纹规格 d = M10,公称长度 l = 50、性能等级为4.8级、不经表面处理的H型十字槽沉头螺钉
1型六角螺母 GB/T 6170-2000		螺母 GB/T 6170 M12 表示螺纹规格 D = M12、性能等级为8级、不经表面处理、A级的1型六角螺母
1型六角开槽螺母 GB/T 6178-1986		螺母 GB/T 6178 M12 表示螺纹规格 D = M12、性能等级为8级、表面氧化、A级的1型六角开槽螺母
平垫圈 GB/T 97.1-2002		垫圈 GB/T 97.1 12 表示标准系列、公称规格12 mm、由钢制造的硬度等级为200HV级、不经表面处理、产品等级为A级的平垫圈
标准型弹簧垫圈 GB/T 93-1987		垫圈 GB/T 93 12 表示规格12 mm、材料为65Mn、表面氧化处理的标准型弹簧垫圈

2. 螺栓连接的简化画法

已经标准化的螺纹连接件，一般由专门生产标准件的厂家制造。我们在设计机器和仪器时无需画出它们的零件图，但要在装配图中表达其连接的形式和注写规定的标记。在装配图中可以采用简化画法，即螺栓末端的倒角、螺母和螺栓头部的倒角等都可省略不画。

螺栓连接一般用来连接不太厚并能钻成通孔的两个零件。连接时螺栓穿过两零件上的光孔，加工垫圈，最后用螺母紧固。垫圈是用来增加支承面积和防止拧紧螺母时损伤被连接零件表面的。如图8-15所示。

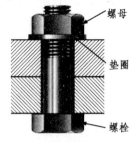

图 8-15 螺栓连接

画螺纹连接图中的紧固件，可根据紧固件的规格从相应的标准中查出各部分尺寸，然后按规定画出，但为了简化作图，通常根据螺纹公称直径 $d(D)$，按比例关系计算出各部分尺寸，近似地画出螺纹紧固件，称为比例画法，图 8-16 给出了计算公式。

画图时，首先必须已知两被连接零件的厚度 δ_1、δ_2。被连接零件的通孔直径应略大于螺纹公称直径 d，一般取 $1.1d$，螺栓头厚度为 $0.7d$，螺母厚度 $m=0.8d$；螺栓头和螺母的六边形对角线长度为 $2d$，平垫圈的直径取 $2.2d$，平垫圈厚度 $h=0.15d$。

螺栓上的螺纹终止线应必须画到垫圈以下，被连接两零件接触面以上，以表示拧紧螺母时有足够的螺纹长度，螺纹长度一般可画 $1.5\sim 2d$。

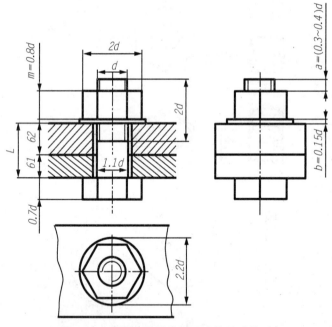

图 8-16 螺栓连接的比例画法的尺寸关系

画螺栓连接图时，应注意以下几点：

（1）两零件接触表面之间，只画一条粗实线，不得在接触面上将轮廓线加粗。凡不接触表面，不论间隙大小，在图上应画出间隙（两条线），如螺栓直径通孔之间应画出间隙。

（2）剖切平面通过紧固件轴线时，螺栓、螺母、垫圈等均按不剖绘制。

(3) 在剖视图中,两相邻连接件,剖面线方向应相反,或方向相同而间隔不同。同一零件在各个剖视图上的剖面线方向、间隔应相同,如图 8-17 所示。

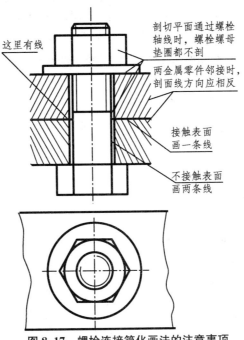

图 8-17　螺栓连接简化画法的注意事项

3. 双头螺柱连接的简化画法

当两个被连接件中有一个比较厚,无法钻成通孔时,常用双头螺柱连接,在薄件上钻出稍大的光孔(孔径取 $1.1d$),厚件上加工出螺纹孔,螺柱旋入端的外螺纹全部旋入螺孔内,上端套上垫圈并拧紧螺母。如图 8-18 所示。

画双头螺柱连接时,旋入端的外螺纹长度与被连接件的材料有关。材料为钢或青铜,则旋入端的外螺纹长度取 d;材料为铸铁,则旋入端的外螺纹长度取 $1.25\sim1.5d$;材料为铝合金,则旋入端的外螺纹长度取 $2d$。旋入端的螺纹终止线应与两个被连接件的结合面平齐,表示旋入端已拧紧。旋入端的螺孔深度(即内螺纹长度)取外螺纹长度 $+0.5d$,钻孔深度取外螺纹长度 $+d$。钻孔的锥尖应画成 $120°$,注意从小径处画出。螺母拧紧后,螺柱超出螺母的长度取 $0.3\sim0.4d$。如图 8-19 所示。

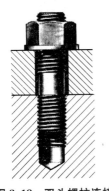

图 8-18　双头螺柱连接

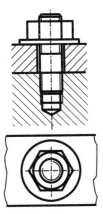

图 8-19　双头螺柱连接的简化画法

4. 螺钉连接的简化画法

螺钉的种类很多，按用途分为连接螺钉和紧定螺钉两类。螺钉连接一般用于被连接件受力不大和不需要经常拆装的场合，在较厚的零件上加工出螺孔，而在另一零件上加工成光孔，将螺钉穿过光孔而旋进螺孔，靠螺钉头部压紧使两个被连接零件连接在一起。它的连接图画法除头部形状外，其他部分与螺柱连接相似。如图 8-20 所示。

图 8-20 螺钉连接

用比例画法绘制螺钉连接，其旋入端与螺柱相同，被连接板的孔部画法与螺栓相同，被连接板的孔径取 $1.1d$。

螺钉头有圆头、锥头、沉头和紧定螺钉等各种型式，螺钉头部的比例画法尺寸如图 8-21 所示。

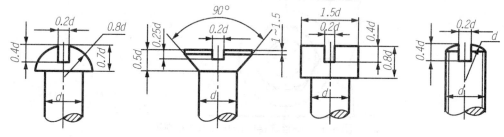

图 8-21 螺钉头部的比例画法

画图时注意以下两点：

（1）螺杆上的螺纹终止线应画在接合面之上，在光孔件范围内，以表示螺钉尚有拧紧的余地，而连接件已被压紧。

（2）具有沟槽的螺钉头部，在主视图中应被放正，在俯视图中规定画成与水平线成 $45°$、自左下向右上的斜线。若槽的宽度小于 2 mm 时，槽的俯视图可以涂黑，如图 8-22 所示。

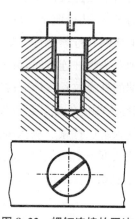

图 8-22 螺钉连接的画法

第二节 齿 轮

齿轮是机器中的传动零件，它用来将主动轴的转动传送到从动轴上，以完成传递功率、变速及换向等功能。常见的齿轮传动形式有圆柱齿轮、圆锥齿轮和蜗轮蜗杆三种方式，圆柱齿轮用于传递两平行轴的运动；圆锥齿轮用于传递两相交轴的运动；蜗轮蜗杆用于传递两相错且垂直轴的运动，如图 8-23 所示。

圆柱齿轮　　　　　　　圆锥齿轮　　　　　　蜗轮蜗杆

图 8-23　常见的齿轮传动形式

轮齿加工在圆柱面上的齿轮称为圆柱齿轮。圆柱齿轮有直齿、斜齿和人字齿等三种，其中最常用的是直齿圆柱齿轮，简称直齿轮。轮齿是齿轮的主要结构，轮齿有标准齿与非标准齿之分，具有标准齿的齿轮称为标准齿轮。轮齿的齿廓形状通常为渐开线。常见的齿轮就是渐开线标准直齿圆柱齿轮。

一、直齿轮的基本参数与尺寸关系

1. 直齿轮的几何要素

直齿轮的几何要素如图 8-24 所示。

(1) 齿顶圆直径(d_a)：通过轮齿顶部的圆周直径。

(2) 齿根圆直径(d_f)：通过轮齿根部的圆周直径。

(3) 分度圆直径(d)：齿顶圆和齿根圆之间的一个圆的直径，对标准齿轮而言，在该圆的圆周上齿厚(s)和齿槽宽(e)相等。

(4) 齿厚(s)：一个轮齿在分度圆上的弧长。

(5) 槽宽(e)：一个齿槽在分度圆上的弧长。

(6) 齿距(p)：在分度圆上，是两个相邻齿对应点间的弧长，标准齿轮 $s = e, p = s + e$。

(7) 齿顶高(h_a)：齿顶圆与分度圆之间的径向距离称为齿顶高。

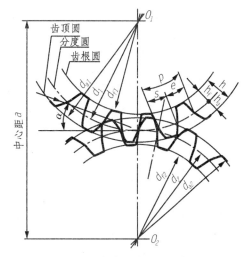

图 8-24　直齿轮的几何要素

(8) 齿根高(h_f)：齿根圆与分度圆之间的径向距离称为齿根高。

(9) 齿高(h)：齿顶圆与齿根圆之间的径向距离称为齿高，$h = h_a + h_f$。

(10) 中心距(a)：两啮合齿轮轴线之间的距离。

2. 直齿轮的基本参数

(1) 齿数(z)：齿轮上轮齿的个数。

(2) 模数(m)：分度圆周长 = 齿距×齿数，即 $\pi d = zp$，则有 $d = p/\pi \times z$。令 $p/\pi = m$，则 $d = mz$。

因为两啮合齿轮的齿距 p 必须相等,所以它们的模数 m 也必须相等。模数 m 是设计、制造齿轮的基本参数,模数越大,齿轮越大,因而齿轮的承载能力也越大。为了便于设计和制造,模数已经标准化,如表 8-2 所示。选用模数时应优先选用第一系列,其次选用第二系列;括号内的模数尽量不用。

表 8-2 标准模数

第一系列	1、1.25、1.5、2、2.5、3、4、5、6、8、10、12、16、20、25、32、40、50
第二系列	1.75、2.25、2.75、(3.25)、3.5、(3.75)、4.5、5.5、(6.5)、7、9、(11)、14、18、22、28、(30)、36、45

(3) 齿形角(α):是指通过齿廓曲线与分度圆交点所作的径向与切向直线所夹的锐角,如图 8-25 所示。

图 8-25 齿形角

直齿圆柱齿轮各部分尺寸的计算公式如表 8-3 所示:

表 8-3 直齿圆柱齿轮各部分的尺寸关系

名称	代号	计算公式	说明
齿数	Z	根据设计要求或测绘而定	Z、m 是齿轮的基本参数,设计计算时,先确定 m、Z,然后得出其他各部分尺寸
模数	m	$m = p/\pi$ 根据强度计算或测绘而得	
分度圆直径	d	$d = mz$	
齿顶圆直径	d_a	$d_a = d + 2h_a = m(Z+2)$	齿顶高 $h_a = m$
齿根圆直径	d_f	$d_f = d - 2h_f = m(Z-2.5)$	齿根高 $h_f = 1.25m$
齿宽	b	$b = 2p \sim 3p$	齿距 $p = \pi m$
中心距	a	$a = (d_1 + d_2)/2 = (Z_1 + Z_2)M/2$	齿高 $h = h_a + h_f$

二、直齿轮的画法

1. 单个直齿轮的规定画法

单个直齿轮的规定画法如图 8-26 所示。齿顶圆和齿顶线用粗实线表示;分度圆和分度线用细点画线表示;齿根圆和齿根线画细实线或者省略不画。在剖视图中,齿根线用粗实线表示,轮齿部分不画剖面线。

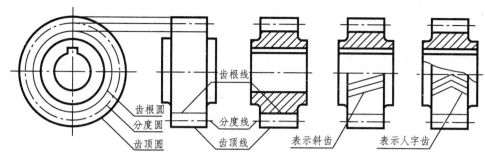

图 8-26 单个直齿轮的规定画法

图 8-27 为直齿轮的零件图。

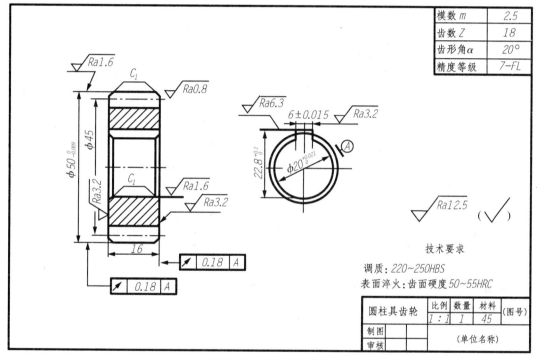

图 8-27 直齿轮零件图

2. 两个直齿轮啮合状态的画法

如图 8-28(a)所示,在剖视图中,两轮齿啮合部分的分度线重合,用点画线绘制;在啮合区内,主动轮的轮齿齿顶用粗实线绘制,另一个齿轮的轮齿齿顶用虚线绘制;绘制齿顶圆均用粗实线绘制;齿根圆画细实线或省略不画。

在投影为圆的视图中,两齿轮的节圆相切。啮合区内的齿顶圆均画粗实线,也可以省略不画,如图 8-28(b)所示。

在非圆投影的外形视图中,啮合区的齿顶线和齿根线不必画出,节线画成粗实线,如图 8-28(c)、(d)所示。

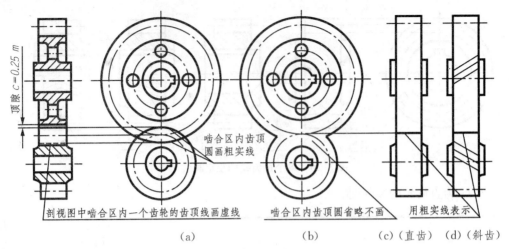

图 8-28 两直齿轮啮合的画法

两齿轮啮合部分（啮合区五条线）的画法如图 8-29 所示。

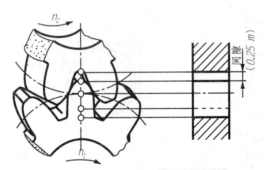

图 8-29 啮合部分（啮合区五条线）的画法

第三节 键连接与销连接

键与销都是标准件。它们的结构、型式和尺寸都有规定，可从有关标准中查阅选用。

一、键连接

为了使齿轮等零件和轴固定，一起转动，通常在轮孔和轴上分别加工出键槽，用键将齿轮与轴连接起来，起到固定泵轴与齿轮、传递扭矩的作用，如图 8-30 所示。

键的种类很多，常用的有普通型平键、半圆键和钩头楔键等，如图 8-31 所示。普通平键根据其头部结构的不同可以分为圆头普通平键（A 型）、平头普通平键（B 型）、和单圆头普通平键（C 型）三种型式，如图 8-31（a）所示。普通平键制造简单，装拆方便，轮与轴的同心度较好，在机械上得到了广泛的应用。

图 8-30 普通平键连接

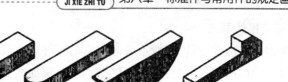

图 8-31 键的种类

1. 键的标记

键是标准件,其结构形式、尺寸均有相应规定,可以从相应标准中查得。

普通平键的标记格式和内容为:

标准代号"键" 型式代号 宽度×长度

其中,宽度和长度若是 A 型,可省略型式代号。例如:宽度 $b = 18$ mm,高度 $h = 11$ mm,长度 $L = 100$ mm 的圆头普通平键(A 型),其标记是:

GB/T 1096-2003 键 18×100

表 8-4 给出了键的名称、图例和标记,其中,b、h、L 分别表示键的宽度、高度和长度。

表 8-4 各种键的图例和标记

名称(标准号)	图例	标记示例
普通平键 GB/T 1096-2003		$b = 8$、$h = 7$、$L = 25$ 的普通平键(A 型) 标记为:GB/T 1096 键 8×7×25
半圆键 GB/T 1099.1-2003		$b = 6$、$h = 10$、$D = 25$ 的半圆键 标记为:GB/T 1099.1 键 6×10×25
钩头楔键 GB/T 1565-2003		$b = 6$、$L = 25$ 的钩头楔键 标记为:GB/T 1565 键 6×25

2. 键连接的画法

因为键是标准件,所以一般不必画出它的零件图。但要画出零件上与键相配合的键槽,键槽有轴上的键槽和轮上的键槽,平键键槽的画法如图 8-32 所示。

键槽的宽度 b 可根据轴的直径 d 查表确定,轴上的槽深 t 和轮上的槽深 t_1 也可以分别从键的标准中查出。

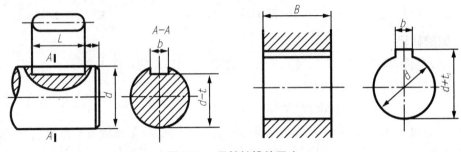

图 8-32 平键键槽的画法

普通平键连接的画法如图 8-33 所示。作图时,普通平键的两侧面为工作面,它们与轴、轮上的键槽两侧面相接触,所以只画一条线;键的底面与轴上键槽的底面也应接触,而键的顶面与轮的键槽底面有一定的间隙,应画出间隙。

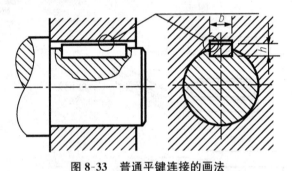

图 8-33 普通平键连接的画法

二、销连接

常用的销有圆柱销、圆锥销和开口销。圆柱销和圆锥销可用于连接零件和传递动力,也可在装配时定位用。开口销常用在螺纹连接的锁紧装置中,以防止螺母松动。

销的规定标记:

"销"标准编号　公称直径 $d×$长度 l

圆柱销、圆锥销有类型代号 A 型或 B 型,开口销无此项。圆锥销的公称直径指小端直径,开口销的公称直径指销孔直径。

如:销 GB/T 117　A 10×100

圆柱销、圆锥销、开口销的规定标记及连接画法列于表 8-5 中。

表 8-5　销的标记及连接画法

名称	圆柱销	圆锥销	开口销
标准号	GB/T 119.1-2000	GB/T 117-2000	GB/T 91-2000
图例			
标记示例	销 GB/T 119.16 6m6×30 表示公称直径 $d=6$ mm、公差为 m6、公称长度 $l=30$ mm、材料为钢、不经淬火、不经表面处理的圆柱销	销 GB/T 117　6×30 表示公称直径 $d=6$ mm、公称长度 $l=30$ mm、材料为 35 钢、热处理硬度 28～38HRC、表面氧化处理的 A 型圆锥销 圆锥销公称尺寸指小端直径	销 GB/T 91　4×20 表示公称直径 $d=4$ mm（指销孔直径）、公称长度 $l=20$ mm、材料为低碳钢、不经表面处理的开口销
连接画法			

用圆柱销和圆锥销连接或定位的两个零件，它们的销孔是一起加工的，以保证相互位置的准确性。因此，在零件图上除了注明销孔的尺寸外，还要注明其加工情况，如标注"配作"两字。

第四节　滚动轴承

滚动轴承是标准件，其作用是支承旋转轴及轴上的机件，它具有结构紧凑、摩擦力小等特点，在机械中被广泛地应用。常用的有深沟球轴承、圆锥滚子轴承和推力球轴承，如图 8-34 所示。

深沟球轴承

圆锥滚子轴承

推力球轴承

图 8-34　滚动轴承

滚动轴承是标准件,规格、型式很多,由专门的标准件工厂生产,使用时可根据要求确定型号选购即可。在机器设计中用到滚动轴承时,不必画出其零件图,只需在装配图中按规定画法画出。

一、滚动轴承的规定画法

在装配图的剖视图中,当不需要确切地表示滚动轴承的外形轮廓、载荷特性及结构特征时,不同的滚动轴承可采用相同的通用画法,即用矩形线框及位于线框中间的"十"字符号表示滚动轴承,如图8-35所示。

在装配图的剖视图中,若需要较形象地表示滚动轴承的结构特征时,可采用特征画法。滚动轴承的规定画法一般主要适用于滚动轴承的产品图、产品样本、用户手册和使用说明书中。深沟球轴承、圆锥滚子轴承和推力球轴承的特征画法及规定画法如图8-36、8-37、8-38所示。

图8-35 通用画法

 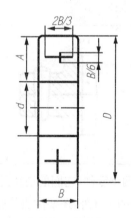 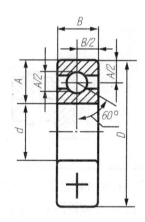

图8-36 深沟球轴承的特征画法及规定画法

 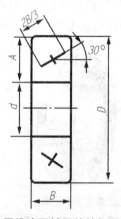 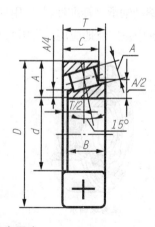

图8-37 圆锥滚子轴承的特征画法及规定画法

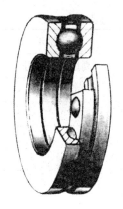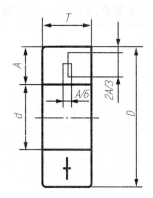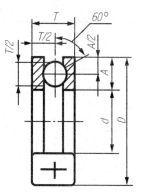

图 8-38　力球轴承的特征画法及规定画法

二、滚动轴承的基本代号

滚动轴承的类型和尺寸很多,为了便于设计、生产和选用,我国在 GB/T 272-93 中规定,一般用途的滚动轴承代号由基本代号、前置代号和后置代号构成。前置、后置代号是轴承在结构形状、尺寸、公差、技术要求等有改变时,在其基本代号左右添加的补充代号,在这里我们不作说明。我们来了解一下基本代号。

基本代号表示轴承的基本类型、结构和尺寸,是轴承代号的基础。除滚针轴承外,基本代号由轴承类型代号、尺寸系列代号及内径代号构成。

轴承类型代号如表 8-6 所示,类型代号有的可以省略,如双列角接触球轴承的代号"0"均不写。

表 8-6　轴承类型代号

代号	0	1	2	3	4	5	6	7	8	N	U	QJ
轴承类型	双列角接触球轴承	调心球轴承	调心滚子轴承	圆锥滚子轴承	双列深沟球轴承	推力球轴承	深沟球轴承	角接触球轴承	推力圆柱滚子轴承	圆柱滚子轴承	外球面球轴承	四点接触球轴承

尺寸系列代号由轴承的宽(高)度系列代号(一位数字)和直径系列代号(一位数字)左右排列组成。它反映了同种轴承在内圈孔径相同时,而宽度和外径及滚动体大小不同的轴承。尺寸系列代号有时可以省略:除圆锥滚子轴承外,其余各类轴承宽度系列代号"0"均省略;双列深沟球轴承的宽度系列代号"2"可以省略。向心轴承、推力轴承尺寸系列代号如表 8-7 所示。

内径代号表示轴承的公称内径,用两位阿拉伯数字表示。当内径代号为 00、01、02、03 时,分别表示内径为 10 mm、12 mm、15 mm、17 mm;当内径代号为 04～99 时,代号数字乘以 5,即为轴承内径。滚动轴承的内径代号如表 8-8 所示。

表 8-7　向心轴承、推力轴承尺寸系列代号

直径系列代号	向心轴承 宽度系列代号								推力轴承 高度系列代号			
	8	0	1	2	3	4	5	6	7	9	1	2
	尺寸系列代号											
7	—	—	17	—	37	—	—	—	—	—	—	—
8	—	08	18	28	38	48	58	68	—	—	—	—
9	—	09	19	29	39	49	59	69	—	—	—	—
0	—	00	10	20	30	40	50	60	70	90	10	—
1	—	01	11	21	31	41	51	61	71	91	11	—
2	82	02	12	22	32	42	52	62	72	92	12	22
3	83	03	13	23	33	—	—	—	73	93	13	23
4	—	04	—	24	—	—	—	—	74	94	14	24
5	—	—	—	—	—	—	—	—	—	95	—	—

表 8-8　滚动轴承内径代号及其示例

轴承公称内径/mm	内径代号	示　例
0.6 到 10（非整数）	用公称内径直接表示，在其与尺寸系列代号之间用"/"分开	深沟球轴承 618/2.5 $d = 2.5$ mm
1 到 9（整数）	用公称内径毫米数直接表示，对深沟及角接触轴承 7、8、9 直径系列，内径与尺寸系列代号之间用"/"分开	深沟球轴承 618/5 $d = 5$ mm
10 到 17	10　　00 12　　01 15　　02 17　　03	深沟球轴承 6200 $d = 10$ mm
20 到 480（22、28、32 除外）	公称内径以 5 的商数，商数为个位数时，需在商数左边加"0"，如"06"	调心滚子轴承 23208 $d = 40$ mm
大于和等于 500 以及 22、28、32	用公称内径毫米数直径表示，但在与尺寸系列之间用"/"分开	调心滚子轴承 230/500 $d = 500$ mm 深沟球轴承 62/22 $d = 22$ mm

如：代号"6208"，其中，6——类型代号，表示深沟球轴承；2——尺寸系列代号，表示 02 系列（0 省略）；08——内径代号，表示公称内径 40 mm（8×5）。

"51203"，其中，5——类型代号，表示推力球轴承；12——尺寸系列代号，表示 12 系列；03——内径代号，表示公称内径 17 mm。

第五节　圆柱螺旋压缩弹簧

弹簧属于常用件,具有储存能量的特性。作为弹性元件,弹簧在机械工程中广泛应用于缓冲、吸振、夹紧、测力、复位等。它的种类很多,常见的有圆柱螺旋弹簧、涡卷弹簧(钟表用)、板形弹簧(汽车用)、碟形弹簧等。其中圆柱螺旋弹簧最为常见,这种弹簧又可分为压缩弹簧、拉伸弹簧及扭力弹簧等,如图 8-39 所示。

图 8-39　圆柱螺旋弹簧

一、圆柱螺旋压缩弹簧的各部分名称及尺寸关系

如图 8-40 所示,弹簧各部分名称及尺寸关系如下：

(1) 弹簧钢丝直径(d)——制造弹簧所用金属丝的直径。

(2) 弹簧直径有中径、外径和内径。

弹簧中径(D)——弹簧轴剖面内簧丝中心所在柱面的直径,即弹簧的平均直径。

弹簧外径(D_2)——弹簧的最大直径。

弹簧内径(D_1)——弹簧的内孔直径,即弹簧的最小直径。

(3) 节距(t)——相邻两有效圈上对应点间的轴向距离。

(4) 有效圈数(n)、支承圈数(n_2)、总圈数(n_1)。

有效圈数(n)——保持相等节距且参与工作的圈数。

支承圈数(n_2)——为了使弹簧工作平衡,端面受力均匀,制造时将弹簧两端压紧靠实,并磨出支承平面。这些圈主要起支承作用,所以称为支承圈。n_2 是指两端支承圈数的总和。一般有 1.5、2、2.5 圈三种。

总圈数(n_1)——有效圈数和支承圈数的总和,即 $n_1 = n + n_2$。

(5) 自由高度(H_0)——未受载荷作用时的弹簧高度(或长度),$H_0 = nt + (n_2 - 0.5)d$。

(6) 弹簧的展开长度(L)——制造弹簧时所需的金属丝长度。

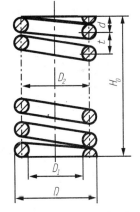

图 8-40　圆柱螺旋弹簧各部分名称与尺寸代号

二、圆柱螺旋压缩弹簧的剖视图

1. 圆柱螺旋压缩弹簧剖视图

圆柱螺旋压缩弹簧可画成视图、剖视图或示意图,如图 8-41 所示。

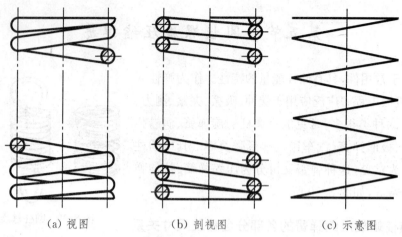

(a) 视图　　　　　(b) 剖视图　　　　　(c) 示意图

图 8-41　圆柱螺旋压缩弹簧的三种视图表达

在平行于螺旋弹簧轴线的投影面的视图中，其各圈的轮廓线应画成直线。螺旋弹簧分为左旋和右旋两类，左旋弹簧允许画成右旋，但要加注"左"字。

螺旋压缩弹簧如果两端并紧磨平时，不论支承圈多少和末端并紧情况如何，均按支承圈为 2.5 圈的形式画出。四圈以上的弹簧，中间各圈可省略不画，而用通过中径线的点画线连接起来。

螺旋压缩弹簧的剖视图作图步骤（如图 8-42 所示）：

（1）以自由高度 H_0 和弹簧中径 D 作矩形 $ABCD$；

（2）画出支承圈数部分，d 为簧丝直径；

（3）根据节距 t 作簧丝剖面；

（4）按右旋方向作簧丝剖面的切线，画剖面线。

若不画成剖视图，可按右旋方向分别作簧丝剖面的内外切线，不画剖面线，即得弹簧的外形图。

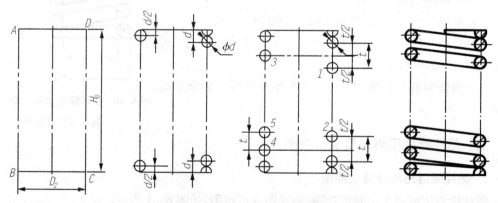

图 8-42　螺旋压缩弹簧的作图步骤

图 8-43 为圆柱螺旋压缩弹簧的零件图。

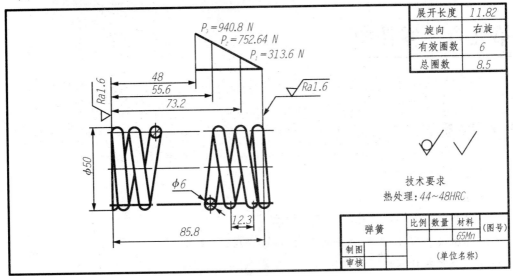

图 8-43 螺旋压缩弹簧零件图

2. 装配图中圆柱螺旋压缩弹簧的简化画法

装配图中,弹簧被看作实心物体,因此,被弹簧挡住的结构一般不画出。当弹簧被剖切时,簧丝直径在图形上小于或等于 2 mm 时,可用涂黑表示,也可采用示意画法,如图 8-44 所示。

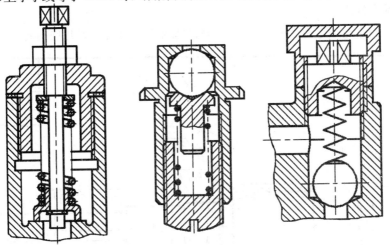

(a) 被弹簧遮挡处的画法　　(b) 簧丝断面涂黑　　(c) 簧丝示意画法

图 8-44 装配图中螺旋弹簧的画法

思考与实践:

1. 螺纹的基本要素有哪些? 内外螺纹连接时,它们的要素应该符合什么要求?
2. 螺柱、双头螺柱、螺钉这三种紧固连接,在结构和应用上有什么区别?
3. 标准直齿轮的绘制需要哪几个参数? 如何计算? 国家标准对直齿轮的绘制有什么规定?
4. 绘制平键连接时,键若按纵向剖切且剖切平面通过其对称平面,键应如何绘制?
5. 练习滚动轴承的特征画法和规定画法。
6. 国家标准对绘制弹簧有哪些规定?

第九章　零件图

任务驱动

（1）了解零件图的作用和主要内容。
（2）掌握零件的表达方案的确定。
（3）掌握零件图的尺寸基准与尺寸标注。
（4）掌握公差配合、形位公差和表面粗糙度的技术要求。
（5）熟练掌握读零件图的方法和步骤。

任何机器或部件都是由若干零件按一定的装配关系和技术要求装配起来的。要制造机器或部件，首先应根据零件图制作零件。用来表达零件结构形状、大小及零件制造、检验有关的技术要求等的图样称零件工作图，简称零件图。它是制造和检验零件的依据，是生产中最重要的技术文件之一。

如图 9-1 的齿轮轴零件图所示，一张完整的零件图应具有下列几项内容：

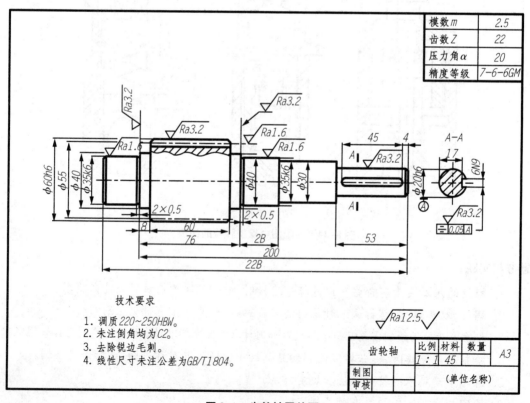

图 9-1　齿轮轴零件图

(1) 一组视图。正确、完整、清晰地表达出零件的内外结构和形状。

(2) 完整的尺寸。正确、完整、清晰、合理地标注出制造、检验、装配所需的全部尺寸。

(3) 技术要求。表明零件在加工、检验、装配等过程中应达到的技术要求，如表面粗糙度、尺寸公差、形状和位置公差、热处理要求等。

(4) 标题栏。包括零件的名称、材料、数量、图号、比例及制图、审核等人员的签名等。

第一节　零件图视图的选择方法

零件的表达是综合考虑零件的结构特点、加工方法，以及它在机器（部件）中所处的位置等因素来确定的。为了能正确、完整、清晰地表达零件的结构形状，应对主视图的选择、视图数量以及表达方法的确定进行认真考虑。

一、主视图的选择

在表达零件结构形状的一组视图中，主视图是最重要的视图，其选择是否合理将直接影响其他视图的选择和看图是否方便，甚至影响到画图时图幅的合理利用。一般来说，零件主视图的选择包括确定零件的安放位置和确定主视图的投影方向两个方面。

1. 形状特征原则

主视图的投影方向应是最能反映零件形状、结构特征的方向，通常被称为"形状特征原则"。如图9-2所示，选择 A 向作为主视图的投影方向显然比 B 向能更清楚地表达出轴承盖零件的形体特征。

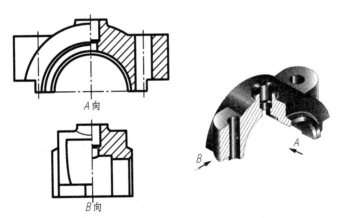

图9-2　主视图的选择

2. 工作位置原则

主视图应尽量与零件在机器中的工作位置相一致，这样便于把零件和整个机器联系起来，方便阅读零件图。如叉架、箱体等零件由于结构比较复杂，加工面较多，并且需要在不同的机床上加工，因此，这类零件的主视图应按该零件在机器中的工作位置画出。

3. 加工位置原则

主视图应尽量与零件在机械加工中所处的位置相一致，这样在加工时看图方便，减少差错。轴、套、轮和盘盖类等零件的主视图，一般按车削加工位置安放，即将轴线水平放置。

二、其他视图的选择

主视图选定以后，再按完整、清晰地表达零件各部分结构形状和相互位置的要求，针对零件内外结构的具体特征，选择其他视图、剖视图、断面图等，使各个视图侧重表达零件某些方面的结构形状。

选择原则：在完整、清晰表达零件结构形状的前提下，应尽量减少视图的数量，力求作图方便。具体选用时，应注意以下几点：

（1）每个视图应具有独立存在的意义及明确的表达重点，避免不必要的细节重复。

（2）视图之间存在相互依赖、互为补充的关系。有关视图应尽量保持投影关系，配置在相关视图附近。

（3）优先选用基本视图，零件有内部结构时应尽量在基本视图上作剖视，对尚未表达清楚的局部结构和倾斜部分结构，可增加必要的局部（剖）视图和局部放大图。

（4）借助参考尺寸减少视图的数量。

第二节　零件图的尺寸标注方法

零件图上的尺寸是零件加工、检验的重要依据，因此在零件图中标注尺寸时，要认真负责，一丝不苟，要做到正确、完整、清晰、合理。

正确就是尺寸的标注应符合国家标准的相关规定；完整就是要标注零件各部分结构形状的定形尺寸、定位尺寸以及必要的总体尺寸，做到不重复、不遗漏；清晰就是尺寸布置要便于看图时查找；合理就是标注尺寸要考虑设计加工工艺要求，有正确的尺寸基准。

一、选择尺寸基准

所谓尺寸基准，就是指零件装配到机器上或在加工测量时，用以确定其位置的一些点、线、面。为了使零件上注出的尺寸既符合设计要求，又便于加工、测量，就需要恰当地选择基准。任何一个零件总有长、宽、高三个方向的尺寸，因此至少有三个基准，必要时还可以增加一些基准。其中决定零件主要尺寸的基准称为主要基准，增加的基准称为辅助基准。

由于用途不同，基准可分为设计基准和工艺基准。设计基准是在机器工作时为确定零件准确位置而选定的尺寸起始点。工艺基准是在加工、测量时为确定零件位置而选定的尺寸起始点。

一般标注尺寸时，最好将设计基准和工艺基准重合统一起来。这样既满足设计要求又满足工艺要求。如两者不能统一时，应以满足设计要求为主。

在零件图上可以作为基准的几何要素有零件的主要中心轴线、轴肩面以及零件的安装面、重要端面、对称平面等。如图9-3所示，泵体的左右对称面是零件长度方向的设计基准，以其作为长度方向的主要尺寸基准，前端面是泵体与泵盖的结合安装端面，以前端面作为宽度方向的主要基准，下底面是泵体、泵盖的设计加工基准，以其作为高度方向的主要尺寸基准。

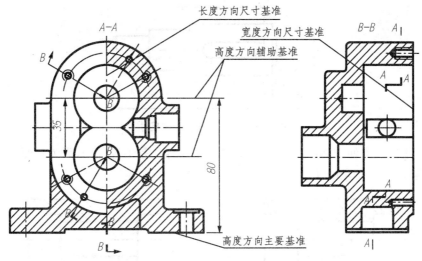

图 9-3 泵体零件的三个方向尺寸基准

二、主要尺寸必须直接注出

所谓主要尺寸是指零件的性能尺寸和影响零件在机器中的工作精度、装配精度等的尺寸,以保证加工时达到设计要求,避免尺寸之间的换算。例如图 9-3 中,从动齿轮轴孔的中心高尺寸 80,必须从高度方向的主要基准直接标出,以保证中心高尺寸的精度。

三、避免注成封闭的尺寸链

封闭的尺寸链是指一个零件同一方向上的尺寸首尾相连,形成封闭环的情况,如图 9-4(a)所示。组成尺寸链的各尺寸称为尺寸链的组成环。在尺寸链中,任何一环的尺寸误差与其他各环的加工误差有关,应避免注成封闭尺寸链。因为各段尺寸加工总有一定的误差,各段尺寸误差之和不可能正好等于总体尺寸的误差,从而使零件总长不符合设计要求。在标注尺寸时,应将不重要的尺寸空出不注,如图 9-4(b)所示,或用参考尺寸标注(在尺寸数字外加括号),如图 9-4(c)所示。

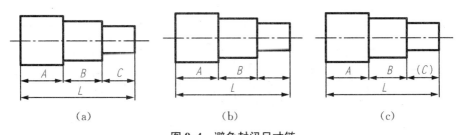

图 9-4 避免封闭尺寸链

四、尺寸标注应符合工艺要求

(1) 不同加工方法所用尺寸分开标注,便于加工时看图,如图 9-5 所示,将车削与铣削所需要的尺寸分开标注,上部标注的是铣工尺寸,下部标注的是车工尺寸。

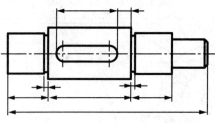

图 9-5　按加工方法标注尺寸

(2) 考虑测量方便。如图 9-6(a) 所示的尺寸 A 标注是不合理的,因为不便于测量,可以修改成如图 9-6(b) 所示的注法。

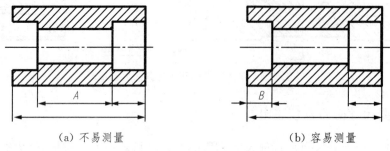

(a) 不易测量　　　　　　　　　　　(b) 容易测量

图 9-6　尺寸标注要便于测量

五、零件上常见孔的尺寸注法

零件上常见的光孔、沉孔、螺孔等标准结构的尺寸,可参照表 9-1、表 9-2、表 9-3 进行标注。

表 9-1　光孔的尺寸标注

结构类型		普通注法	旁注法		说明
光孔	一般孔	$4×\phi5$	$4×5\triangledown10$	$4×\phi5\triangledown10$	$4×\phi5$ 表示四个孔的直径均为 $\phi5$。三种注法任选一种均可(下同)
	精加工孔	$4×\phi5^{+0.012}_{\ 0}$　12,10	$4×\phi5^{+0.012}_{\ 0}\triangledown10$	$4×\phi5^{+0.012}_{\ 0}\triangledown10$	钻孔深为 12,钻孔后需精加工至 $\phi5^{+0.012}_{\ 0}$,精加工深度为 10
	锥销孔	锥销孔 $\phi5$	锥销孔 $\phi5$	锥销孔 $\phi5$	$\phi5$ 为与锥销孔相配的圆锥销小头直径(公称直径)。锥销孔通常是相邻两零件装在一起时加工的

表 9-2　沉孔的尺寸标注

结构类型		普通注法	旁注法	说明
沉孔	锥形沉孔	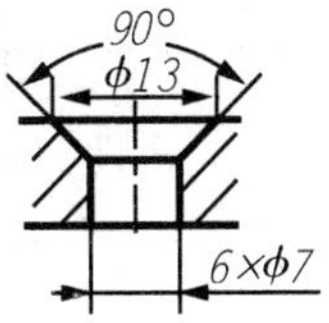	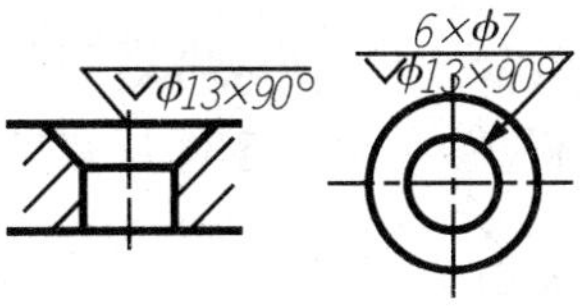	6×φ7 表示 6 个孔的直径均为 φ7。锥形部分大端直径为 φ13，锥角为 90°
	柱形沉孔	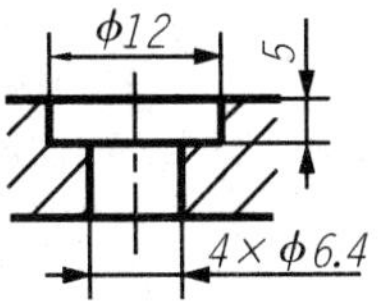	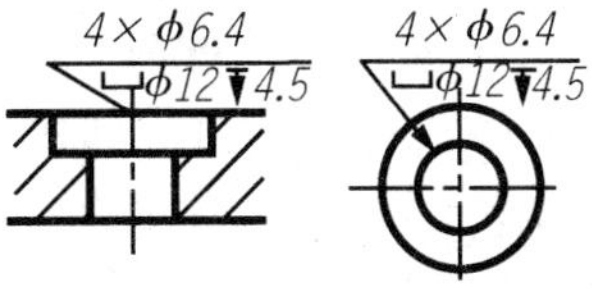	四个柱形沉孔的小孔直径为 φ6.4，大孔直径为 φ12，深度为 4.5
	锪平面孔	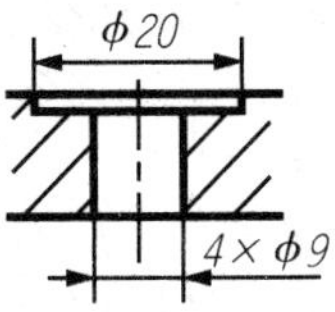	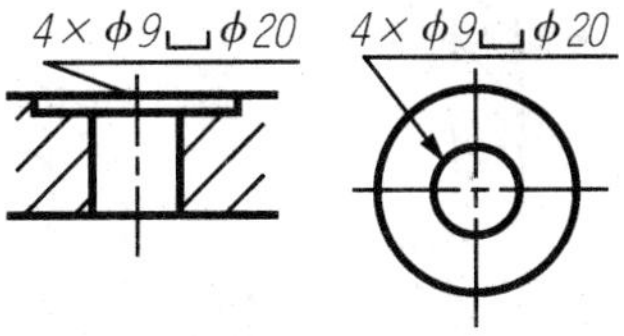	锪平面 φ20 的深度不需标注，加工时一般锪平到不出现毛面为止

表 9-3　螺孔的尺寸标注

结构类型		普通注法	旁注法	说明
螺孔	通孔	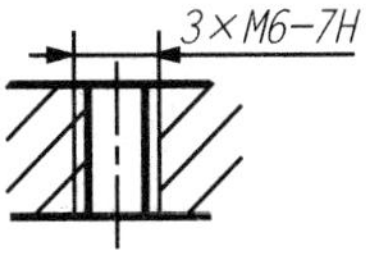	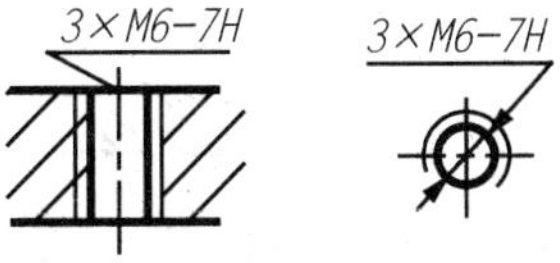	3×M6-7H 表示 3 个直径为 6，螺纹中径、顶径公差带为 7H 的螺孔
	不通孔	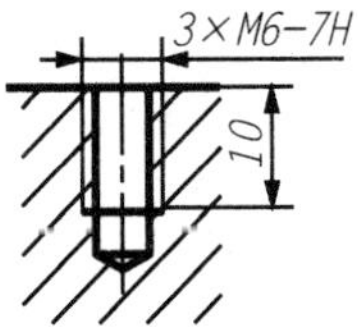	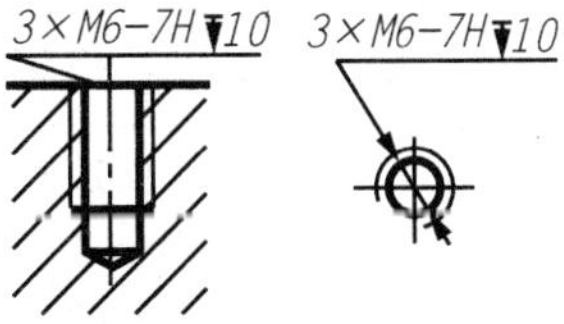	深 10 是指螺孔的有效深度尺寸为 10，钻孔深度以保证螺孔有效深度为准，也可查有关手册确定
	不通孔	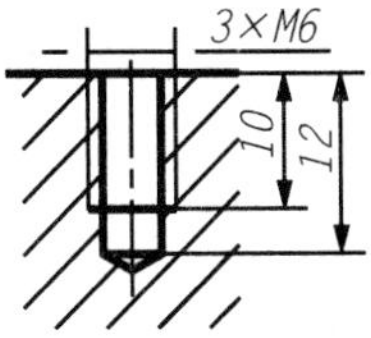	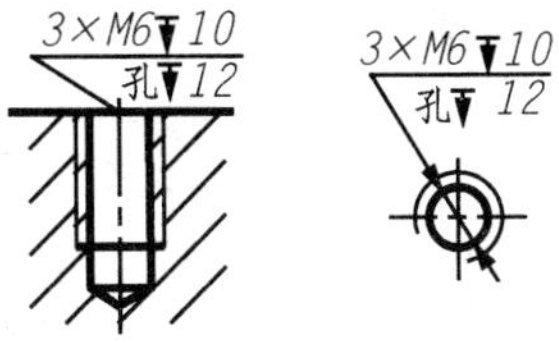	需要注出钻孔深度时，应明确标注出钻孔深度尺寸

第三节 零件的工艺结构

零件的结构除应满足设计要求外,还应考虑到加工、制造的方便与可能。为了避免使零件制造工艺复杂化和废品率提高,必须使零件具有良好的结构工艺性。

一、零件的铸造工艺结构

1. 铸件壁厚应均匀

铸件各部分的壁厚应尽量均匀,在不同壁厚处应使厚壁和薄壁逐渐过渡,以免在铸造时在冷却过程中形成热节,产生缩孔。如图 9-7(a)所示,壁厚不均匀,变化突然易产生裂纹、缩孔;如图 9-7(b)所示,壁厚均匀或渐变合理。

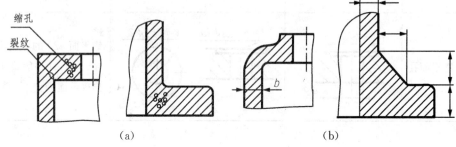

图 9-7 铸件壁厚应均匀

2. 铸造圆角

铸件上两表面相交处应做成圆角,如图 9-8 所示。铸造圆角的大小一般为 $R3 \sim R5$,可集中用文字标注在技术要求中。

图 9-8 铸造圆角

3. 拔模斜度

铸件在起模时,为起模顺利,在起模方向上的内、外壁上应有适当的斜度,一般在 $0°30' \sim 3°$ 之间,通常在图样上不画出,也不标注,如图 9-9 所示。

图 9-9 拔模斜度

4. 过渡线

由于铸造圆角的存在,铸件表面的截交线、相贯线变得不明显,但为了区分不同表面,在原相交处仍画出交线,这种交线称为过渡线。

(1) 两曲面立体相交或相切时,相贯线仍然画出,但交线的两端与轮廓线之间留出空隙,如图 9-10 所示。

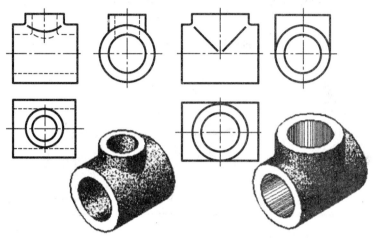

图 9-10　两曲面相交、相切时过渡线的画法

(2) 肋板、连接板与平面或圆柱面相交时,过渡法的画法如图 9-11 所示。

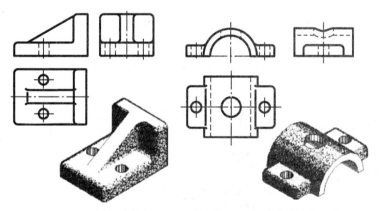

图 9-11　肋板、连接板与平面或圆柱面相交时过渡线的画法

二、零件的加工工艺结构

1. 钻孔工艺结构

用钻头钻盲孔时,由于钻头顶部有 120°的圆锥面,所以盲孔总有一个 120°的锥角,应画出,钻孔深度不包括锥坑。扩孔时也有一个锥角为 120°的圆台面,如图 9-12 所示。此外钻孔时,应尽量使钻头垂直于孔的端面,否则易将孔钻偏或将钻头折断,图 9-13(a) 是错误的结构,图 9-13(b)、(c) 是正确的。

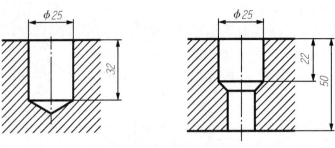

图 9-12 钻孔结构的画法

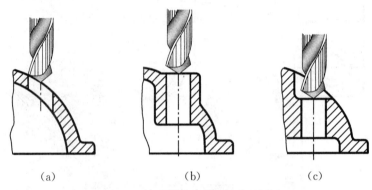

(a)　　　　　　　(b)　　　　　　　(c)

图 9-13 钻头轴线应与钻孔表面垂直

2. 退刀槽和越程槽

在切削过程中,特别是在车螺纹和磨削时,为了便于退出螺纹刀或使砂轮可以稍稍越过加工面,我们常常在零件待加工的末端先加工出退刀槽或越程槽,这样可以使刀具、砂轮能够切削到终点且便于退出。常见退刀槽和越程槽的结构及尺寸标注如图 9-14 所示。

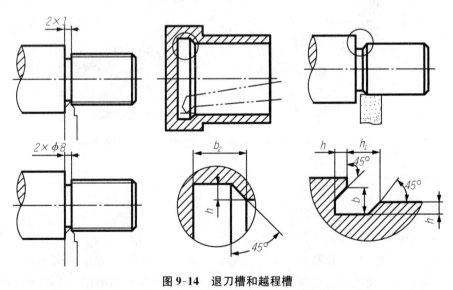

图 9-14 退刀槽和越程槽

3. 工艺凸台和凹坑

为了减少加工表面,使结合面接触良好,常在两接触表面处设计凸台和凹坑,其结构和尺寸标注如图 9-15 所示。

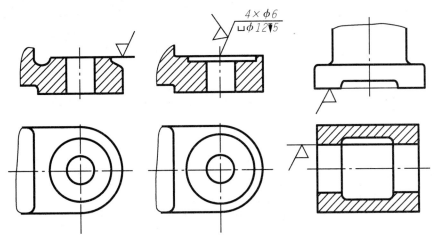

图 9-15　凸台和凹坑减少了加工面积

第四节　公差与配合的概念与标注

构成零件的尺寸要素总是具有一定的尺寸偏差,为保证零件的使用功能,必须对尺寸的变动范围加以限制,这样才能保证相互配合的零件能满足功能要求。因此,零件在图样上表达的所有要素都有一定的公差要求。

一、公差的有关术语及定义

(1) 公称尺寸(D、d):公称尺寸是指设计给定的尺寸。孔的公称尺寸用 D 表示,轴的公称尺寸用 d 表示。它只表示尺寸的基本大小,并不一定是在实际加工中要求得到的尺寸。

(2) 实际尺寸(D_a、d_a):实际尺寸是指测量所得的尺寸。分别用 D_a 和 d_a 表示孔、轴的实际尺寸。

(3) 极限尺寸(D_{up}、d_{up}、D_{low}、d_{low}):极限尺寸是指允许尺寸变化的两个界限值,其中较大的称为上极限尺寸(D_{up}、d_{up}),较小的称为下极限尺寸(D_{low}、d_{low})(注:在旧标准中,它们分别被称为最大极限尺寸和最小极限尺寸)。极限尺寸是根据零件的使用要求确定的,它可能大于、小于或等于公称尺寸。

(4) 极限偏差(ES、es、EI、ei):极限偏差分为上极限偏差和下极限偏差(注:在旧标准中,它们分别被称为上偏差、下偏差)。上极限偏差是上极限尺寸减去其公称尺寸所得的代数差,下极限偏差是下极限尺寸减去其公称尺寸所得的代数差。轴的上、下极限偏差代号分别用小写字母 es、ei 表示,孔的上、下极限偏差代号分别用大写字母 ES、EI 表示。上、下极限偏差与极限尺寸及公称尺寸的关系如下:

$$ES = D_{up} - D; es = d_{up} - d$$
$$EI = D_{low} - D; ei = d_{low} - d$$

(5) 尺寸公差(简称公差)：尺寸公差是指允许尺寸的变动量。它等于上极限尺寸与下极限尺寸代数差的绝对值，也等于上、下极限偏差代数差的绝对值。公差取绝对值，不存在负值，也不允许为零。公差用 T 表示，T_h、T_s 分别表示孔和轴的尺寸公差，计算公式如下：

孔的公差 $\qquad T_h = D_{up} - D_{low} = ES - EI$

轴的公差 $\qquad T_s = d_{up} - d_{low} = es - ei$

孔、轴的公称尺寸、极限尺寸、极限偏差和公差之间的关系如图 9-16 所示。

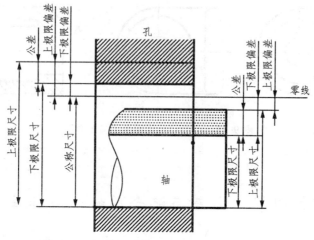

图 9-16 尺寸、偏差与公差

(6) 公差带图：为了清楚地表示零件的尺寸相对其公称尺寸所允许的变动范围及公称尺寸与上、下极限偏差的关系，引入了公差带图。公差带图是由零线、公称尺寸、上极限偏差和下极限偏差组成的示意图，如图 9-17 所示。

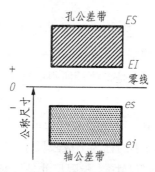

图 9-17 公差带图

在公差带图中，零线是表示公称尺寸的直线，以其为基准确定偏差和公差。零线沿水平方向绘制，零线上方表示正偏差，零线下方表示负偏差。

公差带是在公差带图中，由代表上极限偏差和下极限偏差的两平行直线所限定的区域。公差带在零线垂直方向上的宽度代表公差值，在零线方向其长度可适当选取。通常尺寸单位用毫米(mm)表示，偏差及公差单位用微米(μm)表示，单位省略不写。上、下极限偏差书写必须带正、负号(零可以不写),正号不可省略。

(7) 基本偏差:基本偏差是指上、下两个极限偏差中靠近零线或位于零线上的那个偏差,它是用来确定公差带位置的参数。它可以是上极限偏差,也可以是下极限偏差。设置基本偏差是为了将公差带位置标准化,以实现不同配合的需要。

为了满足各种不同配合的需要,国家标准对孔和轴分别规定了 28 种基本偏差。其代号用拉丁字母表示,大写代表孔,小写代表轴。在 26 个字母中,除去 5 个易与其他含义混淆的字母 I、L、O、Q、W(i、l、o、q、w)外,同时增加 CD(cd)、EF(ef)、FG(fg)、JS(js)、ZA(za)、ZB(zb)、ZC(zc)7 个双字母,共 28 种。这 28 种基本偏差代号反映了 28 种公差带的位置,构成了基本偏差系列,如图 9-18 所示。

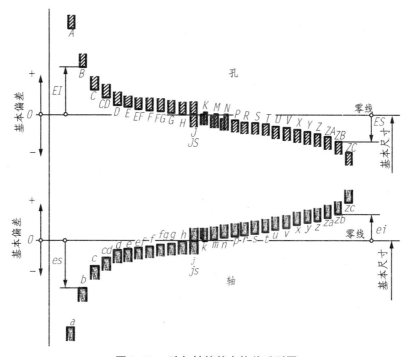

图 9-18 孔与轴的基本偏差系列图

(8) 标准公差等级:确定尺寸精确程度的等级称为公差等级。它由标准公差代号 IT 和公差等级数字合起来表示,如 IT7。当其与代表基本偏差的字母一起组成公差带时,省略字母 IT,如 H7。

为了满足不同使用求和制造的需要,国家标准设置了 20 个公差等级,各级标准公差的代号为 IT01、IT0、IT1、IT2、…、IT18。在同一尺寸段中,IT01 精度最高,标准公差数值最小,加工难度最高;IT18 精度最低,标准公差数值最大,加工难度最低。

表 9-4 为公称尺寸至 3150 mm 的公差等级 IT1~IT18 的标准公差数值表。标准公差等级 IT01 和 IT0 在工业中一般很少用到,此处略过。

注意:表中公称尺寸区间是半开半闭区间。

表 9-4　公称尺寸至 3150 mm 的标准公差数值（摘自 GB/T 1800.1-2009）

公称尺寸/mm		标准公差等级																
大于	至	IT1	IT2	IT3	IT4	IT5	IT6	IT7	IT8	IT9	IT10	IT11	IT12	IT13	IT14	IT15	IT16	IT17	IT18
		μm											mm						
—	3	0.8	1.2	2	3	4	6	10	14	25	40	60	0.10	0.14	0.25	0.40	0.60	1.0	1.4
3	6	1	1.5	2.5	4	5	8	12	18	30	48	75	0.12	0.18	0.30	0.48	0.75	1.2	1.8
6	10	1	1.5	2.5	4	6	9	15	22	36	58	90	0.15	0.22	0.36	0.58	0.90	1.5	2.2
10	18	1.2	2	3	5	8	11	18	27	43	70	110	0.18	0.27	0.43	0.70	1.10	1.8	2.7
18	30	1.5	2.5	4	6	9	13	21	33	52	84	130	0.21	0.33	0.52	0.84	1.30	2.1	3.3
30	50	1.5	2.5	4	7	11	16	25	39	62	100	160	0.25	0.39	0.62	1.00	1.60	2.5	3.9
50	80	2	3	5	8	13	19	30	46	74	120	190	0.30	0.46	0.74	1.20	1.90	3.0	4.6
80	120	2.5	4	6	10	15	22	35	54	87	140	220	0.35	0.54	0.87	1.40	2.20	3.5	5.4
120	180	3.5	5	8	12	18	25	40	63	100	160	250	0.40	0.63	1.00	1.60	2.50	4.0	6.3
180	250	4.5	7	10	14	20	29	46	72	115	185	290	0.46	0.72	1.15	1.85	2.90	4.6	7.2
250	315	6	8	12	16	23	32	52	81	130	210	320	0.52	0.81	1.30	2.10	3.20	5.2	8.1
315	400	7	9	13	18	25	36	57	89	140	230	360	0.57	0.89	1.40	2.30	3.60	5.7	8.9
400	500	8	10	15	20	27	40	63	97	155	250	400	0.63	0.97	1.55	2.50	4.00	6.3	9.7
500	630	9	11	16	22	32	44	70	110	175	280	440	0.7	1.1	1.75	2.8	4.4	7	11
630	800	10	13	18	25	36	50	80	125	200	320	500	0.8	1.25	2	3.2	5	8	12.5
800	1000	11	15	21	28	40	56	90	140	230	360	560	0.9	1.4	2.3	3.6	5.6	9	14
1000	1250	13	18	24	33	47	66	105	165	260	420	660	1.05	1.65	2.6	4.2	6.6	10.5	16.5
1250	1600	15	21	29	39	55	78	125	195	310	500	780	1.25	1.95	3.1	5	7.8	12.5	19.5
1600	2000	18	25	35	46	65	92	150	230	370	600	920	1.5	2.3	3.7	6	9.2	15	23
2000	2500	22	30	41	55	78	110	175	280	440	700	1100	1.75	2.8	4.4	7	11	17.5	28
2500	3150	26	36	50	68	96	135	210	330	540	860	1350	2.1	3.3	5.4	8.6	13.5	21	33

注：公称尺寸小于 1 mm 时，无 IT14～IT18；公称尺寸大于 500 mm 的 IT1～IT5 的标准公差数值为试行。

二、有关配合的术语及定义

1. 配合的种类

配合是指公称尺寸相同的相互结合的孔和轴公差带之间的关系。根据相互结合的孔、轴公差带之间的相对位置关系，配合可分为以下三大类：

（1）**间隙配合**　间隙配合是具有间隙（包括最小间隙等于零）的配合。此时，孔的公差带在轴的公差带之上，如图 9-19 所示。

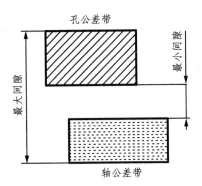
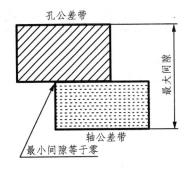

图 9-19 间隙配合

(2) **过盈配合** 过盈配合是指具有过盈(包括最小过盈等于零)的配合。此时,孔的公差带在轴的公差带的下方,如图 9-20 所示。

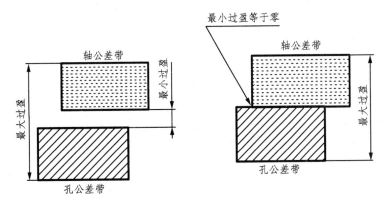

图 9-20 过盈配合

(3) **过渡配合** 过渡配合是指孔与轴配合时,可能具有间隙或过盈的配合。此时,孔的公差带与轴的公差带相互交叠,如图 9-21 所示。

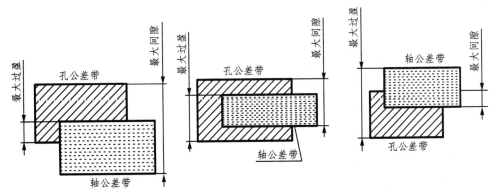

图 9-21 过渡配合

过渡配合是介于间隙配合与过盈配合之间的一类配合,但其间隙与过盈都不大。

注意: 过渡配合只是孔与轴的公差带的位置关系的一种情况。某对孔、轴装配后,不是有间隙,就是有过盈,绝不会又有间隙又有过盈。

2. 基准制

从基本偏差系列图可知,通过选择不同的孔与轴的公差带可以实现各种不同情况的配合。为了设计和制造的方便,以两个相配合的零件中的一个零件的公差带固定,而改变另一个零件(非基准件)的公差带位置,从而形成各种配合的一种制度,称为基准制。国家标准中规定了两种基准制:基孔制和基轴制。

(1) **基孔制** 基孔制是指基本偏差为一定的孔的公差带与不同基本偏差的轴的公差带形成各种配合的一种制度。基孔制中的孔称为基准孔,其基本偏差代号定为 H;基本偏差是下极限偏差,数值为零,即 $EI = 0$。

(2) **基轴制** 基轴制是指基本偏差为一定的轴的公差带与不同基本偏差的孔的公差带形成各种配合的一种制度。基轴制中的轴称为基准轴,其基本偏差代号为 h;基本偏差是上极限偏差,数值为零,即 $es = 0$。

3. 常用和优先配合

由于标准公差有 20 个等级,基本偏差有 28 种,因而可以组成的配合有近 30 万种。过多的配合既不能发挥标准的作用,也不利于生产,为此,国家标准对基孔制规定了常用配合 59 种,其中优先配合 13 种,见表 9-5;对基轴制规定了常用配合 47 种,其中优先配合 13 种,见表 9-6。选择配合时,应优先选用优先配合公差带,其次再选择常用配合公差带。

表 9-5 基孔制优先和常用配合(GB/T 1801-2009)

基准轴	孔																				
	A	B	C	D	E	F	G	H	JS	K	M	N	P	R	S	T	U	V	X	Y	Z
	间隙配合							过渡配合				过盈配合									
h5	—	—	—	—	—	$\frac{F6}{h5}$	$\frac{G6}{h5}$	$\frac{H6}{h5}$	$\frac{JS6}{h5}$	$\frac{K6}{h5}$	$\frac{M6}{h5}$	$\frac{N6}{h5}$	$\frac{P6}{h5}$	$\frac{R6}{h5}$	$\frac{S6}{h5}$	$\frac{T6}{h5}$	—	—	—	—	—
h6	—	—	—	—	—	$\frac{F7}{h6}$	▼$\frac{G7}{h6}$	▼$\frac{H7}{h6}$	$\frac{JS7}{h6}$	▼$\frac{K7}{h6}$	$\frac{M7}{h6}$	▼$\frac{N7}{h6}$	$\frac{P7}{h6}$	$\frac{R7}{h6}$	▼$\frac{S7}{h6}$	$\frac{T7}{h6}$	▼$\frac{U7}{h6}$	—	—	—	—
h7	—	—	—	—	$\frac{E8}{h7}$	▼$\frac{F8}{h7}$	—	▼$\frac{H8}{h7}$	$\frac{JS8}{h7}$	$\frac{K8}{h7}$	$\frac{M8}{h7}$	$\frac{N8}{h7}$	—	—	—	—	—	—	—	—	—
h8	—	—	—	$\frac{D8}{h8}$	$\frac{E8}{h8}$	$\frac{F8}{h8}$	—	$\frac{H8}{h8}$	—	—	—	—	—	—	—	—	—	—	—	—	—
h9	—	—	—	$\frac{D9}{h9}$	$\frac{E9}{h9}$	$\frac{F9}{h9}$	—	▼$\frac{H9}{h9}$	—	—	—	—	—	—	—	—	—	—	—	—	—
h10	—	—	—	$\frac{D10}{h10}$	—	—	—	$\frac{H10}{h10}$	—	—	—	—	—	—	—	—	—	—	—	—	—
h11	$\frac{A11}{h11}$	$\frac{B11}{h11}$	▼$\frac{C11}{h11}$	$\frac{D11}{h11}$	—	—	—	▼$\frac{H11}{h11}$	—	—	—	—	—	—	—	—	—	—	—	—	—
h12	—	$\frac{B12}{h12}$	—	—	—	—	—	$\frac{H12}{h12}$	—	—	—	—	—	—	—	—	—	—	—	—	—

注:标注 ▼ 的配合为优先配合。

表 9-6 基轴制优先和常用配合（GB/T 1801-2009）

基准轴	轴																				
	a	b	c	d	e	f	g	h	js	k	m	n	p	r	s	t	u	v	x	y	z
	间隙配合								过渡配合				过盈配合								
H6	—	—	—	—	—	$\frac{H6}{f5}$	$\frac{H6}{g5}$	$\frac{H6}{h5}$	$\frac{H6}{js5}$	$\frac{H6}{k5}$	$\frac{H6}{m5}$	$\frac{H6}{n5}$	$\frac{H6}{p5}$	$\frac{H6}{r5}$	$\frac{H6}{s5}$	$\frac{H6}{t5}$	—	—	—	—	—
H7	—	—	—	—	—	$\frac{H7}{f6}$	$\frac{H7}{g6}$	$\frac{H7}{h6}$	$\frac{H7}{js6}$	$\frac{H7}{k6}$	$\frac{H7}{m6}$	$\frac{H7}{n6}$	$\frac{H7}{p6}$	$\frac{H7}{r6}$	$\frac{H7}{s6}$	$\frac{H7}{t6}$	$\frac{H7}{u6}$	$\frac{H7}{v6}$	$\frac{H7}{x6}$	$\frac{H7}{y6}$	$\frac{H7}{z6}$
H8	—	—	—	—	$\frac{H8}{e7}$	$\frac{H8}{f7}$	$\frac{H8}{g7}$	$\frac{H8}{h7}$	$\frac{H8}{js7}$	$\frac{H8}{k7}$	$\frac{H8}{m7}$	$\frac{H8}{n7}$	$\frac{H8}{p7}$	$\frac{H8}{r7}$	$\frac{H8}{s7}$	$\frac{H8}{t7}$	$\frac{H8}{u7}$	—	—	—	—
	—	—	—	$\frac{H8}{d7}$	$\frac{H8}{e7}$	$\frac{H8}{f7}$	—	$\frac{H8}{h8}$	—	—	—	—	—	—	—	—	—	—	—	—	—
H9	—	—	$\frac{H9}{c9}$	$\frac{H9}{d9}$	$\frac{H9}{e9}$	$\frac{H9}{f9}$	—	$\frac{H9}{h9}$	—	—	—	—	—	—	—	—	—	—	—	—	—
H10	—	—	$\frac{H10}{c10}$	$\frac{H10}{d10}$	—	—	—	—	—	—	—	—	—	—	—	—	—	—	—	—	—
H11	$\frac{H11}{a11}$	$\frac{H11}{b11}$	$\frac{H11}{c11}$	$\frac{H11}{d11}$	—	—	—	$\frac{H11}{h11}$	—	—	—	—	—	—	—	—	—	—	—	—	—
H12	—	$\frac{H12}{b12}$	—	—	—	—	—	$\frac{H12}{h12}$	—	—	—	—	—	—	—	—	—	—	—	—	—

注：1. $\frac{H6}{n5}$、$\frac{H7}{p6}$ 在公称尺寸小于或等于 3 mm 和 $\frac{H8}{r7}$ 在公称尺寸小于或等于 100 mm 时，为过渡配合。

2. 标注 ▶ 的配合为优先配合。

三、公差带在零件图上的标注

在零件图上，孔、轴的公称尺寸之后标注零件的极限偏差值或公差带。以公称尺寸为 $\phi65$ mm、公差带为 H7 的孔为例，该尺寸公差在零件图上的标注可用以下三种形式之一：① $\phi65$H7；② $\phi65_0^{+0.030}$；③ $\phi65$H7($_0^{+0.030}$)。第一种标注形式一般用于大批量生产，第二种标注形式一般用于单件、小批量生产，第三种标注形式常用于批量不明的零件图样的标注。孔和轴的公差带在零件图上的标注如图 9-22 所示。

注意：偏差数字用比公称尺寸数字小一号的字体书写，下偏差应与公称尺寸注在一条直线上。若某一偏差为零时，数字"0"不能省略，必须标出，并与另一偏差的整数个位对齐书写。若上、下偏差绝对值相同符号相反，则偏差数字只写一个，并与基本尺寸数字字号相同。

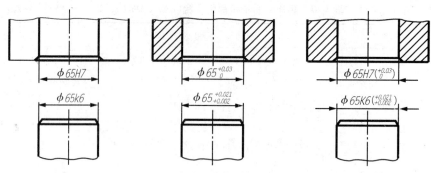

图 9-22 零件图的公差带标注

在装配图上一般只标注配合代号，配合代号用分数表示，分子为孔的偏差代号，分母为轴的偏差代号，如图 9-23 所示。

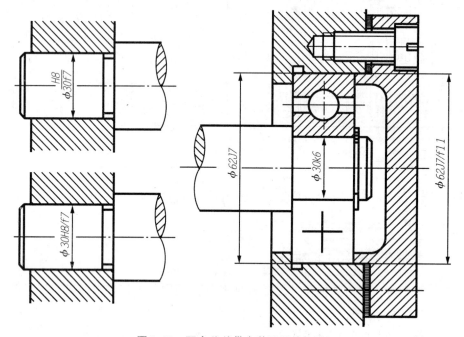

图 9-23 配合公差带在装配图的标注

第五节 表面粗糙度的标注

一、表面粗糙度的概念及评定参数

零件在机械加工过程中，由于刀具在零件表面上留下的刀痕，材料被切削时产生塑性变形等原因，使零件加工表面上具有的较小间距的峰和谷，如图 9-24 所示。零件表面上具有一系列这样较小间距的峰和谷组成的微观几何形状特性，称为零件的表面粗糙度。表面粗糙度对零件的配合性质、耐磨性、抗腐蚀性、接触刚度、抗疲劳强度、密封性和外观等都有影响。

表面粗糙度是评定零件表面质量的一项技术指标。评定表面粗糙度的参数有轮廓算术平均偏差 Ra、轮廓最大高度 Rz（说明：在 2006 版最新国标中 Rz 即为原 Ry 的定义，原 Ry 的符号不再使用）。在零件图中多采用轮廓算术平均偏差 Ra，国家标准规定 Ra 值的第一系列有 0.012、0.025、0.050、0.100、0.20、0.40、0.80、1.60、3.2、6.3、12.5、25、50、100，单位为 μm。Ra 值越小，零件表面质量要求越高；Ra 值越大，零件表面质量要求越低。机器设备对零件的表面粗糙度要求不一样，一般来说，凡零件上有配合要求或有相对运动的表面，表面粗糙度参数值小。零件表面粗糙度要求越高，则其加工成本越高。因此，应在满足零件使用功能的前提下，合理选用表面粗糙度参数。

图 9-24 表面粗糙度微观形状

二、表面粗糙度的符号、代号

1. 表面粗糙度符号

表面粗糙度符号的画法、尺寸如图 9-25 所示，其中，$d' = 1/10h$，$H_1 = 1.4h$，$H_2 = 2h$，h 为字高。

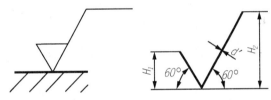

图 9-25 表面粗糙度符号及画法尺寸

2. 表面粗糙度代号

表面粗糙度代号包括表面粗糙度符号、参数值及其他有关规定，其意义见表 9-7。

表 9-7 表面粗糙度代号的意义

代号	意义
∇Ra3.2	用任意方法获得表面粗糙度，Ra 的上限值为 3.2 μm
∇Ra3.2	用去除材料的方法获得表面粗糙度，Ra 的上线值为 3.2 μm
∇Ra3.2	用不去除材料的方法获得表面粗糙度，Ra 的上限值为 3.2 μm
∇URamax3.2 LRa1.6	用不去除材料的方法获得表面粗糙度，Ra 的上限值为 3.2 μm，Ra 的下限值为 1.6 μm
∇Ramax3.2	用去除材料的方法获得表面粗糙度，Ra 的最大值为 3.2 μm

3. 表面粗糙度在图样中的注法

（1）在同一图样上表面粗糙度对每一表面一般只标注一次，并尽可能注在相应的尺寸及其公差的同一视图上。表面粗糙度的注写和读取方向与尺寸的注写和读取方向一致。表面粗糙度可标注在轮廓线上，也可以标注在延长线上，其符号应从材料外指向并接触表面，如图 9-26 所示，或用带箭头或黑点的指引线引出标注，如图 9-27 所示。

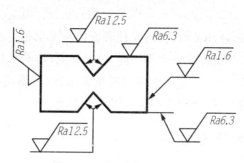

图 9-26　表面粗糙度的注写

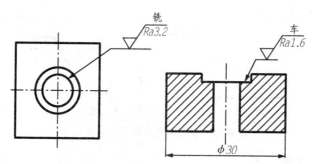

图 9-27　用带箭头或黑点的指引线引出标注

（2）在不致引起误解时，表面粗糙度可以标注在给定的尺寸线上，如图 9-28 所示。

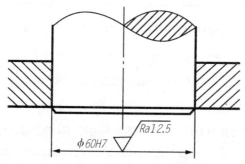

图 9-28　标注在给定的尺寸线上

(3) 表面粗糙度可标注在形位公差框格的上方,如图 9-29 所示。

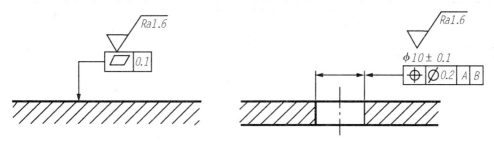

图 9-29 标注在形位公差框格的上方

(4) 简化注法。如果在工件的多数(包括全部)表面有相同的表面粗糙度,则其表面粗糙度可统一标注在图样的标题栏附近。此时(除全部表面有相同要求的情况外),表面粗糙度的符号后面应有:在圆括号内给出无任何其他标注的基本符号(图 9-30(a))或在圆括号内给出不同的表面粗糙度(图 9-30(b))。

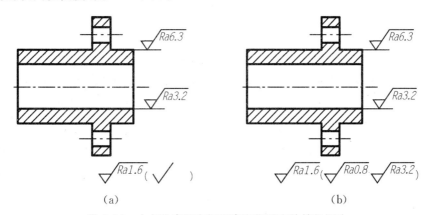

图 9-30 大多数表面有相同表面粗糙度的简化标注

第六节　形位公差的标注

零件加工过程中,不仅会产生尺寸误差,也会出现形状和位置的误差。如果形状和位置误差过大,会影响机器的性能,因此对精度高要求高的零件,除了应保证尺寸精度外,还应控制其形状和位置公差。因此形状和位置公差(简称形位公差)同尺寸公差、表面粗糙度一样是评定零件质量的一项重要指标。

一、形位公差的项目及符号

国家标准规定有形状公差和位置公差两大类,共有 14 个项目,各项目的名称及对应符号见表 9-8。

表 9-8 形位公差的项目及符号

公差		特征项目	符号	有或无基准要求	公差		特征项目	符号	有或无基准要求
形状公差	形状	直线度	—	无	位置公差	定向	平行度	∥	有
		平面度	▱	无			垂直度	⊥	有
		圆度	○	无			倾斜度	∠	有
		圆柱度	⌭	无		定位	位置度	⌖	有或无
							同轴度	◎	有
							对称度	═	有
	轮廓	线轮廓度	⌒	有或无		跳动	圆跳动	↗	有
		面轮廓度	⌓	有或无			全跳动	⌰	有

二、形位公差的代号

形位公差代号由框格和带箭头的指引线组成,框格用细实线绘出,水平或垂直放置,框格可分成两格或多格,框格内从左到右填写形位公差符号、公差数值、基准代号的字母,如图 9-31(a)所示。框格高为图样和框格中数字高度的两倍(2h),框格中的字母和数字高应为 h,框格一端用带箭头的指引线与被测要素相连。

标注位置公差的基准要用基准代号。基准代号由基准符号、圆圈、连线和字母组成,如图 9-31(b)所示。

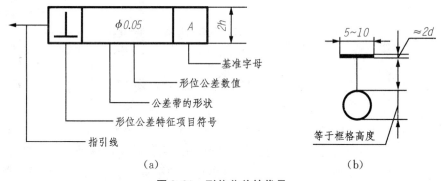

(a)   (b)

图 9-31 形位公差的代号

三、形位公差在图样上的标注

(1) 当被测要素为线或表面时,指引线的箭头应指在该要素的轮廓线或其延长线上,并应明显地与尺寸线错开,如图 9-32(a)所示。当被测要素为轴线或中心平面时,指引线的箭头应与该要素的尺寸线对齐,如图 9-32(b)所示。当被测要素为两个要素的公共轴线时,指引线的箭头可以直接指在轴线或中心线上,如图 9-32(c)所示。

(2) 当基准要素为素线及表面时,基准符号应靠近该要素的轮廓线或其引出线标注,并应明显地与尺寸线错开,如图 9-33(a)所示。当基准要素为轴线或中心平面时,基准符号应与该尺寸线对齐,如图9-33(b)所示。当基准要素为两个要素的公共轴线时,基准符号可以直接靠近公共轴线,如图9-33(c)所示。

(3) 当基准符号不便直接与框格相连时,则采用基准代号标注,如图9-34所示。

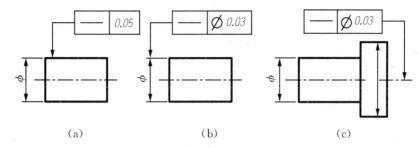

图 9-32　被测要素的指引线箭头位置

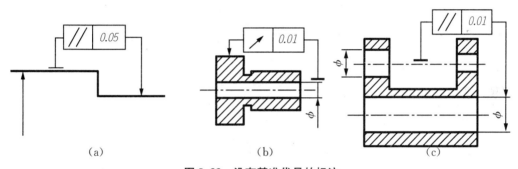

图 9-33　没有基准代号的标注

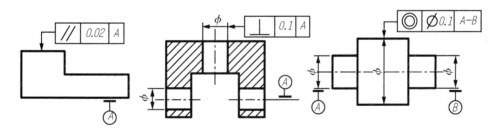

图 9-34　采用基准代号的标注

(4) 当被测要素和基准要素允许互换时,即为任选基准时,基准要素的指引线和被测要素一样用箭头表示,如图9-35所示。

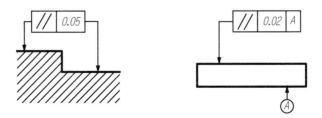

图 9-35　被测要素与基准要素允许互换的标注

(5) 当同一个被测要素有多项形位公差要求,其标注方法又是一致时,可以将这些框格画在一起,共用一根指引线箭头,如图 9-36 所示。

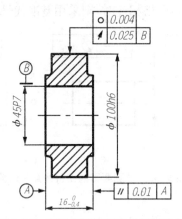

图 9-36　相同的被测要素共用指引线

图 9-36 中标注的三个形位公差可以解读为:

(1) $\phi100h6$ 外圆的圆度公差为 0.004 mm;

(2) $\phi100h6$ 外圆对孔 $\phi45P7$ 的轴线的径向圆跳动公差为 0.025 mm;

(3) 零件上箭头所指两端面之间的平行度公差为 0.01 mm。

第七节　读零件图

读零件图要求根据已有的零件图,了解零件的名称、材料、用途,分析其视图、尺寸和技术要求,从而想象出零件各组成部分的形体、结构、大小及相对位置,理解设计意图,并了解零件在机器中的作用。因此对工程技术人员来说,训练与提高读图能力是很重要的内容之一。读图的一般方法与步骤如下:

(1) **读标题栏**　从标题栏了解零件的名称、材料、比例、质量及机器或部件的名称,大致了解零件的类型、用途、结构特点、毛坯形式及大小。

(2) **视图分析**　在了解了零件表达方案的基础上,运用形体分析法,根据视图的布局情况找出主视图和其他视图的位置,分析剖视、剖面的剖切位置、数量、目的及彼此间的联系,弄清所要表达的内容,进一步搞清各细节的结构、形状,综合想象出零件的立体形象。

(3) **尺寸分析**　分析零件的尺寸,了解零件各部分大小。首先分析零件在长、宽、高三个方向尺寸标注的基准,从基准出发找出各部分的定形尺寸及定位尺寸。

(4) **读技术要求**　根据图上标注的表面粗糙度、尺寸公差、形位公差及其他技术要求,理解有关尺寸的加工精度、表面质量及其作用,进一步了解零件的结构特点和设计意图,据此也可以确定零件的制造方案。

(5) **归纳总结**　将零件的结构形状、尺寸标注和技术要求等进行综合归纳,就能对零件有较全面的了解,能全面地读懂零件图。

一、读轴套类零件

轴类零件主要用来支承传动零件(如齿轮、皮带轮等)和传递动力;套类零件一般装在轴上或孔中,用来定位、支承、保护传动零件。轴类零件大多数长度方向的尺寸一般比回转体直径尺寸大,沿轴向常有倒角、圆角、退刀槽、键槽及锥度等结构。轴套类零件多在车床、铣床、磨床上加工,为便于操作工人对照图纸进行加工,通常分按加工位置原则和形状特征原则,主视图采用加工位置,即主视图将轴线水平放置,用一个基本视图或局部剖视图把轴上各段回转体的相对位置和形状表达清楚,同时又能反映出轴上的轴肩、键槽、退刀槽、倒角等结构,空心轴套因存在内部结构,可用全剖视图或半剖视图表示。其他视图采用剖面图、局部视图或局部放大图等表达方式表示轴上的结构形状。

下面以齿轮轴为例来进行轴类零件图的分析。

1. 读标题栏

如图 9-1 所示,从标题栏可知,该零件叫齿轮轴,材料为 45 号钢。

2. 视图分析

表达方案由主视图和移出断面图组成,轮齿部分作了局部剖。主视图已将齿轮轴的主要结构表达清楚了,由几段不同直径的回转体组成,最大圆柱上制有轮齿,最右端圆柱上有一键槽,零件两端及轮齿两端有倒角,靠近轮齿端面的两侧各有一个 2×0.5 的砂轮越程槽。移出断面图用于表达键槽深度和进行有关标注。

3. 分析尺寸

齿轮轴中两个 $\phi 35k6$ 轴段及 $\phi 20r6$ 轴段用来安装滚动轴承及联轴器,径向尺寸的基准为齿轮轴的轴线。长度尺寸 200 的左端面用于安装挡油环及轴向定位,是长度方向的主要尺寸基准,注出了尺寸 2、8、76 等。长度尺寸 76 的右端面为长度方向的第一辅助基准,注出了尺寸 2、28。齿轮轴的右端面为长度方向尺寸的第二辅助基准,注出了尺寸 4、53 等。键槽长度 45,齿轮宽度 60 等为轴向的重要尺寸,已直接注出。轴套类零件常以端面作为长度方向的主要尺寸基准,而以回转轴线作为另两个方向的主要尺寸基准。标注径向尺寸时,以轴线作为主要基准。

4. 读技术要求

$\phi 35k6$ 轴颈和 $\phi 20r6$ 的轴颈处有配合要求,尺寸精度较高,均为 6 级公差,相应的表面粗糙度要求也较高,分别为 $Ra1.6$ 和 3.2。对键槽提出了对称度要求。对热处理、倒角、未注尺寸公差等提出了 4 项文字说明的技术要求。

5. 归纳总结

通过上述看图分析,对齿轮轴的作用、结构形状、尺寸大小、主要加工方法及加工中的主要技术指标要求,就有了较清楚的认识。综合起来,即可得出齿轮轴的总体印象,如图 9-37 所示。

图 9-37 齿轮轴的空间立体图

二、读轮盘类零件

轮类零件主要用于传递动力和扭矩,盘类零件主要起支承、定位和密封等作用。轮盘类零件的结构形状特点是轴向尺寸小而径向尺寸大,如端盖、齿轮、带轮、手轮、法兰盘等,大多数为共轴回转体。常见的结构有孔、螺孔、销孔、轮辐、键槽肋、凸台、凹坑等。图 9-38 为盘类零件法兰盘的零件图。

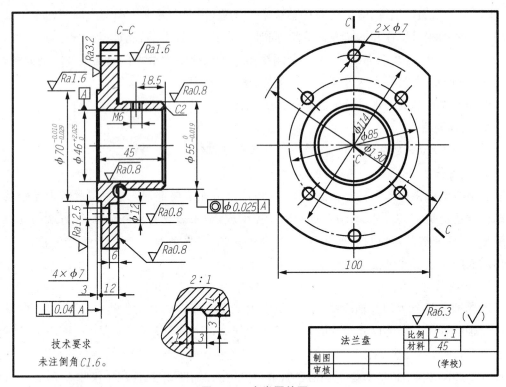

图 9-38　盘类零件图

1. 读标题栏

该零件叫法兰盘,材料为 45 号钢。

2. 视图分析

采用主、左两个基本视图,主视图按加工位置将轴线水平放置,并作出全剖视图。选择局部放大图表达个别细节,如图 9-38 所示。

3. 尺寸分析

以水平轴线作为径向尺寸基准,标注各外圆柱面和内孔的直径。以 $\phi130$ 左侧大端面为轴向的主要尺寸基准。

4. 读技术要求

根据标注在尺寸后的上、下极限偏差和公差,可以知道法兰盘与轴、孔的配合表面尺寸精度要求较高。由图中可知,表面粗糙度值为 $0.8\,\mu m$、$1.6\,\mu m$ 及 $3.2\,\mu m$ 等,说明表面质量要求也较高。形位公差有同轴度公差和垂直度公差的要求。总之对有配合要求或起定位作用的表面,其表面要求光滑,尺寸精度和形位公差等要求都比较高。

5. 归纳总结

通过上述分析,对法兰盘的结构形状、尺寸大小、主要的加工技术指标要求,都有了较清楚的认识。综合起来,即可得出法兰盘的总体印象,如图 9-39 所示。

图 9-39 法兰盘的空间立体图

三、叉架类零件

叉架类零件包括各种拨叉、连杆和支架等,拨叉主要用于机床、内燃机等各种机器上的操纵机构中,用于操纵机器,调节速度。支架主要起支承和连接作用。常用铸造或模锻制成毛坯,形状多样,结构复杂,经必要的机械加工而成,具有铸(锻)造圆角、起模斜度、凸台、凹坑等常见结构。图 9-40 为杠杆零件图。

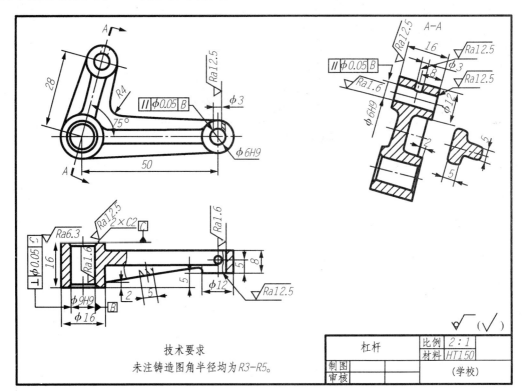

图 9-40 叉架零件图

1. 读标题栏

从图的标题栏可以看出,该零件的名称是杠杆,材料是 HT150。

2. 视图分析

杠杆零件图用了主视图、俯视图两个基本视图和 A—A 斜剖视图和断面图。其中,主视图的方向选择能反映形状特征的投影方向,俯视图采用局部剖视图表达杠杆支承部分内孔及右侧工作部分内孔的结构,重合断面图表达肋板的断面形状。A—A 斜剖视图表达支承部分、上面工作部分及其连接部分的结构。移出断面图表达该部分肋板的截面形状。

3. 尺寸分析

长度方向尺寸以 ϕ9H9 孔的轴向为基准;宽度方向尺寸以支承框架的后端面为基准;高度方向尺寸以两孔中心线形成的水平面为基准。零件各组成形体的定形尺寸和定位尺寸比较明显,请读者自行分析。

4. 读技术要求

由图可知公差带代号为 H9;表面粗糙度值为 1.6,可知其表面质量要求很高。其中,内孔精度要求较高。

5. 归纳总结

通过上述分析,对杠杆零件的结构形状、尺寸大小、主要的加工技术指标要求,都有了较清楚的认识。综合起来,即可得出杠杆的总体印象,如图 9-41 所示。

图 9-41 叉架零件的空间立体图

四、箱体类零件

箱体类零件多为铸件,是机器或部件的主要零件,一般可起支承、容纳运动零件及油、汽等作用。它的结构比较复杂,经必要的机械加工而成,具有加强肋、凹坑、凸台、铸造圆角、起模斜度等常见结构,如图 9-42 所示。

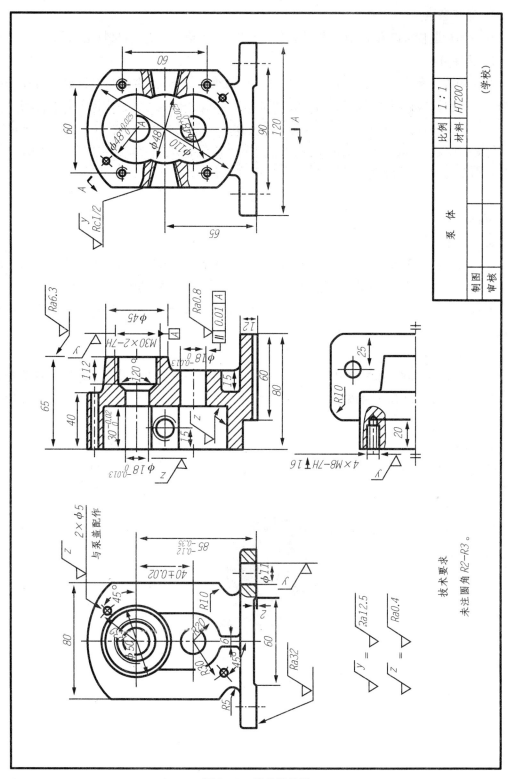

图 9-42 箱体零件图

1. 读标题栏

从图的标题栏可以看出,该零件的名称是泵体,属于箱体类零件,材料是 HT200。

2. 视图分析

由于箱体类零件结构、形状比较复杂,加工位置变化较多,通常按自然安放位置或工作位置,将最能反映形状特征及各组成部分之间相对位置的一面,作为主视图的投影方向。主视图一般多采用视图、剖视、局部剖视等表达方法表达其复杂的内外结构。主视图确定之后,一般还需用两个或两个以上的基本视图,并可根据具体零件的需要选择合适的视图、剖视图、剖面图来表达其复杂的内外结构。

泵体零件图用了三个基本视图即主视图、俯视图、左视图,以及 B 向局部视图、$A—A$ 局部剖视图和重合断面图进行表达。

3. 尺寸分析

箱体类零件由于形体比较复杂,尺寸数量较多,通常运用形体分析的方法来标注尺寸常选用主要孔的轴心线、对称平面或较大的加工结合面作为长、宽、高方向的尺寸基准。

泵体零件图中,长度方向是以左右对称面为基准,宽度方向以前端面为基准,高度方向以最上方的大平面为主要尺寸基准。

4. 读技术要求

箱壳类零件应根据具体使用要求确定各加工表面的表面粗糙度及尺寸精度。各重要表面及重要形体之间,如重要的轴心线之间、重要轴心线与结合面或与端面之间应有形位公差要求。

5. 归纳总结

通过上述分析,对泵体零件的结构形状、尺寸大小、主要的加工技术指标要求,都有了较清楚的认识。综合起来,即可得出杠杆的总体印象,如图 9-43 所示。

图 9-43 箱体的空间立体图

第八节 零件测绘

零件测绘是指根据实际零件,画出它的草图,测量出它的尺寸,给定必要的技术要求,整理后绘制出它的零件工作图的过程。零件测绘在机器设计、仿制或维修时就会碰到。

一、零件测绘的方法与步骤

(1) 全面了解测绘对象通过查阅相关资料及同类型的零件图了解各零件之间的装配关系,以及被测零件的名称、材料,了解该零件所属零件的工作原理以及其作用,弄清楚零件上的各个结构,从而了解到零件的一些技术要求。

(2) 绘制零件草图在工作场所,技术人员不用绘图仪器,通过目测或用简单方法得出零件各部分的尺寸关系,徒手在一张纸或方格纸上画出的零件图称为零件草图。零件草图却不能潦草,它除了不用绘图仪器和严格按比例外,其余都要符合零件图的所有要求。因为零件草图是绘制零件工作图的一项重要原始资料。

(3) 根据零件草图绘制零件工作图。一般零件草图是在现场测绘的,时间比较短,绘制工作图时需对草图进行再次审核,然后给予恰当的修订,再按零件图的要求绘制出来。

二、绘制零件草图的基本方法

1. 直线的画法

水平线从左向右,垂直线自上而下,倾斜的线从左下角向右上角或从左上角向右下角绘制。若直线的两端已定,画线时,视线应同时顾及笔尖与终点。

2. 圆的画法

画圆时,应先定出圆心的位置,通过圆心画出相互垂直的中心线,在中心线上定出等距的点,过点作图画出圆。画较大圆时,多增加一些直线和点。

三、画零件草图的一般步骤

(1) 对零件进行形体分析,确定表达零件的方案。

(2) 根据零件的总体尺寸选定比例;确定图幅,画出边框线和标题栏;布置视图,画好各视图的基准线。

(3) 画出基本视图的外部轮廓。

(4) 画出其他视图。

(5) 选择尺寸基准,测量出尺寸和协调好相关联尺寸后标注出尺寸;根据零件的性能和工作要求,参照类似图样和有关资料,用类比法确定后查有关标准复核后,标注出必要的技术要求,填写标题栏。

(6) 检查核对。

四、零件尺寸的测量

1. 直线尺寸的测量

使用的测量工具有：卷尺、直尺、游标卡尺等。一般精度测量用卷尺或直尺，精度要求比较高时用游标卡尺，必要时可借助直角尺或三角板配合进行测量。

2. 回转体直径的测量

通常用内外卡尺结合直尺或用游标卡尺和千分尺直接测量。

3. 壁厚的测量

一般可用直尺直接测量，当直尺或游标卡尺都无法测量时，则采用内外卡尺或外卡与直尺结合起来测量。

4. 孔间距和中心高的测量

孔间距可用直尺、内卡、游标卡尺测量，一般用直尺和外卡或游标卡尺测量。

5. 曲线或曲面的测量

测量平面曲线，可用纸拓印其轮廓得到真实的曲线形状，再测量其形状及尺寸，这种做法称拓印法。测量曲线回转面的母线，可用铅丝弯成与面相贴的实形，得平面曲线，再测其形状尺寸，这种做法称为铅丝法。一般的曲线和曲面都可用直尺和三角板，定出曲面上各点的坐标，作出曲再测量其形状及尺寸，这种做法称为坐标法。

6. 其他结构的测量

圆角可用圆角规测量。每套圆角规有两组多片，一组用于测外圆角，一组用于测内圆角。螺纹用螺纹规或直尺测量螺距，用游标卡尺测量螺纹大径，再查表核对螺纹标准。角度可用游标量角器测量。

思考与实践：

1. 零件图在视图选择时主要考虑哪些因素？
2. 在形位公差标注中，当被测要素为线或表面时，指引线的箭头应指向哪里？当被测要素是轴线时，指引线的箭头应注意什么？当基准要素是轴线时，基准符号应如何标注？
3. 请读本章所有零件图例，分析尺寸基准及定形、定位尺寸。
4. 用测量工具测量模型后，绘制零件图。

第十章　装配图

任务驱动

(1) 了解装配图的作用与内容。
(2) 掌握装配图中常采用的规定画法和简化画法。
(3) 熟悉装配图的画法。
(4) 掌握读装配图的方法步骤。

在设计过程中一般先根据设计要求画出装配图以表达机器或部件的工作原理、传动路线和零件间的装配关系，并通过装配图表达各组成零件在机器或部件上的作用和结构以及零件之间的相对位置和连接方式，以便正确地绘制零件图。在装配过程中要根据装配图把零件装配成部件和机器，使用者也往往通过装配图了解部件和机器的性能、作用原理和使用方法。因此装配图是反映设计思想、指导装配和使用机器以及进行技术交流的重要技术资料。

第一节　装配图的主要内容

一张完整的装配图应包括以下主要内容，如图10-1所示。

1. 一组图形

表达装配体的工作原理、各零件的装配关系、零件的连接方式、传动路线以及零件的主要结构形状等。

2. 必要的尺寸

标注出表示机器或部件的性能、规格以及装配、检验、安装时所必要的一些尺寸。

3. 技术要求

用文字或符号说明机器或部件的性能、装配和调整要求、验收条件、试验和使用规则等。

4. 标题栏

注明装配体的名称、重量、图号、比例以及责任者的签名和日期等。

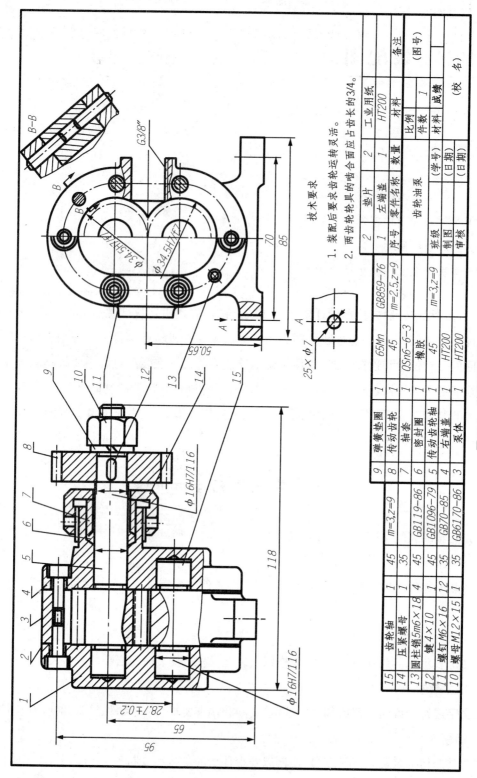

图10-1 装配图示例

5. 零件的序号和明细栏

为了便于进行生产准备工作及读图,在装配图上对每个零件标注序号并编制明细表。明细栏中说明装配体上各个零件的序号、名称、数量、材料以及备注等内容。

(1) 零部件序号及其编排方法。装配图中所有的零部件均需编号,同时,在标题栏上方的明细栏中与图中序号一一对应地列出。

指引线应自所指零件的可见轮廓内引出,并在末端画一圆点。当所指部分(很薄的零件或涂黑的剖面)内不宜画圆点时,可在指引线的末端画出箭头,并指向该部分的轮廓。在指引线的水平线(细实线)上方或圆(细实线)内注写序号;序号字高比图中尺寸数字字高大一号或两号。如图10-2所示。

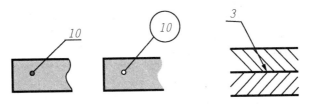

图10-2 零部件序号的标注方法

指引线不允许相交。当通过有剖面线的区域时,指引线不应与剖面线平行。指引线可画成折线,但只可曲折一次。相同的零件、部件用一个序号,一般只标注一次。一组紧固件或装配关系清楚的零件组可采用公共指引线,如图10-3所示。

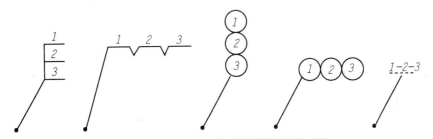

图10-3 一组紧固件公共指引线的标注方法

(2) 明细栏。明细栏是装配图中全部零件的详细目录。明细栏应紧靠标题栏上方画出,如标题栏上方位置不够时,可将明细栏的一部分放在主标题栏左方。有时明细栏可单独编写,作为装配图的附件装订在后。明细栏画法尺寸如图10-4所示。学生作图可用学生用标题栏加明细栏,尺寸可自定,如图10-5所示。

注意:明细栏最上方的框格线不画成粗实线,而是画细实线,以表示没有封口,如果有零件编号遗漏,可以继续向上添加。

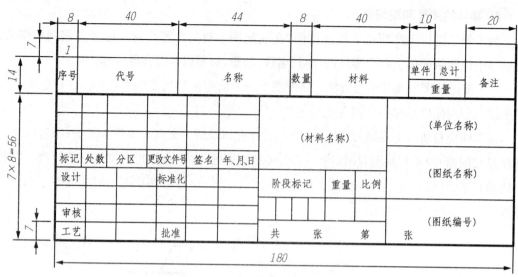

图 10-4 明细栏画法尺寸

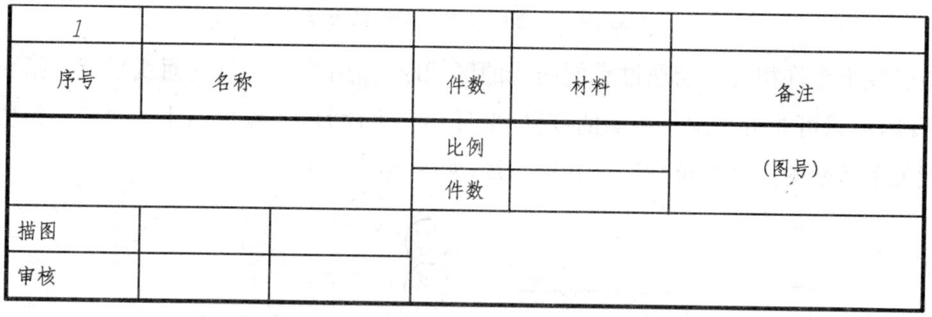

序号	名称		件数	材料		备注
			比例		(图号)	
			件数			
描图						
审核						

图 10-5 学生用标题栏上方的明细栏画法

第二节 装配图的规定画法和特殊画法

为了更好地读懂装配图,必须熟悉装配图的一些规定画法和特殊画法。

一、装配图的规定画法

(1) **实心零件画法** 画剖视图时,剖切平面通过螺钉、螺母、垫圈等紧固件以及轴、连杆、球、钩子、键、销等实心零件的轴线,这些零件均按不剖切绘制。如需要特别表明这些零件上的局部结构,如凹槽、键槽、销孔等,则可用局部剖视表示。当剖切平面垂直于这些零件的轴线剖切时,需画出剖面线。

(2) **相邻零件的轮廓线画法** 两相邻零件的接触面和配合面规定只画一条轮廓线。不接触表面应分别画出两条轮廓线,即使间隙很小,也必须画出两条线,间隙可放大表示。

(3) **相邻零件的剖面线画法** 相邻的两个或两个以上金属零件,剖面线的倾斜方向应相反或采用不同间距,以示区分。在各个视图上,同一零件的剖面线倾斜方向和间隔应保持一致。

二、装配图的特殊画法

(1) **拆卸画法** 在装配图中可假想沿某些零件的结合面剖切或假想将某些零件拆卸后绘制,需要说明时可加标注"拆去××等"。

(2) **简化画法** 对装配图中的滚动轴承、油封(密封圈)等,允许只画出对称图形的一半,另一半则用规定的简化画法。对分布有规律而又重复出现的螺纹紧固件及其连接等,允许只详细画出一处,其余用细点画线表明其中心位置即可。在装配图中,在不致引起误解、不影响看图的情况下,剖切平面后不需表达的部分可省略不画。倒角、圆角、退刀槽等也可省略不画。

(3) **夸大画法** 在装配图中常有一些薄片零件、细丝弹簧、微小间隙、小锥度等,如果按实际尺寸画出往往表达不清晰,或不易画出,当图形上的薄片厚度或间隙较小时(≤2 mm),允许将该部分不按原比例绘制,而是夸大画出,如图 10-6 所示。

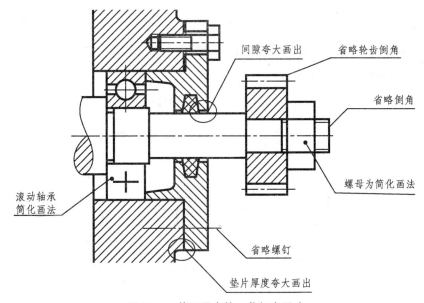

图 10-6 装配图中的一些规定画法

(4) **假想画法** 为表示本部件与不属于它的其他零部件的装配、安装关系,可以用双点画线将其他零部件的形状或部分形状假想画出来。为了表示某些零件的运动范围和极限位置,可画出该零件的一个位置,再用双点画线画出其运动范围或极限位置,如图 10-7 所示。

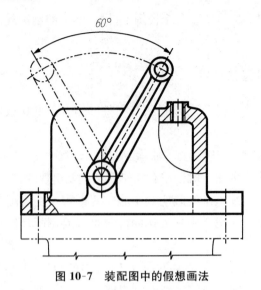

图 10-7　装配图中的假想画法

三、装配工艺结构的画法

为了使零件装配成机器后能达到设计要求,并考虑到便于装拆和加工,在设计时必须注意装配的合理性,下面是几种常用的装配工艺结构的正确与错误画法比较。

1. 零部件接触面、配合面的结构

两零件的接触表面,同一方向只允许存在一对接触面,如图 10-8 所示。

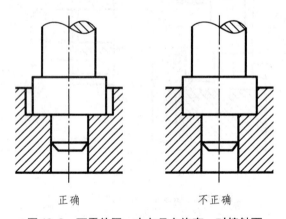

图 10-8　两零件同一方向只允许有一对接触面

2. 相配合零件转角处的工艺结构

为了确保两零件转角处接触良好,应将转角设计成倒角或切槽,如图 10-9 所示。

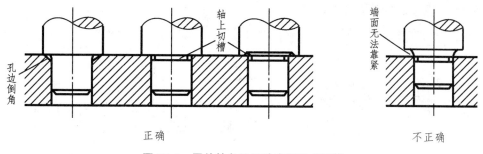

图 10-9　零件转角处设计成倒角或切槽

3. 减少加工面积的工艺结构

两零件在保证可靠性的前提下,应尽量减少加工面积,即接触面常做成凸台或凹坑结构,如图 10-10 所示。

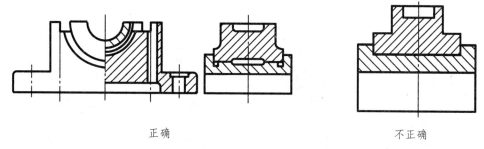

图 10-10　接触面做成凸台或凹坑

4. 滚动轴承定位装置

轴上零件应有可靠的定位装置,保证零件不在轴上移动,如滚动轴承应采用弹性挡圈等固定,如图 10-11 所示。

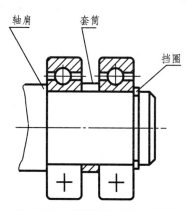

图 10-11　滚动轴承的轴向固定

5. 螺纹连接的接触面结构合理

螺栓、螺钉在连接时接触面结构应合理，如图 10-12 所示。

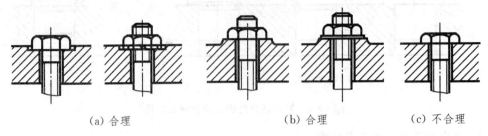

　　　（a）合理　　　　　　　（b）合理　　　　　　（c）不合理

图 10-12　螺纹紧固件连接件接触面结构

6. 防松结构

机器在运转时会受到震动或冲击，为了防止螺纹紧固件发生松动，常需要加防松装置。常用的防松装置如图 10-13 所示。

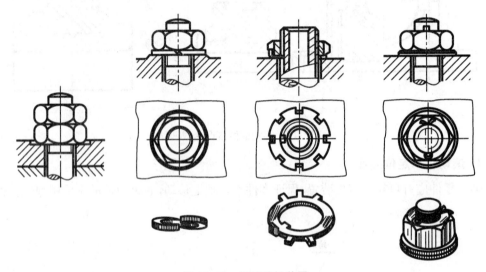

图 10-13　螺纹防松装置

第三节　装配图的尺寸标注和技术要求

一、装配图的尺寸标注

装配图与零件图的作用不同，因此对尺寸标注的要求也不一样。零件图是加工制造零件的主要依据，要求零件图上的尺寸必须完整，而装配图主要是设计和装配机器或部件时用的图样，因此不必注出零件的全部尺寸。装配图上一般标注以下几种尺寸：

1. 规格、性能尺寸

规格、性能尺寸是说明该机器或部件的性能、规格和特征。它是设计机器、了解机器性能、工作原理、装配关系等的依据。

2. 装配尺寸

表示机器或部件上相关零件间装配关系的尺寸。有以下两种：

(1) 配合尺寸：表示两个零件之间配合性质的尺寸。如图10-1齿轮油泵中的H7/f7。

(2) 相对位置尺寸：表示装配机器和拆画零件图时需要保证的零件间相对位置的尺寸。如图10-1齿轮油泵中的尺寸105、65。

3. 安装尺寸

表示将部件安装在机器上，或机器安装在基础上需要确定的尺寸。如图10-1齿轮油泵中的底座安装孔的中心距70。

4. 外形尺寸

表示机器或部件的总长、总宽、总高的尺寸。它反映机器或部件大小及包装、运输、安装、厂房设计时所占有的空间尺寸。如图10-1齿轮油泵的总长118、总宽85。

5. 其他重要尺寸

其他重要尺寸是指在设计过程中经过计算而确定的，但又不能包括在上述几类中的重要尺寸。如运动零件的极限位置尺寸、主要零件的重要结构尺寸等。

并不是每张装配图必须全部标注上述各类尺寸，而且有时装配图上同一尺寸往往有几种含义。因此装配图上究竟要标注哪些尺寸，要根据具体情况进行具体分析。

二、装配图的技术要求

由于装配体的性能和用途各不相同，其技术要求也不同，一般可以从以下几方面来考虑：

1. 装配要求

装配过程中的注意事项和装配后必须保证的准确度。

2. 检验要求

装配后对基本性能的检验、试验方法及技术指标等要求与说明。

3. 使用要求

对产品的基本性能、维护、保养的要求以及使用操作时的注意事项。

上述各项内容，并不要求每张装配图全部注写，要根据具体情况而定。一般用文字注写在明细栏的上方或图纸下方空白处。

第四节 画装配图

在设计新机器或对现有机器、部件进行测绘时,都需要画出装配图。根据零件草图,标准件明细栏和装配示意图等信息可以画出装配图。现以柱塞泵为例进行分析。

一、确定表达方案

根据装配轴测图(图10-14)和所有零件图、标准件明细表,拟定部件的视图表达方案。

1. 主视图

以最能反映出装配体的机构特征、工作原理、传动路线和主要装配关系的方向作为画主视图的投射方向。并以装配体的工作位置作为画主视图的位置。如图10-14所示,柱塞泵应以A向作为画主视图的投射方向,并取全剖视图。能清楚表达部件的工作原理、主要的装配关系或其结构特征。

2. 其他视图

选择所需的其他视图,补充主视图上尚未表达清楚的内容。用局部剖视的俯视图,是为了将吸油系统的装配关系及工作原理表达完全。为了清楚地表明柱塞在凸轮作用下上下往复运动的动作原理,特增加了A向视图。

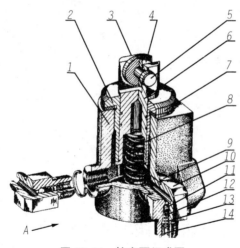

图10-14 柱塞泵组成图

二、画装配图的一般步骤

1. 准备阶段

对现有资料进行整理、分析,进一步了解装配体的性能及结构特点,对装配体的完整形状做到心中有数,根据部件的大小,确定表达方案。

2. 确定图幅、定位布局

根据部件的大小、视图数量,确定画图的比例、图幅的大小,画出图框,留出标题栏和明细栏的位置。画各视图的主要基线。并注意各视图之间应留有适当间隔,以便标注尺寸和进行零件编号。如图 10-15 所示。

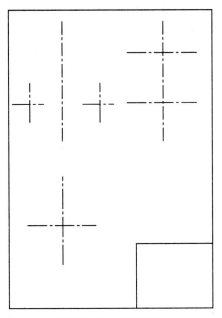

图 10-15　定位布局

3. 先画主体零件泵体

从主视图开始,画出主体零件泵体的主要轮廓。如图 10-16 所示。

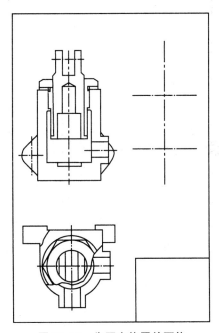

图 10-16　先画主体零件泵体

4. 围绕装配线逐个画出零件的图形

先画主要零件，后画次要零件；先画大体轮廓，后画局部细节；先画可见轮廓，被遮部分可不画。画出其他装配线进、出口单向阀，小轮、轴等。如图 10-17 所示。

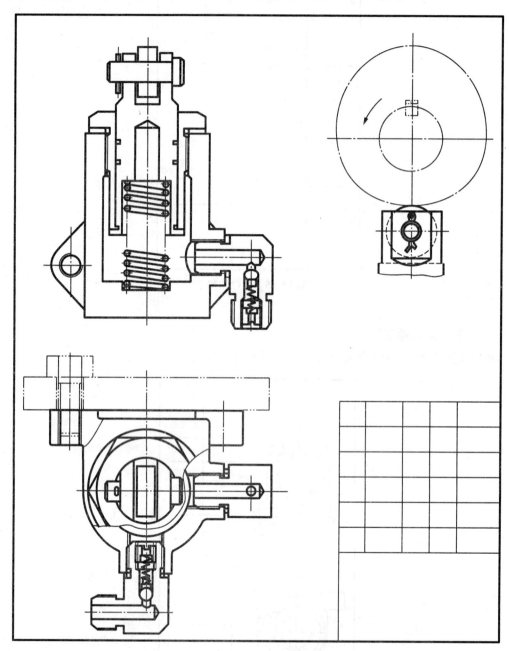

图 10-17　画出其他零件

5. 完成全图

检查无误后加深图线，画剖面线，标注尺寸，对零件进行编号，填写明细栏、标题栏、书写技术要求等，完成装配图。如图 10-18 所示。

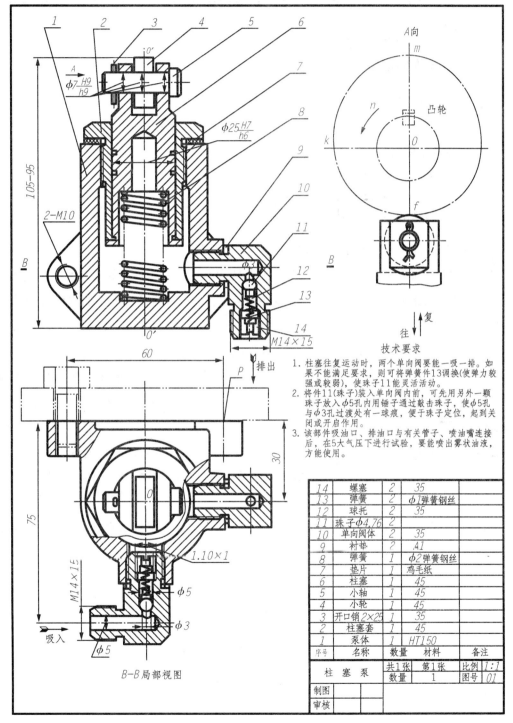

图 10-18 柱塞泵装配图

第五节　读装配图和由装配图拆画零件图

读装配图是工程技术人员必备的一种能力，在设计、装配、安装、调试以及进行技术交流时，都要读装配图。

一、读装配图的基本要求

（1）了解部件的功用、使用性能和工作原理。
（2）弄清各零件的作用和它们之间的相对位置、装配关系和连接固定方式。
（3）弄懂各零件的结构形状。
（4）了解部件的尺寸和技术要求。

二、读装配图的方法和步骤

1. 初步了解部件的作用及其组成零件的名称和位置

读装配图时，首先概括了解一下整个装配图的内容。由标题栏了解该机器或部件的名称；由明细栏了解组成机器或部件的各种零件的名称、数量、材料及标准件的规格，估计机器或部件的复杂程度；由画图的比例、视图大小和外形尺寸，了解机器或部件的大小；由产品说明书和有关资料，联系生产实践知识，了解机器或部件的性能、功用等。

如图10-19所示，部件的名称为齿轮油泵，它是冷却系统及润滑系统中常用的部件，依靠一对齿轮的高速旋转运动输送油液在油路中运行。当一对齿轮在泵体里作高速啮合传动时，从啮合区的吸油口吸入空气，由于轮齿的相互啮合、脱开，齿间容积增大，压力降低而产生局部真空，油池内的油在大气压的作用下进入油泵低压区内的吸油口，随着齿轮的转动，一个个齿槽中的油液不断地沿着出油口的方向被带到排出腔将油压出，并输送到机器中需要冷却或润滑的地方。

由明细栏了解到该部件中的标准件和非标准件的数目，按序号依次查明各零件的名称和所在位置以及标准件的规格。

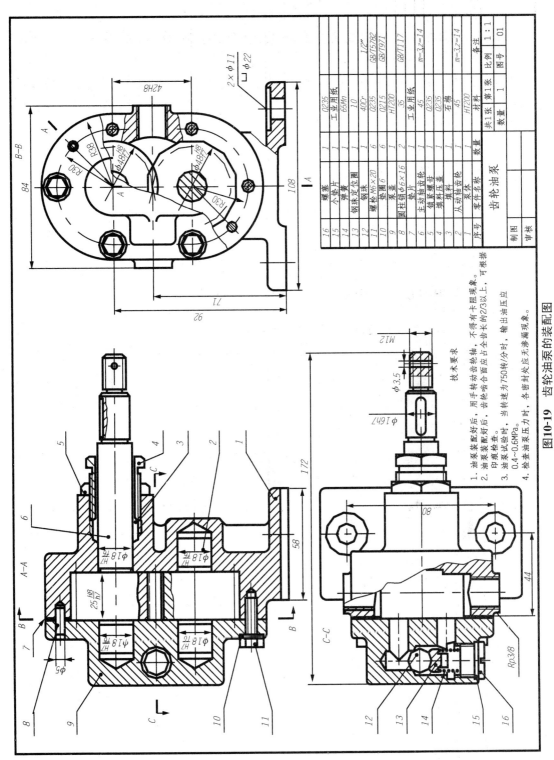

图10-19 齿轮油泵的装配图

2. 视图分析

根据图样上的视图、剖视图、局部视图等的配置和标注，找出投影方向、剖切位置，搞清各图形之间的投影关系以及它们所表示的主要内容。主视图采用全剖，主要表达齿轮油泵各零件间的装配关系和位置关系。因为件 2 和件 6 是实心件，按国标要求，全剖时按不剖画。

左视图采用局部剖。

3. 零件间装配关系的分析

这是深入阅读装配图的重要阶段，要搞清部件的传动、支承、调整、润滑、密封等结构型式。弄清各有关零件间的接触面、配合面的连接方式和装配关系，并利用图上所注的公差或配合代号等，进一步了解零件的配合性质和部件的工作原理。图 10-20 为齿轮油泵零部件的装配位置图。

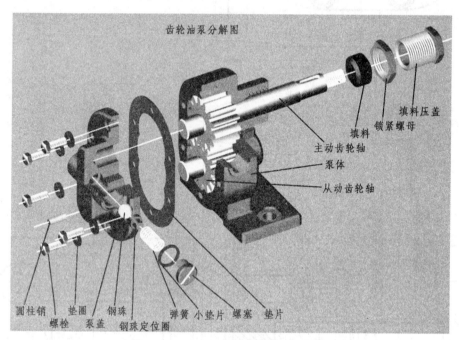

图 10-20 齿轮油泵零部件装配位置图

4. 分析零件

利用序号把一个个零件的视图范围划分出来，找对投影关系，想象出各零件的形状。对于某些投影关系不易直接确定的部分，应借助于分规和三角板来判断，并应考虑是否采用了简化画法或特殊画法。找出哪些是标准件，哪些是常用件和一般零件。

5. 归纳综合

通过上述分析，对齿轮油泵的零部件结构形状和装配位置关系及装配相关尺寸和技术要求等都有了较清楚的认识。综合起来，即可得出齿轮油泵的总体架构。

三、由装配图拆画零件图

由装配图拆画零件图简称拆图。拆图是设计工作中的一个重要环节,应在读懂装配图的基础上进行。在分析装配图拆画零件图时,须注意装配图与零件图在视图内容、表达方法、尺寸标注等方面的不同。

1. 拆画零件图的步骤

(1) 分离出零件。根据明细栏中的零件符号,从装配图中找到该零件所在的位置。根据零件的剖面线倾斜方向和间隔,及投影规律确定零件在各视图中的轮廓范围,并将其分离出来。

(2) 构思零件的完整结构。利用配对连接结构形状相同或相似的特点,确定配对连接零件的相关部分形状,对分离出的投影补线。

根据视图的表达方法的特点,确定零件相关结构的形状。对分离出的投影补线。根据配合零件的形状、尺寸符号,并利用构形分析,确定零件相关结构的形状。根据零件的作用再结合形体分析法,综合起来想象出零件总体的结构形状。

(3) 确定零件视图及其表达方案,画零件图。零件图的视图表达方案应根据零件的形状特征确定,而不能盲目照抄装配图。在装配图中允许不画的零件的工艺结构,如:倒角、圆角、退刀槽等,在零件图中应全部注出。

(4) 标注零件尺寸。装配图已标注的零件尺寸都需抄注到零件图上。标准化结构查手册取标准值。有些尺寸由公式计算确定。其余按比例从装配图中直接量取,并圆整。

(5) 注写零件相关的技术要求与标题栏。零件图上的技术要求,应根据零件的作用,与其他零件的装配关系,以及结构、工艺方面的知识或由同类图纸确定。

根据以上分析,我们对齿轮油泵的主体零件进行拆画,得到如图 10-21 所示的泵体零件图。

2. 拆画零件图应注意的问题:

(1) 零件的视图表达方案应根据零件的结构形状确定,而不能盲目照抄装配图。

(2) 在装配图中允许不画的零件的工艺结构,如倒角、圆角、退刀槽等,在零件图中应全部画出。

(3) 零件图的尺寸,除在装配图中注出者外,其余尺寸都在图上按比例直接量取,并圆整。与标准件连接或配合的尺寸,如螺纹、倒角、退刀槽等要查标准注出。有配合要求的表面,要注出尺寸的公差带代号或偏差数值。

(4) 根据零件各表面的作用和工作要求,注出表面粗糙度代号。配合表面:Ra 值取 3.2~0.8,公差等级高的 Ra 取较小值。接触面:Ra 值取 6.3~3.2,如零件的定位底面 Ra 可取 3.2,一般端面可取 6.3 等。需加工的自由表面(不与其他零件接触的表面):Ra 值可取 25~12.5,如螺栓孔等。

(5) 根据零件在部件中的作用和加工条件,确定零件图的其他技术要求。

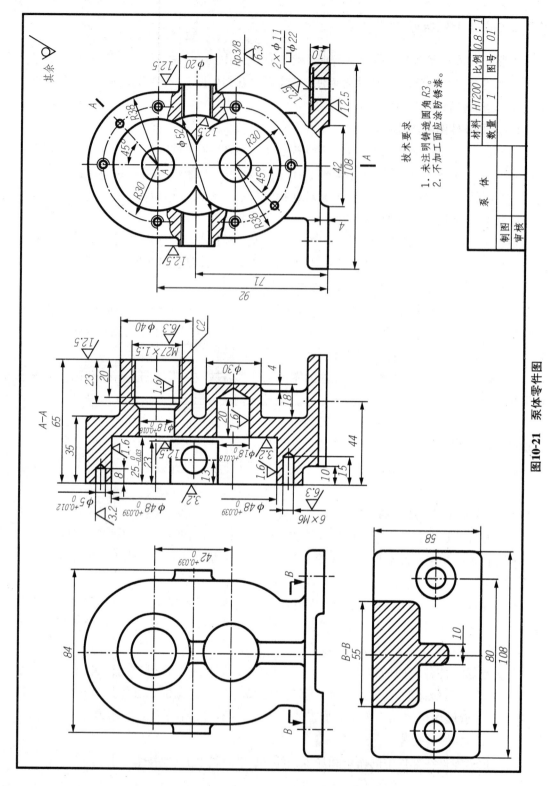

图10-21 泵体零件图

思考与实践：

1. 装配图在技术工作中有哪些作用？
2. 装配图与零件图在内容与技术要求上有什么区别？
3. 装配图有哪些特殊表达方法？
4. 尝试从本章装配图例中拆画出主体零件图。

附 录

附录A 螺 纹

表 A-1 普通螺纹直径与螺距（摘自 GB/T 196-197-2003） （单位：mm）

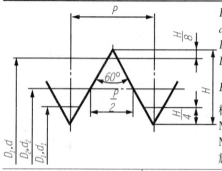

D——内螺纹的基本大径（公称直径）
d——外螺纹的基本大径（公称直径）
D_2——内螺纹的基本中径　　d_2——外螺纹的基本中径
D_1——内螺纹的基本小径　　d_1——外螺纹的基本小径
P——螺距　　　　　　　　　$H=\dfrac{\sqrt{3}}{2}P$

标记示例：
M24（公称直径为24 mm，螺距为3 mm的粗牙右旋普通螺纹）
M24×1.5-LH（公称直径为24 mm，螺距为1.5 mm的细牙左旋普通螺纹）

公称直径 D、d		螺距 P		粗牙中径 D_2、d_2	粗牙小径 D_1、d_1
第一系列	第二系列	粗牙	细牙		
3		0.5	0.35	2.675	2.459
	3.5	(0.6)		3.110	2.850
4		0.7	0.5	3.545	3.242
	4.5	(0.75)		4.013	3.688
5		0.8		4.480	4.134
6		1	0.75(0.5)	5.350	4.917
8		1.25	1,0.75,(0.5)	7.188	6.647
10		1.5	1.25,1,0.75,(0.5)	9.026	8.376
12		1.75	1.5,1.25,1,0.75,(0.5)	10.863	10.106
	14	2	1.5,(1.25),1,(0.75),(0.5)	12.701	11.835
16		2	1.5,1,(0.75),(0.5)	14.701	13.835
	18	2.5	1.5,1,(0.75),(0.5)	16.376	15.294
20		2.5		18.376	17.294
	22	2.5	2,1.5,1,(0.75),(0.5)	20.376	19.294
24		3	2,1.5,1,(0.75)	22.051	20.752
	27	3	2,1.5,1,(0.75)	25.051	23.752
30		3.5	(3),2,1.5,1,(0.75)	27.727	26.211

注：1. 优先选用第一系列，括号内尺寸尽可能不用。第三系列未列入。
　　2. M14×1.25仅用于火花塞。

表 A-2 梯形螺纹（摘自 GB/T 5796.1~5796.4-1986） （单位：mm）

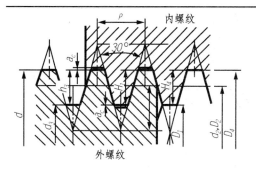

d——外螺纹大径（公称直径）
d_3——外螺纹小径
D_4——内螺纹大径
D_1——内螺纹小径
d_2——外螺纹中径
D_2——内螺纹中径
P——螺距
a_c——牙顶间隙
$h_3 = H_4 + H_1 + a_c$

标记示例：
Tr40×7-7H（单线梯形内螺纹、公称直径 $d=40$、螺距 $P=7$、右旋、中径公差带7H、中等旋合长度）
Tr60×18(P9)LH-8e-L（双线梯形外螺纹、公称直径为 $d=60$、导程 $P_h=18$、螺距 $P=9$、左旋、中径公差带为8e、长旋合长度）

梯形螺纹的基本尺寸

d 公称系列		螺距 P	中径 $d_2=D_2$	大径 D_4	小径		d 公称系列		螺距 P	中径 $d_2=D_2$	大径 D_4	小径	
第一系列	第二系列				d_1	D_1	第一系列	第二系列				d_1	D_1
8	—	1.5	7.25	8.3	6.2	6.5	32			29.0	33	25	26
—	9		8.0	9.5	6.5	7		34	6	31.0	35	27	28
10	—	2	9.0	10.5	7.5	8	36	—		33.0	37	29	30
—	11		10.0	11.5	8.5	9		38		34.5	39	30	31
12	—	3	10.5	12.5	9	9	40			36.5	41	32	33
—	14		12.5	14.5	10.5	11		42	7	38.5	43	34	35
16	—		14.0	16.5	11.5	12	44	—		40.5	45	36	37
—	18	4	16.0	18.5	13.5	14		46		2.0	47	37	38
20	—		18.0	20.5	15.5	16	48	—		44.0	49	39	40
—	22		19.5	22.5	16.5	17		50	8	46.0	51	41	42
24	—		21.5	24.5	18.5	19	52	—		48.0	53	43	44
—	26	5	23.5	26.5	20.5	21		55		50.5	56	45	46
28	—		25.5	28.5	22.5	23	60	—	9	55.5	61	50	51
—	30	6	27.0	31.0	23.0	24		65	10	60.0	66	54	55

注：1. 优先选用第一系列的直径。

2. 表中所列的螺距和直径是优先选择的螺距及与之对应的直径。

表 A-3　55°密封管螺纹

第 1 部分　圆柱内螺纹与圆锥外螺纹(摘自 GB/T 7306.1-2000)
第 2 部分　圆柱内螺纹与圆锥外螺纹(摘自 GB/T 7306.2-2000)

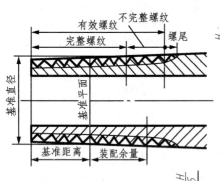

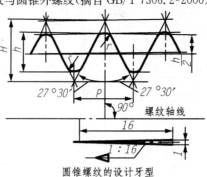

圆锥螺纹的设计牙型

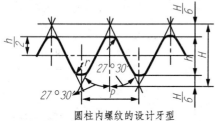

圆柱内螺纹的设计牙型

标记示例:
GB/T 7306.1-2000
$R_p3/4$(尺寸代号 3/4,右旋,圆柱内螺纹)
R_13(尺寸代号 3,右旋,圆锥外螺纹)
$R_p3/4$LH(尺寸代号 3/4,左旋,圆柱内螺纹)
R_p/R_13(右旋圆锥外螺纹、圆柱螺纹螺纹副)

GB/T 7306.2-2000
$R_c3/4$(尺寸代号 3/4,右旋,圆锥内螺纹)　　　　R_23(尺寸代号 3,右旋,圆锥内螺纹)
$R_c3/4$LH(尺寸代号 3/4,左旋,圆锥内螺纹)　　R_2/R_23(右旋圆锥内螺纹、圆锥外螺纹螺纹副)

尺寸代号	每 25.4 mm 内所含的牙数 n	螺距 P/mm	牙高 h/mm	基准平面内的基本直径			基准距离(基本)/mm	外螺纹的有效螺纹不小于/mm
				大径(基准直径) $d=D$/mm	中径 $d_2=D_2$/mm	小径 $d_1=D_1$/mm		
1/16	28	0.907	0.581	7.723	7.142	6.561	4	6.5
1/8	28	0.907	0.581	9.728	9.147	8.566	4	6.5
1/4	19	1.337	0.856	13.157	12.301	11.445	6	9.7
3/8	19	1.337	0.856	16.662	15.806	14.950	6.4	10.1
1/2	14	1.814	1.162	20.955	19.793	18.631	8.2	13.2
3/4	14	1.814	1.162	26.441	25.279	24.117	9.5	14.5
1	11	2.309	1.479	33.249	31.770	30.291	10.4	16.8
1 1/14	11	2.309	1.479	41.910	40.431	38.952	12.7	19.1
1 1/12	11	2.309	1.479	47.803	46.324	44.845	12.7	19.1
2	11	2.309	1.479	59.614	58.135	56.656	15.9	23.4
2 1/2	11	2.309	1.479	75.184	73.705	72.226	17.5	26.7
3	11	2.309	1.479	87.884	86.405	84.926	20.6	29.8
4	11	2.309	1.479	113.030	111.551	110.072	25.4	35.8
5	11	2.309	1.479	138.430	136.951	135.472	28.6	40.1
6	11	2.309	1.479	163.830	162.351	160.872	28.6	40.1

表 A-4　55°非密封管螺纹(摘自 GB/T 7307—2001)

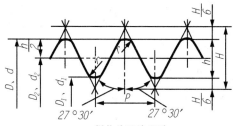

螺纹的设计牙型

标记示例：
G2(尺寸代号2,右旋,圆柱内螺纹)
G3A(尺寸代号3,右旋,A级圆柱外螺纹)
G2-LH(尺寸代号2,左旋,圆柱外螺纹)
G4B-LH(尺寸代号4,左旋,B级圆柱外螺纹)
注：$r = 0.137329P$
　　$P = 25.4/n$
　　$H = 0.960401P$

尺寸代号	每25.4 mm内所含的牙数 n	螺距 P/mm	牙高 h/mm	基本直径 大径 $d=D$/mm	基本直径 中径 $d_2=D_2$/mm	基本直径 小径 $d_1=D_1$/mm
1/16	28	0.907	0.581	7.723	7.142	6.561
1/8	28	0.907	0.581	9.728	9.147	8.566
1/4	19	1.337	0.856	13.157	12.301	11.445
3/8	19	1.337	0.856	16.662	15.806	14.950
1/2	14	1.814	1.162	20.955	19.793	18.631
3/4	14	1.814	1.162	26.441	25.279	24.117
1	11	2.309	1.479	33.249	31.770	30.291
1 1/4	11	2.309	1.479	41.910	40.431	38.952
1 1/2	11	2.309	1.479	47.803	46.324	44.845
2	11	2.309	1.479	59.614	58.135	56.656
2 1/2	11	2.309	1.479	75.184	73.705	72.226
3	11	2.309	1.479	87.884	86.405	84.926
4	11	2.308	1.479	113.030	111.551	110.072
5	44	2.309	1.479	138.430	136.951	135.472
6	11	2.309	1.479	163.830	162.351	160.872

附录 B 常用的标准件

表 B-1 六角头螺栓(一)

(单位:mm)

六角头螺栓—A 和 B 级(摘自 GB/T 5782-2000)
六角头螺栓—细牙—A 和 B 级(摘自 GB/T 5785-2000)

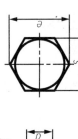

标记示例:
螺栓 GB/T 5782 M12×100
(螺纹规格 d = M12,公称长度 l = 100,性能等级为 8.8 级,表面氧化,杆身半螺纹,A 级的六角头螺栓)

六角头螺栓—全螺纹—A 和 B 级(摘自 GB/T 5783-2000)
六角头螺栓—细牙—全螺纹—A 和 B 级(摘自 GB/T 5786-2000)

标记示例:
螺栓 GB/T 5786 M30×2×80
(螺纹规格 d = M30×2,公称长度 l = 80,性能等级为 8.8 级,表面氧化,全螺纹,B 级的细牙六角头螺栓)

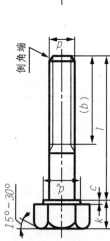

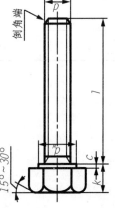

螺纹规格		M4	M5	M6	M8	M10	M12	M16	M20	M24	M30	M36	M42	M48
d	D×P	—	—	—	M8×1	M10×1	M12×1.5	M16×1.5	M20×2	M24×2	M30×2	M36×3	M42×3	M48×3
$b_{参考}$	$l \leq 125$	14	16	18	22	26	30	38	46	54	66	78	96	108
	$125 < l \leq 200$	—	—	—	28	32	36	44	52	60	72	84	—	—
	$l > 200$	—	—	—	—	—	—	57	65	73	85	97	109	121
c_{max}		0.4	0.5	0.5	0.6	0.6	0.6		0.8			1		
$k_{公称}$		2.8	3.5	4	5.3	6.4	7.5	10	12.5	15	18.7	22.5	26	30
$s_{max}=$公称		7	8	10	13	16	18	24	30	36	46	55	65	75
c_{min}	A	7.66	8.79	11.05	14.38	17.77	20.03	26.75	33.53	39.98	—	—	—	—
	B	—	8.63	10.89	14.2	17.59	19.85	26.17	32.95	39.55	50.85	60.79	72.02	82.6
$d_{w\,min}$	A	5.9	6.9	8.9	11.6	14.6	16.6	22.5	28.2	33.6	—	—	—	—
	B	—	6.7	8.7	11.4	14.4	16.4	22	27.7	33.2	42.7	51.1	60.6	69.4
l范围	GB 5782	25~40	25~50	30~60	35~80	40~100	45~120	55~160	65~200	80~240	90~300	110~360	130~400	140~400
	GB 5785											110~300		
	GB 5783	8~40	10~50	12~60	16~80	20~100	25~100	35~100	35~160	40~100	40~100		800~500	100~500
	GB 5786									40~200	40~200		90~400	100~500
l系列	GB 5782 GB 5785	20~65(5进位),70~160(10进位),180~400(20进位)												
	GB 5783 GB 5786	6,8,10,12,16,18,20~65(5进位),70~160(10进位),180~500(20进位)												

注：
1. P——螺距。末端按 GB/T 2-2000 规定。
2. 螺纹公差：6g；机械性能等级：8.8。
3. 产品等级：A 用于 $d \leq 24$ 和 $l \leq 10d$ 或 ≤ 150 mm（按较小值）；
   B 用于 $d > 24$ 和 $l > 10d$ 或 > 150 mm（按较小值）。

表 B-2　六角头螺栓（二）　　　　　　　　　　　（单位：mm）

六角头螺栓—C 级（摘自 GB/T 5780—2000）

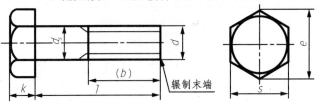

标记示例：
螺栓 GB/T 5780　M20×100
（螺栓规格 d = M20、公称长度 l = 100、性能等级为 4.8 级、不经表面处理、杆身半螺纹、C 级的六角头螺栓）

六角头螺栓—全螺纹—C 级（摘自 GB/T 5781—2000）

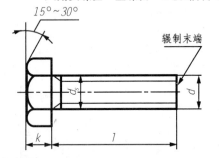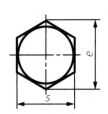

标记示例：
螺栓 GB/T 5781　M12×80
（螺纹规格 d = M12、公称长度 l = 80、性能等级为 4.8 级、不经表面处理、全螺纹、C 级的六角头螺栓）

螺纹规格 d		M5	M6	M8	M10	M12	M16	M20	M24	M30	M36	M42	M48
$b_{参考}$	$l \leqslant 125$	16	18	22	26	30	38	40	54	66	78	—	—
	$125 < l \leqslant 1200$	—	—	28	32	36	44	52	60	72	84	96	108
	$l > 200$	—	—	—	—	—	57	65	73	85	97	109	121
$k_{公称}$		3.5	4.0	5.3	6.4	7.5	10	12.5	15	18.7	22.5	26	30
l_{max}		8	10	13	16	18	24	30	36	46	55	65	75
c_{max}		8.63	10.9	14.2	17.6	19.9	26.2	33.0	39.6	50.9	60.8	72.0	82.6
d		5.48	6.48	8.58	10.6	12.7	16.7	20.8	24.8	30.8	37.0	45.0	49.0
$l_{范围}$	GB/T 5780—2000	25~90	30~60	35~80	40~100	45~120	55~160	65~200	80~240	90~300	110~300	160~420	180~480
	GB/T 5781—2000	10~40	12~50	16~65	20~80	25~100	35~100	40~100	50~100	60~100	70~100	80~420	90~480
$l_{系列}$		10、12、16、20~50（5 进位）、(55)、60、(65)、70~160（10 进位）、180、220~550（20 进位）											

注：1. 括号内的规格尽可能不用。末端按 GB/T 2—2000 规定。
　　2. 螺纹公差：8 g(GB/T 5780—2000)；6 g(GB/T 5781—2000)；机械性能等级：4.6、4.8；产品等级：C。

表B-3　1型六角螺母　　　　　　　　　　　　　　　　　　（单位：mm）

1型六角螺母—A和B级(摘自GB/T 6170-2000)
1型六角螺母—细牙—A和B级(摘自GB/T 6171-2000)
1型六角螺母—C级(摘自GB/T 41-2000)

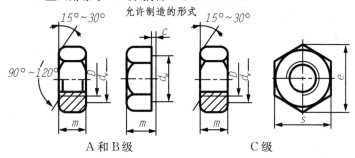

A和B级　　　　　　　C级

标记示例：

螺母 GB/T 41　M12

（螺纹规格 D = M12、性能等级为5级、不经表面处理、C级的1型六角螺母）

螺母 GB/T 6171　M24×2

（螺纹规格 D = M24、螺距 P = 2、性能等级为10级、不经表面处理、B级的1型细牙六角螺母）

螺纹规格	D	M4	M5	M6	M8	M10	M12	M16	M20	M24	M30	M36	M42	M48
	$D×P$	—	—	—	M8×1	M10×1	M12×1.5	M16×1.5	M20×2	M24×2	M30×2	M36×3	M42×3	M48×3
c		0.4	0.5	0.5	0.6	0.6	0.6	0.6	0.8	0.8	0.8	0.8	1	1
s_{max}		7	8	10	13	16	18	24	30	36	46	55	65	75
e_{min}	A、B级	7.66	8.79	11.05	14.38	17.77	20.03	26.75	32.95	39.95	50.85	60.79	72.02	82.6
	C级	—	8.63	10.89	14.2	17.59	19.85	26.17						
m_{max}	A、B级	3.2	4.7	5.2	6.8	8.4	10.8	14.8	18	21.5	25.6	31	34	38
	C级	—	5.6	6.1	7.9	9.5	12.2	15.9	18.7	22.3	26.4	31.5	34.9	38.9
$d_{w\,min}$	A、B级	5.9	6.9	8.9	11.6	14.6	16.6	22.5	27.7	33.2	42.7	51.1	60.6	69.4
	C级	—	6.9	8.7	11.5	14.5	16.5	22						

注：1. P——螺距。

2. A级用于 $D≤16$ 的螺母；B级用于 $D>16$ 的螺母；C级用于 $D≥5$ 的螺母。

3. 螺纹公差：A、B级为6H，C级为7H；机械性能等级：A、B级为6、8、10级，C级为4、5级。

表 B-4 双头螺柱(摘自 GB/T 897-900-1988)　　　　　　　(单位:mm)

$b_m = 1d$(GB/T 897-1988);　　　$b_m = 1.25d$(GB/T 898-1988);　　　$b_m = 1.5d$(GB/T 899-1988)
　　　　　　　　　　　　　$b_m = 2d$(GB/T 900-1988)

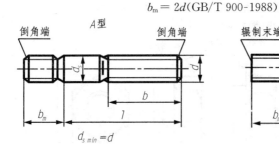
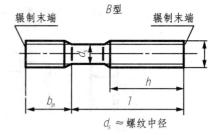

标记示例:
螺柱 GB/T 900-1988　M10×50
(两端均为粗牙普通螺纹,$d = 10$、$l = 50$、性能等级为4.8级、不经表面处理、B 型、$b_m = 2d$ 的双头螺柱)
螺柱 GB/T 900-1988　AM10-10×1×50
(旋入机体一端为粗牙普通螺纹、旋螺母端为螺距 $P = 1$ 的细牙普通螺纹、$d = 10$、$l = 50$、性能等级为4.8级、不经表面处理、A 型、$b_m = 2d$ 的双头螺柱)

螺纹规格 d	b_m(旋入机体端长度)				l/b(螺柱长度/旋螺母端长度)			
	GB/T 897	GB/T 898	GB/T 899	GB/T 900				
M4	—	—	6	8	16~22 / 8	25~40 / 14		
M5	5	6	8	10	16~22 / 10	25~50 / 16		
M6	6	8	10	12	20~22 / 10	25~30 / 14	32~75 / 18	
M8	8	10	12	16	20~22 / 12	25~30 / 16	32~90 / 22	
M10	10	12	15	20	25~28 / 14	30~38 / 16	40~120 / 26	130 / 32
M12	12	15	18	24	25~30 / 14	32~40 / 16	45~120 / 26	130~180 / 32
M16	16	20	24	32	30~38 / 16	40~55 / 20	60~120 / 30	130~200 / 36
M20	20	25	30	40	35~40 / 20	45~65 / 30	70~120 / 38	130~200 / 44
(M24)	24	30	36	48	45~50 / 25	55~75 / 35	80~120 / 46	130~200 / 52
(M30)	30	38	45	60	60~65 / 40	70~90 / 50	95~120 / 66	130~200 / 72	210~250 / 85
M36	35	45	54	72	65~75 / 45	80~110 / 60	120 / 78	130~200 / 84	210~300 / 97
M42	42	52	63	84	70~80 / 50	85~110 / 70	120 / 90	130~200 / 96	210~300 / 109
M48	48	60	72	96	80~90 / 60	95~110 / 80	120 / 102	130~200 / 108	210~300 / 121
l 系列	12、(14)、16、(18)、20、(22)、25、(28)、30、(32)、35、(38)、40、45、50、55、60、(65)、70、75、80、(85)、90、(95)、100~260(10 进位)、280、300							

注:1. 尽可能不采用括号内的规格。末端按 GB/T 2-2000 规定。
　 2. $b_m = 1d$,一般用于钢对钢;$b_m = (1.25—1.5)d$,一般用于钢对铸铁;$b_m = 2d$,一般用于钢对铝合金。

表 B-5 螺钉（一）

(单位：mm)

开槽盘头螺钉 (摘自 GB/T 67-2000)

开槽沉头螺钉 (摘自 GB/T 68-2000)

开槽半沉头螺钉 (摘自 GB/T 69-2000)

(无螺纹部分杆径 ≈ 中径或 = 螺纹大径)

标记示例：
螺钉 GB/T 67　M5×60
(螺纹规格 d = M5，l = 60，性能等级为 4.8 级，不经表面处理的开槽盘头螺钉)

螺纹规格 d	P	b_{min}	n 公称	r_f		k_{max}		d_{kmax}		t_{min}		$l_{范围}$		全螺纹时最大长度	
				GB/T 69	GB/T 67	GB/T 68 GB/T 69		GB/T 68 GB/T 69		GB/T 67	GB/T 68 GB/T 69	GB/T 67	GB/T 68 GB/T 69	GB/T 67	GB/T 68 GB/T 69
M2	0.4	25	0.5	0.5	4	1.2	1.3	4	3.8	0.5	0.4	2.5~20	3~20	30	
M3	0.5		0.8	0.7	6	1.65	1.8	5.6	5.5	0.7	0.6	4~30	5~30		
M4	0.7		1.2	1	9.5	2.7	2.4	8	8.4	1	1	5~40	6~40		
M5	0.8			1.2			3	9.5	9.3	1.2	1.1	6~50	8~50		
M6	1	38	1.6	1.4	12	3.3	3.6	12	12	1.4	1.2	8~60	8~60	40	45
M8	1.25		2	2	16.6	4.65	4.8	16	16	1.9	1.8	10~80			
M10	1.5		2.5	2.3	19.5	5	6	20	20	2.4	2				

l 系列　2，2.5，3，4，5，6，8，10，12，(14)，16，20~50(5 进位)，(55)，60，(65)，70，(75)，80

注：螺纹公差：6g；机械性能等级：4.8，5.8；产品等级：A。

表 B-6 螺钉（二）

（单位：mm）

标记示例：
螺钉 GB/T 71　M5×20
（螺纹规格 d = M5，l = 20，性能等级为 14H 级、表面氧化的开槽锥端紧定螺钉）

开槽锥端紧定螺钉（摘自 GB/T 71-2000）

开槽平端紧定螺钉（摘自 GB/T 73-2000）

开槽长圆柱端紧定螺钉（摘自 GB/T 75-2000）

螺纹规格 d	P	d_f	d_{tmax}	d_{pmax}	$n_{公称}$	t_{max}	z_{min}	$l_{范围}$		
								GB 71	GB 73	GB 75
M2	0.4	螺纹小径	0.2	1	0.25	0.84	1.25	3~10	2~10	3~10
M3	0.5		0.3	2	0.4	1.05	1.75	4~16	3~16	5~16
M4	0.7		0.4	2.5	0.6	1.42	2.25	6~20	4~20	6~20
M5	0.8		0.5	3.5	0.8	1.63	2.75	8~25	5~25	8~25
M6	1		1.5	4	1	2	3.25	8~30	6~30	8~30
M8	1.25		2	5.5	1.2	2.5	4.3	10~40	8~40	10~40
M10	1.5		2.5	7	1.6	3	5.3	12~50	10~50	12~50
M12	1.75		3	8.5	2	3.6	6.3	14~60	12~60	14~60
$l_{系列}$	2，2.5，3，4，5，6，8，10，12，(14)，16，20，25，30，5，40，45，50，(55)，60									

注：螺纹公差：6 g；机械性能等级：14H，22H；产品等级：A。

表 B-7 内六角圆柱头螺钉(摘自 GB/T 70.1-2000)　　　　　　　　(单位:mm)

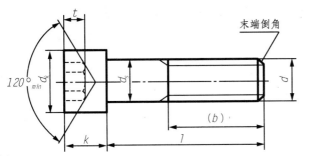
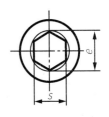

标记示例：
螺钉 GB/T 70.1　M5×20
(螺纹规格 d = M5、公称长度 l = 20、性能等级为 8.8 级、表面氧化的内六角圆柱头螺钉)

螺纹规格 d		M4	M5	M6	M8	M10	M12	M(14)	M16	M20	M24	M30	M36
螺距 P		0.7	0.8	1	1.25	1.5	1.75	2	2	2.5	3	3.5	4
$b_{参考}$		20	22	24	28	32	36	40	44	52	60	72	84
$d_{k\max}$	光滑头部	7	8.5	10	13	16	18	21	24	30	36	45	54
	滚花头部	7.22	8.72	10.22	13.27	16.27	18.27	21.33	24.33	30.33	36.39	45.39	54.46
$k_{\max}$		4	5	6	8	10	12	14	16	20	24	30	36
$t_{\min}$		2	2.5	3	4	5	6	7	8	10	12	15.5	19
$S_{公称}$		3	4	5	6	8	10	12	14	17	19	22	27
$e_{\min}$		3.44	4.58	5.72	6.86	9.15	11.43	13.72	16	19.44	21.73	25.15	30.35
$d_{s\max}$		4	5	6	8	10	12	14	16	20	24	30	36
$l_{范围}$		6~40	8~50	10~60	12~80	16~100	20~120	25~140	25~160	30~200	40~200	45~200	55~200
全螺纹时最大长度		25	25	30	35	40	45	55	55	65	80	90	100
$l_{系列}$		6、8、10、12、(14)、(16)、20~50(5 进位)、(55)、60、(65)、70~160(10 进位)、180、200											

注：1. 括号内的规格尽可能不用。末端按 GB/T 2-2000 规定。

2. 机械性能等级:8.8、12.9。

3. 螺纹公差:机械性能等级 8.8 级时为 6g,12.9 级时为 5g、6g。

4. 产品等级:A。

表 B-8 垫圈 (单位:mm)

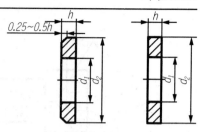

小垫圈—A 级(GB/T 848-2002)
平垫圈—A 级(GB/T 97.1-2000)
平垫圈—倒角型—A 级(GB/T 97.2-2000)

标记示例：
垫圈 GB/T 97.1
(标准系列、规格8、性能等级为140HV级、不经表面处理的平垫圈)

公称尺寸(螺纹规格d)		1.6	2	2.5	3	4	5	6	8	10	12	14	16	20	24	30	36
d_1	GB/T 848	1.7	2.2	2.7	3.2	4.3	5.3	6.4	8.4	10.5	13	15	17	21	25	31	37
	GB/T 97.1						5.3	6.4	8.4	10.5	13	15	17	21	25	31	37
	GB/T 97.2	—	—	—	—	—	5.3	6.4	8.4	10.5	13	15	17	21	25	31	37
d_2	GB/T 848	3.5	4.5	5	6	8	9	11	15	18	20	24	28	34	39	50	60
	GB/T 97.1	4	5	6	7	9	10	12	16	20	24	28	30	37	44	56	56
	GB/T 97.2	—	—	—	—	—	10	12	16	20	24	28	30	37	44	56	66
d_3	GB/T 848	0.3	0.3	0.5	0.5	0.5	1	1.6	1.6	1.6	2	2.5	2.5	3	4	4	5
	GB/T 97.1	0.3	0.3	0.5	0.5	0.5	1	1.6	1.6	1.6	2	2.5	2.5	3	4	4	5
	GB/T 97.2	—	—	—	—	—	1	1.6	1.6	1.6	2	2.5	2.5	3	4	4	5

表 B-9 标准型弹簧垫圈(摘自 GB/T 93-1987) (单位:mm)

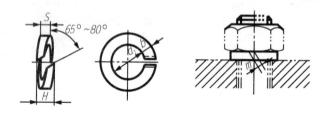

标记示例：
垫圈 GB/T 93-10
(规格10、材料为65Mn、表面氧化的标准型弹簧垫圈)

规格(螺纹大径)	4	5	6	8	10	12	16	20	24	30	36	42	48
d_{1min}	4.1	5.1	6.1	8.1	10.2	12.2	16.2	20.2	24.5	30.5	36.5	42.5	48.5
$S=b_{公称}$	1.1	1.3	1.6	2.1	2.6	3.1	4.1	5	6	7.5	9	10.5	12
$m\leqslant$	0.55	0.65	0.8	1.05	1.3	1.55	2.05	2.5	3	3.75	4.5	5.25	6
H_{max}	2.75	3.25	4	5.25	6.5	7.75	10.25	12.5	15	18.75	22.5	26.25	30

注：m 应大于零。

表 B-10　圆柱销（摘自 GB/T 119.1-2000）　　　　　　　　　　　　　　（单位：mm）

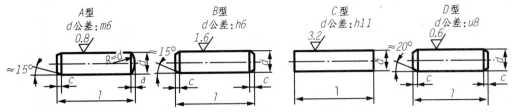

标记示例：

销 GB/T 119.1　6m6×30

（公称直径 $d=6$、公差为 m6、公称长度 $l=30$、材料为钢、不经表面处理的圆柱销）

销 GB/T 119.1　6m6×30-A1

（公称直径 $d=6$、公差为 m6、公称长度 $l=30$、材料为 A1 组奥氏体不锈钢、表面简单处理的圆柱销）

d（公称）m6/h8	2	3	4	5	6	8	10	12	16	20	25
$a\approx$	0.25	0.40	0.50	0.63	0.80	1.0	1.2	1.6	2.0	2.5	3.0
$c\approx$	0.35	0.5	0.63	0.8	1.2	1.6	2	2.5	3	3.5	4
l范围	6~20	8~30	8~40	10~50	12~60	14~80	18~95	22~140	26~180	35~200	50~200
l系列（公称）	2、3、4、5、6~32（2 进位）、35~100（5 进位）、120~≥200（按 20 递增）										

表 B-11　圆锥销（摘自 GB/T 117-2000）　　　　　　　　　　　　　　（单位：mm）

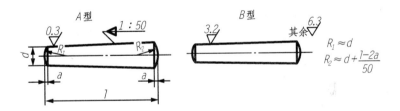

标记示例：

销 GB/T 117　10×60

（公称直径 $d=10$、长度 $l=60$、材料为 35 钢、热处理硬度 28~38HRC、表面氧化处理的 A 型圆锥销）

d公称	2	2.5	3	4	5	6	8	10	12	16	20	25
$a\approx$	0.25	0.3	0.4	0.5	0.63	0.8	1.0	1.2	1.6	2.0	2.5	3.0
l范围	10~35	10~35	12~45	14~55	18~60	22~90	22~120	26~160	32~180	40~200	45~200	50~200
l系列	2、3、4、5、6~32（2 进位）、35~100（5 进位）、120~200（20 进位）											

表 B-12 普通平键键槽的尺寸及公差（摘自 GB/T 1095—2003） (单位:mm)

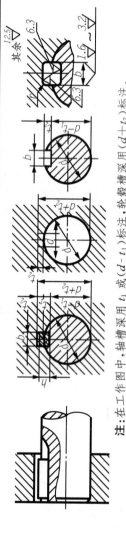

轴的直径 d	键尺寸 $b×h$	键槽 宽度 b					深度				半径 r	
		基本尺寸	极限偏差				轴 t_1		毂 t_2			
			正常连接		紧密连接	松连接		基本尺寸	极限偏差	基本尺寸	极限偏差	min	max
			轴 N9	毂 JS9	轴和毂 P9	轴 H9	毂 D10						
自 6~8	2×2	2	−0.004 −0.029	±0.0125	−0.006 −0.031	+0.025 0	+0.060 +0.020	1.2	+0.1 0	1	+0.1 0	0.08	0.16
>8~10	3×3	3						1.8		1.4			
>10~12	4×4	4	0 −0.030	±0.015	−0.012 −0.042	+0.030 0	+0.078 +0.030	2.5		1.8		0.16	0.25
>12~17	5×5	5						3.0		2.3			
>17~22	6×6	6						3.5		2.8			
>22~30	8×7	8	0 −0.036	±0.018	−0.015 −0.051	+0.036 0	+0.098 +0.040	4.0	+0.2 0	3.3	+0.2 0	0.25	0.40
>30~38	10×8	10						5.0		3.3			
>38~44	12×8	12	0 −0.043	±0.026	−0.018 −0.061	+0.043 0	+0.120 +0.050	5.0		3.3			
>44~50	14×9	14						5.5		3.8			
>50~58	16×10	16						6.0		4.3		0.40	0.60
>58~65	18×11	18						7.0		4.4			
>65~75	20×12	20	0 −0.052	±0.031	−0.022 −0.074	+0.052 0	+0.149 +0.065	7.5		4.9			
>75~85	22×14	22						9.0		5.4			
>85~95	25×14	25						9.0		5.4			
>95~110	28×16	28						10.0	+0.3 0	6.4	+0.3 0	0.70	1.0
>110~130	32×18	32						11.0		7.4			
>130~150	36×20	36	0 −0.062	±0.037	−0.026 −0.088	+0.062 0	+0.180 +0.080	12.0		8.4			
>150~170	40×22	40						13.0		9.4			
>170~200	45×25	45						15.0		10.4			

注：在工作图中，轴槽深用 t_1 或 $(d-t_1)$ 标注，轮毂槽深用 $(d+t_2)$ 标注。

注：$(d-t_1)$ 和 $(d+t_2)$ 两组组合尺寸的极限偏差按相应的 t_1 和 t_2 的极限偏差选取，但 $(d-t_1)$ 极限偏差应取负号(−)。

表 B-13 普通平键的尺寸及公差（摘自 GB/T 1096-2003） （单位：mm）

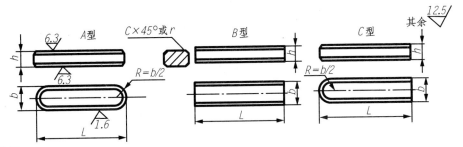

标记示例：
圆头普通平键(A)型、$b=18$ mm、$h=11$ mm、$L=100$ mm；GB/T 1096-2003 键 18×11×100
平头普通平键(B)型、$b=18$ mm、$h=11$ mm、$L=100$ mm；GB/T 1096-2003 键 B 18×11×100
单圆头普通平键(C)型、$b=18$ mm、$h=11$ mm、$L=100$ mm；GB/T 1096-2003 键 C 18×11×100

宽度 b	基本尺寸	2	3	4	5	6	8	10	12	14	16	18	20	22
	极限偏差(h8)	0 −0.014			0 −0.018			0 −0.022			0 −0.027			0 −0.033
高度 h	基本尺寸	2	3	4	5	6	7	8	8	9	10	11	12	14
	矩形极限偏差(h11)	—	—	—	—	—		0 −0.090				0 −0.010		
	方形极限偏差(h8)	0 −0.014		0 −0.018			—							
倒角或圆角 s		0.16～0.25			0.25～0.40			0.40～0.60				0.60～0.80		

长度 L 基本尺寸	极限偏差(h14)													
6	0 −0.36				—	—	—	—	—	—	—	—	—	—
8						—	—	—	—	—	—	—	—	—
10							—	—	—	—	—	—	—	—
12								—	—	—	—	—	—	—
14	0 −0.48							—	—	—	—	—	—	—
16									—	—	—	—	—	—
18									—	—	—	—	—	—
20										—	—	—	—	—
22	0 −0.52	—			标准					—	—	—	—	—
25		—									—	—	—	—
28		—										—	—	—

续表

32		—							—	—	—	—	—
36		—								—	—	—	—
40	0 −0.62	—	—							—	—	—	—
45		—	—			长度				—	—	—	—
50		—	—	—							—	—	—
56													—
63	0 −0.74	—	—		—								
70		—	—		—								
80		—	—	—		—							
90		—	—	—	—	—		范围					
100	0 −0.87	—	—	—	—	—	—						
110		—	—	—	—	—	—						
125		—	—	—	—	—	—						
140	0 −1.00	—	—	—	—	—	—						
160		—	—	—	—	—	—	—					
180		—	—	—	—	—	—	—	—				
200		—	—	—	—	—	—	—	—	—			
220	0 −1.15	—	—	—	—	—	—	—	—	—			
250		—	—	—	—	—	—	—	—	—	—		

表 B-14 半圆键(摘自 GB/T 1098-2003、GB/T 1099-2003)　　　　　　　　(单位:mm)

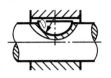

半圆键　键槽的剖面尺寸(摘自 GB/T 1098-2003)
普通型　半圆键(摘自 GB/T 1099-2003)

标记示例:

宽度 $b=6$ mm,高度 $h=10$ mm,直径 $D=25$ mm,普通型半圆键的标记为:
GB/T 1099.1 键 $6\times10\times25$

键尺寸				键槽				
b	h(h11)	D(h12)	c	轴		轮毂 t_2		半径 r
				t_1	极限偏差	t_2	极限偏差	
1.0	1.4	4	0.16~0.25	1.0	+0.1 0	0.6	+0.1 0	0.16~0.25
1.5	2.6	7		2.0		0.8		
2.0	2.6	7		1.8		1.0		
2.0	3.7	10		2.9		1.0		
2.5	3.7	10		2.7		1.2		
3.0	5.0	13	0.25~0.40	3.8	+0.2 0	1.4		0.25~0.40
3.0	6.5	16		5.3		1.4		
4.0	6.5	16		5.0		1.8		
4.0	7.5	19		6.0		1.8		
5.0	6.5	16		4.5		2.3		
5.0	7.5	19		5.5		2.3		
5.0	9.0	22		7.0		2.3		
6.0	9.0	22		6.5		2.8		
6.0	10.0	25		7.5	+0.3 0	2.8	+0.2 0	0.40~0.60
8.0	10.0	28	0.40~0.60	8.0		3.3		
10.0	13.0	32		10.0		3.3		

注:1. 在图样中,轴槽深用 t_1 或 $(d-t_1)$ 标注,轮毂槽深用 $(d+t_2)$ 标注。$(d-t_1)$ 和 $(d+t_2)$ 的两个组合尺寸的极限偏差按相应 t_1 和 t_2 的极限偏差选取,但 $(d-t_1)$ 极限偏差应为负偏差。

2. 键长 L 的两端允许倒成圆角,圆角半径 $r=0.15$-1.5 mm。

3. 键宽 b 的下偏差统一为"-0.025"。

表 B-15　滚动轴承　　　　　　　　　　　　　　　　　　　（单位：mm）

深沟球轴承（摘自 GB/T 276-1994）	圆锥滚子轴承（摘自 GB/T 297-1994）	推力球轴承（摘自 GB/T 301-1995）

标记示例：
滚动轴承 6308 GB/T 276-1994

标记示例：
滚动轴承 30209 GB/T 297-1994

标记示例：
滚动轴承 51205 GB/T 301-1995

轴承型号	尺寸/mm			轴承型号	尺寸/mm					轴承型号	尺寸/mm			
	d	D	B		d	D	B	C	T		d	D	T	d_1
尺寸系列[(0)2]				尺寸系列[02]						尺寸系列[12]				
6202	15	35	11	30203	17	40	12	11	13.25	51202	15	32	12	17
6203	17	40	12	30204	20	47	14	12	15.25	51203	17	35	12	19
6204	20	47	14	30205	25	52	15	13	16.25	51204	20	40	14	22
6205	25	52	15	30206	30	62	16	14	17.25	51205	25	47	15	27
6206	30	62	16	30207	35	72	17	15	18.25	51206	30	52	16	32
6207	35	72	17	30208	40	80	18	16	19.75	51207	35	62	18	37
6208	40	80	18	30209	45	85	19	16	20.75	51208	40	68	19	42
6209	45	85	19	30210	50	90	20	17	21.75	51209	45	73	20	47
6210	50	90	20	30211	55	100	21	18	22.75	51210	50	78	22	52
6211	55	100	21	30212	60	110	22	19	23.75	51211	55	90	25	57
6212	60	110	22	30213	65	120	23	20	24.75	51212	60	95	26	62
尺寸系列[(0)3]				尺寸系列[03]						尺寸系列[13]				
6302	15	42	13	30302	15	42	13	11	14.25	51304	20	47	18	22
6303	17	47	14	30303	17	47	14	12	15.25	51305	25	52	18	27
6304	20	52	15	30304	20	52	15	13	16.25	51306	30	60	21	32
6305	25	62	17	30305	25	62	17	15	18.25	51307	35	68	24	37
6306	30	72	19	30306	30	72	19	16	20.75	51308	40	78	26	42
6307	35	80	21	30307	35	80	21	18	22.75	51309	45	85	28	47
6308	40	90	23	30308	40	90	23	20	25.25	51310	50	95	31	52
6309	45	100	25	30309	45	100	25	22	27.25	51311	55	105	35	57
6310	50	110	27	30310	50	110	27	23	29.25	51312	60	110	35	62
6311	55	120	29	30311	55	120	29	25	31.50	51313	65	115	36	67
6312	60	130	31	30312	60	130	31	26	33.50	51314	70	125	40	72

注：圆括号中的尺寸系列代号在轴承代号中省略。

附录 C 极限与配合

表 C-1 基本尺寸小于 500 mm 的标准公差

(单位:μm)

基本尺寸/mm	公差等级																		
	IT01	IT0	IT1	IT2	IT3	IT4	IT5	IT6	IT7	IT8	IT9	IT10	IT11	IT12	IT13	IT14	IT15	IT16	IT17	IT18
≤3	0.3	0.5	0.8	1.2	2	3	4	6	10	14	25	40	60	100	140	250	400	600	1000	1400
>3~6	0.4	0.6	1	1.5	2.5	4	5	8	12	18	30	48	75	120	180	300	480	750	1200	1800
>6~10	0.4	0.6	1	1.5	2.5	4	6	9	15	22	36	58	90	150	220	360	580	900	1500	2200
>10~18	0.5	0.8	1.2	2	3	5	8	11	18	27	43	70	110	180	270	430	700	1100	1800	2700
>18~30	0.6	1	1.5	2.5	4	6	9	13	21	33	52	84	130	210	330	520	840	1300	2100	3300
>30~50	0.7	1	1.5	2.5	4	7	11	16	25	39	62	100	160	250	390	620	1000	1600	2500	3900
>50~80	0.8	1.2	2	3	5	8	13	19	30	46	74	120	190	300	460	740	1200	1900	3000	4600
>80~120	1	1.5	2.5	4	6	10	15	22	35	54	87	140	220	350	540	870	1400	2200	3500	5400
>120~180	1.2	2	3.5	5	8	12	18	25	40	63	100	160	250	400	630	1000	1600	2500	4000	6300
>180~250	2	3	4.5	7	10	14	20	29	46	72	115	185	290	460	720	1150	1850	2900	4600	7200
>250~315	2.5	4	6	8	12	16	23	32	52	81	130	210	320	20	810	1300	2100	3200	5200	8100
>315~400	3	5	7	9	13	18	25	36	57	89	140	230	360	570	890	1400	2300	3600	5700	8900
>400~500	4	6	8	10	15	20	27	40	68	97	155	250	400	630	970	1550	2500	4000	6300	9700

表 C-2 轴的极限偏差（摘自 GB/T 1800.4-1999）

（单位：μm）

常用及优先公差带（带圈者为优先公差带）

基本尺寸/mm	a	b		c				d				e			
	11	11	12	9	10	⑪	8	⑨	10	11	7	8	9
>0~3	-270 -330	-140 -200	-140 -240	-60 -85	-60 -100	-60 -120	-20 -34	-20 -45	-20 -60	-20 -80	-14 -24	-14 -28	-14 -39
>3~6	-270 -345	-140 -215	-140 -260	-70 -100	-70 -118	-70 -145	-30 -48	-30 -60	-30 -78	-30 -105	-20 -32	-20 -38	-20 -50
>6~10	-280 -370	-150 -240	-150 -300	-80 -116	-80 -138	-80 -170	-40 -62	-40 -76	-40 -98	-40 -130	-25 -40	-25 -47	-25 -61
>10~14 >14~18	-290 -400	-150 -260	-150 -330	-95 -138	-95 -165	-95 -205	-50 -77	-50 -93	-50 -120	-50 -160	-32 -50	-32 -59	-32 -75
>18~24 >24~30	-300 -430	-160 -290	-160 -370	-110 -162	-110 -194	-110 -240	-65 -98	-65 -117	-65 -149	-65 -195	-40 -61	-40 -73	-40 -92
>30~40	-310 -470	-170 -330	-170 -420	-120 -182	-120 -220	-120 -280	-80 -119	-80 -142	-80 -180	-80 -240	-50 -75	-50 -89	-50 -112
>40~50	-320 -480	-180 -340	-180 -430	-130 -192	-130 -230	-130 -290							
>50~65	-340 -530	-190 -380	-190 -490	-140 -214	-140 -260	-140 -330	-100 -146	-100 -174	-100 -220	-100 -290	-60 -90	-60 -106	-60 -134
>65~80	-360 -550	-200 -390	-200 -500	-150 -224	-150 -270	-150 -340							
>80~100	-380 -600	-220 -440	-220 -570	-170 -257	-170 -310	-170 -390	-120 -174	-120 -207	-120 -260	-120 -340	-72 -109	-72 -126	-72 -159
>100~120	-410 -630	-240 -460	-240 -590	-180 -267	-180 -320	-180 -400							

续表

常用及优先公差带（带圈者为优先公差带）

基本尺寸/mm	a	b		c				d			e		
	11	11	12	9	10	⑪	8	⑨	10	11	7	8	9
>120~140	-460 -710	-260 -510	-260 -660	-200 -300	-200 -360	-200 -450	-145 -208	-145 -245	-145 -305	-145 -395	-85 -125	-85 -148	-85 -185
>140~160	-520 -770	-280 -530	-280 -680	-210 -310	-210 -370	-210 -460							
>160~180	-580 -830	-310 -560	-310 -710	-230 -330	-230 -390	-230 -480							
>180~200	-660 -950	-340 -630	-340 -800	-240 -355	-240 -425	-240 -530	-170 -242	-170 -285	-170 -355	-170 -460	-100 -146	-100 -172	-100 -215
>200~225	-740 -1030	-380 -670	-380 -840	-260 -375	-260 -445	-260 -550							
>225~250	-820 -1110	-420 -710	-420 -880	-280 -395	-280 -465	-280 -570							
>250~280	-920 -1240	-480 -800	-480 -1000	-300 -430	-300 -510	-300 -620	-190 -271	-190 -320	-190 -400	-190 -510	-110 -162	-110 -191	-110 -240
>280~315	-1050 -1370	-540 -860	-540 -1060	-330 -460	-330 -540	-330 -650							
>315~355	-1200 -1560	-600 -960	-600 -1170	-360 -500	-360 -590	-360 -720	-210 -299	-210 -350	-210 -440	-210 -570	-125 -182	-125 -214	-125 -265
>355~400	-1350 -1710	-680 -1040	-680 -1250	-400 -540	-400 -630	-400 -760							
>400~450	-1500 -1900	-760 -1160	-760 -1390	-440 -595	-440 -690	-440 -840	-230 -327	-230 -385	-230 -480	-230 -630	-135 -198	-135 -232	-135 -290
>450~500	-1650 -2050	-840 -1240	-840 -1470	-480 -635	-480 -730	-480 -880							

续表

常用及优先公差带（带圈者为优先公差带）

基本尺寸/mm	f					g			h							
	5	6	③	8	9	5	⑥	7	5	⑥	⑦	8	⑨	10	⑪	12
>0~3	-6 -10	-6 -12	-6 -16	-6 -20	-6 -31	-2 -6	-2 -8	-2 -12	0 -4	0 -6	0 -10	0 -14	0 -25	0 -40	0 -60	0 -100
>3~6	-10 -15	-10 -18	-10 -22	-10 -28	-10 -40	-4 -9	-4 -12	-4 -16	0 -5	0 -8	0 -12	0 -18	0 -30	0 -48	0 -75	0 -120
>6~10	-13 -19	-13 -22	-13 -28	-13 -35	-13 -49	-5 -11	-5 -14	-5 -20	0 -6	0 -9	0 -15	0 -22	0 -36	0 -58	0 -90	0 -150
>10~14	-16 -24	-16 -27	-16 -34	-16 -43	-16 -59	-6 -14	-6 -17	-6 -24	0 -8	0 -11	0 -18	0 -27	0 -43	0 -70	0 -110	0 -180
>14~18																
>18~24	-20 -29	-20 -33	-20 -41	-20 -53	-20 -72	-7 -16	-7 -20	-7 -28	0 -9	0 -13	0 -21	0 -33	0 -52	0 -84	0 -130	0 -210
>24~30																
>30~40	-25 -36	-25 -41	-25 -50	-25 -64	-25 -87	-9 -20	-9 -25	-9 -34	0 -11	0 -16	0 -25	0 -39	0 -62	0 -100	0 -160	0 -250
>40~50																
>50~65	-30 -43	-30 -49	-30 -60	-30 -76	-30 -104	-10 -23	-10 -29	-10 -40	0 -13	0 -19	0 -30	0 -46	0 -74	0 -120	0 -190	0 -300
>65~80																
>80~100	-36 -51	-36 -58	-36 -71	-36 -90	-36 -123	-12 -27	-12 -34	-12 -47	0 -15	0 -22	0 -35	0 -54	0 -87	0 -140	0 -220	0 -350
>100~120																

续表

常用及优先公差带（带圈者为优先公差带）

基本尺寸/mm	f					g			h							
	5	6	③	8	9	5	⑥	7	5	⑥	⑦	8	⑨	10	⑪	12
>120~140	−43 −61	−43 −68	−43 −83	−43 −106	−43 −143	−14 −32	−14 −39	−14 −54	0 −18	0 −25	0 −40	0 −63	0 −100	0 −160	0 −250	0 −400
>140~160																
>160~180																
>180~200	−50 −70	−50 −79	−50 −96	−50 −122	−50 −165	−15 −35	−15 −44	−15 −61	0 −20	0 −29	0 −46	0 −72	0 −115	0 −185	0 −290	0 −460
>200~225																
>225~250																
>250~280	−56 −79	−56 −88	−56 −108	−56 −137	−56 −186	−17 −40	−17 −49	−17 −69	0 −23	0 −32	0 −52	0 −81	0 −130	0 −210	0 −320	0 −520
>280~315																
>315~355	−62 −87	−62 −98	−62 −119	−62 −151	−18 202	−18 −43	−18 −54	−18 −75	0 −25	0 −36	0 −57	0 −89	0 −140	0 −230	0 −360	0 −570
>355~400																
>400~450	−68 −95	−68 −108	−68 −131	−68 −165	−68 −223	−20 −47	−20 −60	−20 −83	0 −27	0 −40	0 −63	0 −97	0 −155	0 −250	0 −400	0 −630
>450~500																

续表

常用及优先公差带（带圈者为优先公差带）

基本尺寸/mm	js ⑥	js 7	js 5	k 5	k ⑥	k 7	m 5	m 6	m 7	n 5	n ⑥	n 7	p 5	p ⑥	p 7
>0~3	±2	±3	±5	+4 0	+6 0	+10 0	+6 +2	+8 +2	+12 +2	+8 +4	+10 +4	+14 +4	+10 +6	+12 +6	+16 +6
>3~6	±2.5	±4	±6	+6 +1	+9 +1	+13 +1	+9 +4	+12 +4	+16 +4	+13 +8	+16 +8	+20 +8	+17 +12	+20 +12	+24 +12
>6~10	±3	±4.5	±7	+7 +1	+10 +1	+16 +1	+12 +6	+15 +6	+21 +6	+16 +10	+19 +10	+25 +10	+21 +15	+24 +15	+30 +15
>10~14 >14~18	±4	±5.5	±9	+9 +1	+12 +1	+19 +1	+15 +7	+18 +7	+25 +7	+20 +12	+23 +12	+30 +12	+26 +18	+29 +18	+36 +18
>18~24 >24~30	±4.5	±6.5	±10	+11 +2	+15 +2	+23 +2	+17 +8	+21 +8	+29 +8	+24 +15	+28 +15	+36 +15	+31 +22	+35 +22	+43 +22
>30~40 >40~50	±5.5	±8	±12	+13 +2	+18 +2	+27 +2	+20 +9	+25 +9	+34 +9	+28 +17	+33 +17	+42 +17	+37 +26	+42 +26	+51 +26
>50~65 >65~80	±6.5	±9.5	±15	+15 +2	+21 +2	+32 +2	+24 +11	+30 +11	+41 +11	+33 +20	+39 +20	+50 +20	+45 +32	+51 +32	+61 +32
>80~100 >100~120	±7.5	±11	±17	+18 +3	+25 +3	+38 +3	+28 +13	+35 +13	+48 +13	+38 +23	+45 +23	+48 +13	+52 +37	+59 +37	+72 +37

续表

常用及优先公差带（带圈者为优先公差带）

基本尺寸/mm	js			k			m			n			p		
	5	⑥	7	5	⑥	7	5	6	7	5	⑥	7	5	⑥	7
>120~140	±9	±12.5	±20	+21 +3	+28 +3	+43 +3	+33 +15	+40 +15	+55 +15	+45 +27	+52 +27	+67 +27	+61 +43	+68 +43	+83 +43
>140~160															
>160~180															
>180~200	±10	±14.5	±23	+24 +4	+33 +4	+50 +4	+37 +17	+46 +17	+63 +17	+51 +31	+60 +31	+77 +31	+70 +50	+79 +50	+96 +50
>200~225															
>225~250															
>250~280	±11.5	±16	±26	+27 +4	+36 +4	+56 +4	+43 +20	+52 +20	+72 +20	+57 +34	+66 +34	+86 +34	+79 +56	+88 +56	+108 +56
>280~315															
>315~355	±12.5	±8	±28	+29 +4	+40 +4	+61 +4	+46 +21	+57 +21	+78 +21	+62 +37	+73 +37	+94 +37	+87 +62	+98 +62	+119 +62
>355~400															
>400~450	±13.5	±20	±31	+32 +5	+45 +5	+68 +5	+50 +23	+63 +23	+86 +23	+67 +40	+80 +40	+103 +40	+95 +68	+108 +68	+131 +68
>450~500															

续表

常用及优先公差带（带圈者为优先公差带）

基本尺寸/mm	r			s			t			u		v	x	y	z
	5	6	7	5	6	7	5	6	7	⑥	7	6	6	6	6
>0~3	+14/+10	+16/+10	+20/+10	+18/+14	+20/+14	+24/+14	—	—	—	+24/+18	+28/+18	—	+26/+20	—	+32/+26
>3~6	+20/+15	+23/+15	+27/+15	+24/+19	+27/+19	+31/+19	—	—	—	+31/+23	+35/+23	—	+36/+28	—	+43/+35
>6~10	+25/+19	+28/+19	+34/+19	+29/+23	+32/+23	+38/+23	—	—	—	+37/+28	+43/+28	—	+43/+34	—	+51/+42
>10~14	+31/+23	+34/+23	+41/+23	+36/+28	+39/+28	+46/+28	—	—	—	+44/+33	+51/+33	—	+51/+40	—	+61/+50
>14~18	+31/+23	+34/+23	+41/+23	+36/+28	+39/+28	+46/+28	—	—	—	+44/+33	+51/+33	+50/+39	+56/+45	—	+71/+60
>18~24	+37/+28	+41/+28	+49/+28	+44/+35	+48/+35	+56/+35	—	—	—	+54/+41	+62/+41	+60/+47	+67/+54	+76/+63	+86/+73
>24~30	+37/+28	+41/+28	+49/+28	+44/+35	+48/+35	+56/+35	+50/+41	+54/+41	+62/+41	+61/+48	+69/+48	+68/+55	+77/+64	+88/+75	+101/+88
>30~40	+45/+34	+50/+34	+59/+34	+54/+43	+59/+43	+68/+43	+59/+48	+64/+48	+73/+48	+76/+60	+85/+60	+84/+68	+96/+80	+110/+94	+128/+112
>40~50	+45/+34	+50/+34	+59/+34	+54/+43	+59/+43	+68/+43	+65/+54	+70/+54	+79/+54	+86/+70	+95/+70	+97/+81	+113/+97	+130/+114	+152/+136
>50~65	+54/+41	+60/+41	+71/+41	+66/+53	+72/+53	+83/+53	+79/+66	+85/+66	+96/+66	+106/+87	+117/+87	+121/+102	+141/+122	+163/+144	+191/+172
>65~80	+56/+43	+62/+43	+73/+43	+72/+59	+78/+59	+89/+59	+88/+75	+94/+75	+105/+75	+121/+102	+132/+102	+139/+120	+165/+146	+193/+174	+229/+210
>80~100	+66/+51	+73/+51	+86/+51	+86/+71	+93/+71	+106/+71	+106/+91	+113/+91	+126/+91	+146/+124	+159/+124	+168/+146	+200/+178	+236/+214	+280/+258
>100~120	+69/+54	+76/+54	+89/+54	+94/+79	+101/+79	+114/+79	+110/+104	+126/+104	+136/+104	+166/+144	+179/+144	+194/+172	+232/+210	+276/+254	+332/+310

续表

基本尺寸/mm	常用及优先公差带（带圈者为优先公差带）															
	r			s			t			u			v	x	y	z
	5	6	7	5	⑥	7	5	6	7	⑥	7	6	6	6	6
>120~140	+81 +63	+88 +63	+103 +63	+110 +92	+117 +92	+132 +92	+140 +122	+147 +122	+162 +122	+195 +170	+210 +170	227 +202	+273 +248	+325 +300	+390 +365
>140~160	+83 +65	+90 +65	−105 +65	+118 +100	+125 +100	+140 +100	+152 +134	+159 +134	+174 +134	+215 +190	+230 +190	+253 +228	+305 +280	+365 +340	+440 +415
>160~180	+86 +68	+93 +68	+108 +68	+126 +108	+133 +108	+148 +108	+164 +146	+171 +146	+186 +146	+235 +210	+250 +210	+277 +252	+335 +310	+405 +380	+490 +465
>180~200	+97 +77	+106 +77	+123 +77	+142 +122	+151 +122	+168 +122	+186 +166	+195 +166	+212 +166	+265 +236	+282 +236	+313 +284	+379 +350	+454 +425	+549 +520
>200~225	+100 +80	+109 +80	+126 +80	+150 +130	+159 +130	+176 +130	+200 +180	+209 +180	+226 +180	+287 +258	+304 +258	+339 +310	+414<>+385	+449 +470	+604 +575
>225~250	+104 +84	+113 +84	+130 +84	+160 +140	+169 +140	+186 +140	+216 +196	+225 +196	+242 +196	+313 +284	+330 +284	+369 +340	+454 +425	+549 +520	+669 +640
>250~280	+117 +94	+126 +94	+146 +94	+181 +158	+190 +158	+210 +158	+241 +218	+250 +218	+270 +218	+347 +315	+367 +315	+417 +385	+507 +475	+612 +580	+742 +710
>280~315	+121 +98	+130 +98	+150 +98	+193 +170	+202 +170	+222 +170	+263 +240	+272 +240	+292 +240	+382 +350	+402 +350	+457 +425	+557 +525	+682 +650	+822 +790
>315~355	+133 +108	+144 +108	+165 +108	+215 +190	+226 +190	+247 +190	+293 +268	+304 +268	+325 +268	+426 +390	+447 +390	+511 +475	+626 +590	+766 +730	+936 +900
>355~400	+139 +114	+150 +114	+171 +114	+233 +208	+244 +208	+265 +208	+319 +294	+330 +294	+351 +294	+471 +435	+492 +435	+566 +530	+696 +660	+856 +820	+1036 +1000
>400~450	+153 +126	+166 +126	+189 +126	+259 +232	+272 +232	+295 +232	+357 +330	+370 +330	+393 +330	+530 +490	+553 +490	+635 +595	+780 +740	+960 +920	+1140 +1100
>450~500	+159 +132	+173 +132	+195 +132	+279 +252	+292 +252	+315 +252	+387 +360	+400 +360	+423 +360	+580 +540	+603 +540	+700 +660	+860 +820	+1040 +1000	+1290 +1250

注：基本尺寸小于1 mm时，各级的a和b均不采用。

表 C-3 孔的极限偏差（摘自 GB/T 1800.4-1999） （单位：μm）

基本尺寸/mm	A	B	B	C	C	常用及优先公差带（带圈者为优先公差带） D					E	E	F	F	F
	11	11	12	⑪	8	⑨	10	11	8	9	6	7	⑧	9
>0~3	+330 +270	+200 +140	+240 +140	+120 +60	+34 +20	+45 +20	+60 +20	+80 +20	+28 +14	+39 +14	+12 +6	+16 +6	+20 +6	+31 +6
>3~6	+345 +270	+215 +140	+260 +140	+145 +70	+48 +30	+69 +30	+78 +30	+105 +30	+38 +20	+50 +20	+18 +10	+22 +10	+28 +10	+40 +10
>6~10	+370 +280	+240 +150	+300 +150	+170 +80	+62 +40	+76 +40	+98 +40	+130 +40	+47 +25	+61 +25	+22 +13	+28 +13	+35 +13	+49 +13
>10~14 >14~18	+400 +290	+260 +150	+330 +150	+205 +95	+77 +50	+93 +50	+120 +50	+160 +50	+59 +32	+75 +32	+27 +16	+34 +16	+43 +16	+59 +16
>18~24 >24~30	+430 +300	+290 +160	+370 +160	+240 +110	+98 +65	+117 +65	+149 +65	+195 +65	+73 +40	+92 +40	+33 +20	+41 +20	+53 +20	+72 +20
>30~40	+470 +310	+330 +170	+420 +170	+280 +170	+119 +80	+142 +80	+180 +80	+240 +80	+89 +50	+112 +50	+41 +25	+50 +25	+64 +25	+87 +25
>40~50	+480 +320	+340 +180	+430 +180	+290 180										
>50~65	+530 +340	+380 +190	+490 +190	+330 +140	+146 +100	+170 +100	+220 +100	+290 +100	+106 +6	+134 +80	+49 +30	+60 +30	+76 +30	+104 +30
>65~80	+550 +360	+390 +200	+500 +200	+340 +150										
>80~100	+600 +380	+440 +220	+570 +220	+390 +170	+174 +120	+207 +120	+260 +120	+340 +120	+126 +72	+159 +72	+58 +36	+71 +36	+90 +36	+123 +36
>100~120	+630 +410	+460 +240	+590 +240	+400 +180										

续表

常用及优先公差带（带圈者为优先公差带）

基本尺寸/mm	A	B		C			D			E		F		
	11	11	12	⑪	8	⑨	10	⑪	8	9	6	7	⑧	9
>120~140	+710 +460	+510 +260	+660 +260	+450 +200	+208 +145	+245 +145	+305 +145	+395 +145	+148 +85	+135 +83	+68 +43	+83 +43	+106 +43	+143 +43
>140~160	+770 +520	+530 +280	+680 +280	+460 +210										
>160~180	+830 +580	+560 +310	+710 +310	+480 +230										
>180~200	+950 +660	+630 +340	+800 +340	+530 +240	+242 +170	+285 +170	+355 +170	+460 +170	+172 +100	+215 +100	+79 +50	+96 +50	+122 +50	+165 +50
>200~225	+1030 +740	+670 +380	+840 +380	+550 +260										
>225~250	+1110 +820	+710 +420	+880 +420	+570 +280										
>250~280	+1240 +920	+800 +480	+1000 +480	+620 +300	+271 +190	+320 +190	+400 +190	+510 +190	+191 +110	+240 +110	+88 +56	+108 +56	+137 +56	+186 +56
>280~315	+1370 +1050	+860 +540	+1060 +540	+650 +330										
>315~355	+1560 +1200	+900 +600	+1170 +600	+720 +360	+299 +210	+350 +210	+440 +210	+570 +210	+214 +125	+265 +125	+98 +62	+119 +62	+151 +62	+202 +62
>355~400	+1710 +1350	+1040 +680	+1250 +680	+760 +400										
>400~450	+1900 +1500	+1160 +760	+1390 +760	+840 +440	+327 +230	+385 +230	+480 +230	+630 +230	+232 +135	+290 +135	+108 +68	+131 +68	+165 +68	+223 +68
>450~500	+2050 +1650	+1240 +840	+1470 +840	+880 +480										

续表

基本尺寸/mm	常用及优先公差带（带圈者为优先公差带）																		
	G			H						J			K			M			
	6	⑦	6	⑥	⑦	⑧	⑨	10	⑪	12	6	7	8	6	⑦	8	6	7	8
>0~3	+8 +2	+12 +2	+6 0	+10 0	+14 0	+25 0	+40 0	+60 0	+100 0	±3	±5	±7	0 −6	0 −10	0 −14	−2 −8	−2 −12	−2 −16
>3~6	+12 +4	+16 +4	+8 0	+12 0	+18 0	+30 0	+48 0	+75 0	+120 0	±4	6±	±9	+2 −6	+3 −9	+5 −13	−1 −9	0 −12	+2 −16
>6~10	+14 +5	+20 +5	+9 0	+15 0	+22 0	+36 0	+58 0	+90 0	+150 0	±4.5	±7	±11	+2 −7	+5 −10	+6 −16	−3 −12	0 −15	+1 −21
>10~14 >14~18	+17 +6	+24 +6	+11 0	+18 0	+27 0	+43 0	+70 0	+110 0	+180 0	±5.5	±9	±13	+2 −9	+6 −12	+8 −19	−4 −15	0 −18	+2 −25
>18~24 >24~30	+20 +7	+28 +7	+13 0	+21 0	+33 0	+52 0	+84 0	+130 0	+210 0	±6.5	±10	±16	+2 −11	+6 −15	+10 −23	−4 −17	0 −21	+4 −29
>30~40 >40~50	+25 +9	+34 +9	+16 0	+25 0	+39 0	+62 0	+100 0	+160 0	+250 0	±8	±12	±19	+3 −13	+7 −18	+12 −27	−4 −20	0 −25	+5 −34
>50~65 >65~80	+29 +10	+40 +10	+19 0	+30 0	+46 0	+74 0	+120 0	+190 0	+300 0	±9.5	±15	±23	+4 −15	+9 −21	+14 −32	−5 −24	0 −30	+5 −41
>80~100 >100~120	+34 +12	+47 +12	+22 0	+35 0	+54 0	+87 0	+140 0	+220 0	+350 0	±11	±17	±27	+4 −18	+10 −25	+16 −38	−6 −28	0 −35	+6 −48
>120~140 >140~160	+39 +14	+54 +14	+25 0	+40 0	+63 0	+100 0	+160 0	+250 0	+400 0	±12.5	±20	±31	+4 −21	+12 −28	+20 −43	−8 −33	0 −40	+8 −55
>180~200 >200~225	+44 +15	+61 +15	+29 0	+46 0	+72 0	+115 0	+185 0	+290 0	+460 0	±14.5	±23	±36	+5 −24	+13 −33	+22 −50	−8 −37	0 −46	+9 −63
>250~280 >280~315	+49 +17	+69 +17	+32 0	+52 0	+81 0	+130 0	+210 0	+320 0	+520 0	±16	±26	±40	+5 −27	+16 −36	+25 −56	−9 −41	0 −52	+9 −72
>315~355 >355~400	+54 +18	+75 +18	+36 0	+57 0	+89 0	+140 0	+230 0	+360 0	+570 0	±18	±28	±44	+7 −29	+17 −40	+28 −61	−10 −46	0 −57	+11 −78
>400~450 >450~500	+60 +20	+83 +20	+40 0	+63 0	+97 0	+155 0	+250 0	+400 0	+630 0	±20	±31	±48	+8 −32	+18 −45	+29 −68	−10 −50	0 −63	+11 −86

续表

常用及优先公差带（带圈者为优先公差带）

基本尺寸/mm	N			P		R		S		T		U
	6	⑦	8	⑥	⑦	6	⑦	6	⑦	6	7	⑦
>0~3	−4 −10	−4 −14	−4 −18	−6 −12	−6 −16	−10 −16	−10 −20	−14 −20	−14 −24	—	—	−18 −28
>3~6	−5 −13	−4 −16	−2 −20	−9 −17	−8 −20	−12 −20	−11 −23	−16 −24	−15 −27	—	—	−19 −31
>6~10	−7 −16	−4 −19	−3 −25	−12 −21	−9 −24	−16 −25	−13 −28	−20 −29	−17 −32	—	—	−22 −37
>10~14	−9 −20	−5 −23	−3 −30	−15 −26	−11 −29	−20 −31	−16 −34	−25 −36	−21 −39	—	—	−26 +44
>14~18												
>18~24	−11 −24	−7 −28	−3 −36	−18 −31	−14 −35	−24 −37	−20 −41	−31 −44	−27 −48	—	—	−33 −54
>24~30										−37 −50	−33 −54	−40 −61
>30~40	−12 −28	−8 −33	−3 −42	−21 −37	−17 −42	−29 −45	−25 −50	−38 −54	−34 −59	−43 −59	−39 −64	−51 −76
>40~50										−49 −65	−45 −70	−61 −86
>50~65	−14 −33	−9 −39	−4 −50	−26 −45	−21 −51	−35 −54	−30 −60	−47 −66	−42 −72	−60 −79	−55 −85	−76 −106
>65~80						−37 −56	−32 −62	−53 −72	−48 −78	−69 −88	−64 −94	−91 −121
>80~100	−16 −38	−10 −45	−4 −58	−30 −52	−24 −59	−44 −66	−38 −73	−64 −86	−58 −93	−84 −106	−78 −113	−111 −146
>100~120						−47 −69	−41 −76	−72 −94	−66 −101	−97 −119	−91 −126	−131 −166

续表

常用及优先公差带（带圈者为优先公差带）

基本尺寸/mm	N 6	N ⑦	N 8	P 6	P ⑦	R 6	R 7	R 6	S 7	S ⑦	T 6	T 7	U ⑦
>120~140	−20/−45	−12/−52	−4/−67	−36/−61	−28/−68	−56/−81	−48/−88	−85/−110	−77/−117	−115/−140	−107/−147	−155/−195
>140~160						−58/−83	−50/−90	−93/−118	−85/−125	−127/−152	−119/−159	−175/−215
>160~180						−61/−86	−53/−93	−101/−126	−93/−133	−139/−164	−131/−171	−195/−235
>180~200	−22/−51	−14/−60	−5/−77	−41/−70	−33/−79	−68/−97	−60/−106	−113/−142	−105/−151	−157/−186	−149/−195	−219/−265
>200~225						−71/−100	−63/−109	−121/−150	−113/−159	−171/−200	−163/−209	−241/−287
>225~250						−75/−104	−67/−113	−131/−160	−123/−169	−187/−216	−179/−225	−267/−313
>250~280	−25/−57	−14/−66	−5/−86	−47/−79	−36/−88	−85/−117	−74/−126	−149/−181	−138/−190	−209/−241	−198/−250	−295/−347
>280~315						−89/−121	−78/−130	−161/−193	−150/−202	−231/−263	−220/−272	−330/−382
>315~355	−26/−62	−16/−73	−5/−94	−51/−87	−41/−98	−97/−133	−87/−144	−179/−215	−169/−226	−257/−293	−247/−304	−369/−426
>355~400						−103/−139	−93/−150	−197/−233	−187/−244	−283/−319	−273/−330	−414/−471
>400~450	−27/−67	−17/−80	−6/−103	−55/−95	−45/−108	−113/−153	−103/−166	−219/−259	−209/−272	−317/−357	−307/−370	−467/−530
>450~500						−119/−159	−109/−172	−239/−279	−229/−279	−347/−387	−337/−400	−517/−580

注：基本尺寸小于 1 mm 时，各级的 A 和 B 均不采用。

表 C-4 形位公差的公差数值（摘自 GB/T 1184-1996）

公差项目	主参数 L/mm	公差等级 公差值/μm											
		1	2	3	4	5	6	7	8	9	10	11	12
直线度、平面度	≤10	0.2	0.4	0.8	1.2	2	3	5	8	12	20	30	60
	>10~16	0.25	0.5	1	1.5	2.5	4	6	10	15	25	40	80
	>16~25	0.3	0.6	1.2	2	3	5	8	12	20	30	50	100
	>25~40	0.4	0.8	1.5	2.5	4	6	10	15	25	40	60	120
	>40~63	0.5	1	2	3	5	8	12	20	30	50	80	150
	>63~100	0.6	1.2	2.5	4	6	10	15	25	40	60	100	200
	>100~160	0.8	1.5	3	5	8	12	20	30	50	80	120	250
	>160~250	1	2	4	6	10	15	25	40	60	100	150	300
圆度、圆柱度	≤3	0.2	0.3	0.5	0.8	1.2	2	3	4	6	10	14	25
	>3~6	0.2	0.4	0.6	1	1.5	2.5	4	5	8	12	18	30
	>6~10	0.25	0.4	0.6	1	1.5	2.5	4	6	9	15	22	36
	>10~18	0.25	0.5	0.8	1.2	2	3	5	8	11	18	27	43
	>18~30	0.3	0.6	1	1.5	2.5	4	6	9	13	21	33	52
	>30~50	0.4	0.6	1.2	1.5	2.5	4	7	11	16	25	39	62
	>50~80	0.5	0.8	1.5	2	3	5	8	13	19	30	46	74
	>80~120	0.6	1	2	2.5	4	6	10	15	22	35	54	87
	>120~180	1	1.2	2	3.5	5	8	12	18	25	40	63	100
	>180~250	1.2	2	3	4.5	7	10	14	20	29	46	72	115

续表

公差项目	主参数 L/mm	公差等级 公差值/μm											
		1	2	3	4	5	6	7	8	9	10	11	12
平行度、垂直度、倾斜度	≤10	0.4	0.8	1.5	3	5	8	12	20	30	50	80	120
	>10~16	0.5	1	2	4	6	10	15	25	40	60	100	150
	>16~25	0.6	1.2	2.5	5	8	12	20	30	50	80	120	200
	>25~40	0.8	1.5	3	6	10	15	25	40	60	100	150	250
	>40~63	1	2	4	8	12	20	30	50	80	120	200	300
	>63~100	1.2	2.5	5	10	15	25	40	60	100	150	250	400
	>100~160	1.5	3	6	12	20	30	50	80	120	200	300	500
	>160~250	2	4	8	15	25	40	60	100	150	250	400	600
同轴度、对称度、圆跳动、全跳动	≤1	0.4	0.6	1.0	1.5	2.5	4	6	10	15	25	40	60
	>1~3	0.4	0.6	1.0	1.5	2.5	4	6	10	20	40	60	120
	>3~6	0.5	0.8	1.2	2	3	5	8	12	25	50	80	150
	>6~10	0.6	1	1.5	2.5	4	6	10	15	30	60	100	200
	>10~18	0.8	1.2	2	3	5	8	12	20	40	80	120	250
	>18~30	1	1.5	2.5	4	6	10	15	25	50	100	150	300
	>30~50	1.2	2	3	5	8	12	20	30	60	120	200	400
	>50~120	1.5	2.5	4	6	10	15	25	40	80	150	250	500

附录 D 标准结构

表 D-1 中心孔表示法(摘自 GB/T 4459.5—1999)　　　　　　　　　　(单位:mm)

	R 型	A 型	B 型	C 型
型式及标记示例	GB/T 4459.5-R3.15/6.7 ($D=3.15$　$D_1=6.7$)	GB/T 4459.5-A4/8.5 ($D=4$　$D_1=8.5$)	GB/T 4459.5-B2.5/8 ($D=2.5$　$D_1=8$)	GB/T 4459.5-CM10L30/16.3 ($D=M10$　$L=30$　$D_2=6.7$)
用途	通常用于需要提高加精度的场合	通常用于加工后可以保密的场合(此种情况占绝大多数)	通常用于加工后必需要保留的场合	通常用于一些需要带压紧装置的零件

	要求	规定表示法	简化表示法	说明
中心孔表示法	在完工的零件上要求保留中心孔	GB/T 4459.5-B4/12.5	B4/12.5	采用 B 型中心孔 $D=4$, $D_1=12.5$
	在完工的零件上可以保留中心孔(是否保留都可以,多数情况如此)	GB/T 4459.5-A2/4.25	A2/4.25	采用 A 型中心孔 $D=2$, $D_1=4.25$ 一般情况下,均采用这种方式
		2×A4/8.5 GB/T 4459.5	2×A4/8.5	采用 A 型中心孔 $D=4$, $D_1=8.5$ 轴的两端中心孔相同,可只在一端注出
	在完工的零件上不允许保留中心孔	GB/T 4459.5-A1.6/3.35	A1.6/3.35	采用 A 型中心孔 $D=1.6$, $D_1=3.35$

注:1.对标准中心孔,在图样中可不绘制其详细结构;2.简化标注时,可省略标准编号;3.尺寸 L 取决于零件的功能要求。

中心孔的尺寸参数

导向孔直径 D (公称尺寸)	R 型 锥孔直径 D_1	A 型 锥孔直径 D_1	A 型 参照尺寸 t	B 型 锥孔直径 D_1	B 型 参照尺寸 t	C 型 公称尺寸 M	C 型 锥孔直径 D_2
1	2.12	2.12	0.9	3.15	0.9	M3	5.8
1.6	3.35	3.35	1.4	5	1.4	M4	7.4
2	4.25	4.25	1.8	6.3	1.8	M5	8.8
2.5	5.3	5.3	2.2	8	2.2	M6	10.5
3.15	6.7	6.7	2.8	10	2.8	M8	13.2
4	8.5	8.5	3.5	12.5	3.5	M10	16.3
(5)	10.6	10.6	4.4	16	4.4	M12	19.8
6.3	13.2	13.2	5.5	18	5.5	M16	25.3
(8)	17	17	7	22.4	7	M20	31.3
10	21.2	21.2	8.7	28	8.7	M24	38

注：尽量避免选用括号中的尺寸。

表 D-2　零件倒角与倒圆（摘自 GB/T 6403.4-1986）　　　　　　　　（单位：mm）

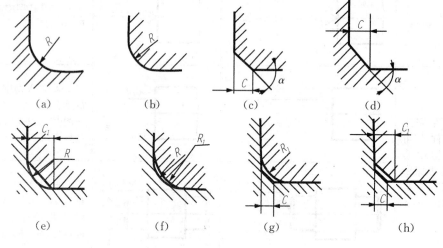

(a)　　(b)　　(c)　　(d)

(e)　　(f)　　(g)　　(h)

mm

Φ	—3	>3~6	>6~10	>10~18	>18~30	>30~50
C 或 R	0.2	0.4	0.6	0.8	1.0	1.6
Φ	>50~80	>80~120	>120~180	>180~250	>250~320	>320~400
C 或 R	2.0	2.5	3.0	4.0	5.0	6.0
Φ	>400~500	>500~630	>630~800	>800~1000	>1000~1250	>1250~1600
C 或 R	8.0	10	12	16	20	25

注：①内角倒圆，外角倒角时，$C_1>R$，见图 e；②内角倒圆，外角倒圆时，$R_1>R$，见图 f；③内角倒角，外角倒圆时，$C<0.58R_1$，见图 g；④内角倒角，外角倒角时，$C_1>C$，见图 h。

表 D-3 紧固件通孔(摘自 GB/T 5277-1985)及沉头头座尺寸(摘自 GB/T 152.2-152.4-1988) （单位：mm）

螺纹规格 d		3	4	5	6	8	10	12	14	16	18	20	22	24	27	30	36
通孔直径 GB/T 5277-1985	精装配	3.2	4.3	5.3	6.4	8.4	10.5	13	15	17	19	21	23	25	28	31	37
	中等装配	3.4	4.5	5.5	6.6	9	11	13.5	15.5	17.5	20	22	24	26	30	33	39
	粗装配	3.6	4.8	5.8	7	10	12	14.5	16.5	18.5	21	24	26	28	32	35	42
六角头螺栓和六角螺母用沉孔 GB/T 152.4-1988	d_2	9	10	11	13	18	22	26	30	33	36	40	43	48	53	61	适用于六角头螺栓和六角螺母
	a_3	—	—	—	—	—	—	16	18	20	22	24	26	28	33	36	
沉头用沉孔 GB/T 152.2-1988	d_2	3.4	4.5	5.5	6.6	9.0	11.0	13.5	15.5	17.5	20.0	22.0	—	—	—	—	适用于沉头及半沉头螺钉
	$t \approx$	6.4	9.6	10.6	12.8	17.6	20.3	24.4	28.4	32.4	—	40.4	—	—	—	—	
	d_1	1.6	2.7	2.7	3.3	4.6	5.0	6.0	7.0	8.0	—	10.0	—	—	—	—	
	d_1	3.4	4.5	5.5	6.6	9	11	13.5	15.5	17.5	—	22	—	—	—	—	
	α								$90°^{-2°}_{-4°}$								

附录 E 常用材料

表 E-1 常用黑色金属材料

名称	牌号		应用举例	说明
碳素结构钢	Q195	—	用于金属结构构件、控杆、心轴、垫圈、凸轮等	1. 新旧牌号对照：Q215→A2；Q235→A3；Q275→A5。 2. A级不做冲击试验；B级做常温冲击试验；C、D级重要焊接结构用
	Q215	A		
		B		
	Q235	A	用于金属结构构件、吊钩、控杆、套、螺栓、螺栓、螺母、楔、盖、焊拉件等	
		B		
		C		
		D		
	Q255	A		
		B		
	Q275	—	用于轴、轴销、螺栓等强度较高件	
优质碳素钢	10		屈服点和抗拉强度比值较低，塑性和韧性均高，在冷状态下，容易模压成形。一般用于拉杆、卡头、钢管垫片、垫圈、铆钉。这种钢焊接性甚好	牌号的两位数字表示平均含碳量，45 号钢即表示平均含碳量为 0.45%。含锰量较高的钢，须加注化学元素符号"Mn"。含碳量≤0.25%的碳钢是低碳钢（渗碳钢）。含碳量在 0.25%～0.60%之间的碳钢是中碳钢（调质钢）。含碳量大于 0.60%的碳钢是高碳钢
	15		塑性、韧性、焊接性和冷冲性均极良好，但强度较低。用于制造受力不大、韧性要求较高的零件、紧固件、冲模段件及不要热处理的低负荷零件，如螺栓、螺钉、拉条、法兰盘及化工贮器、蒸汽锅炉等	
	35		具有良好的强度和韧性，用于制造曲轴、转轴、轴销、杠杆、连杆、横梁、星轮、圆盘、套筒、钩环、垫圈、螺钉、螺母等。一般不作焊接用	
	45		用于强度要求较高的零件，如汽轮机的叶轮、压缩机、泵的零件等	
	60		强度和弹性相当高，用于制造轧辊、轴、弹簧圈、弹簧、离合器、凸轮、钢绳等	
	65Mn		性能与15号钢相似、但其淬透性、强度和塑性比15号钢都高些。用于制造中心部分的机械性能要求较高且须渗透碳的零。这种钢焊接性好	
	15Mn		强度高、淬透性较大，脱碳倾向小，但有过热敏感性，易产生淬火裂纹，并有回火脆性。适宜作大尺寸的各种扁、圆弹簧，如座板簧、弹簧发条	
灰铸铁	HT100		属低强度铸铁，用于盖、手把、手轮等不重要的零件	"HT"是灰铸铁的代号，是由表示其特征的汉语拼音字的第一个大写正体字母组成。代号后面的一组数字，表示抗拉强度值(N/mm²)
	HT 150		属中等强度铸铁，用于一般铸铁如机床座、端盖、皮带轮工作台等	
	HT200 HT250		属高强铸铁，用于较重要铸件，如汽缸、齿轮、凸轮、机座、床身、飞轮、皮带轮、齿轮箱、阀壳、联轴器、衬筒、轴承座等	
	HT 300 HT 350		属高强度、高耐磨铸铁，用于重要的铸件如齿轮、凸轮、床身、高压液压筒、液压泵和滑阀的壳体、车床卡盘等	
球墨铸铁	QT 700-2		用于曲轴、缸体、车轮等	"QT"是球墨铸铁代号，是表示"球铁"的汉语拼音的第一个字母，它后面的数字表示强度和延伸率的大小
	QT 600-3			
	QT 500-7		用于阀体、气缸、轴瓦等	
	QT 450-10		用于减速机箱体、管路、阀体、盖、中低压阀体等	
	QT 400-15			

表 E-2 常用有色金属材料

类别	名称与牌号	应用举例
加工青铜	4-4-4 锡青铜 QSn4-4-4	一般摩擦条件下的轴承、轴套、衬套、圆盘及衬套内垫
	7-0.2 锡青铜 QSn7-0.2	中负荷、中等滑动速度下的摩擦零件,如抗磨垫圈、轴承、轴套、蜗轮等
	9-4 铝青铜 QAL9-4	高负荷下的抗磨、耐蚀零件。如轴承、轴套、衬套、阀座、齿轮、蜗轮等
	10-3-1.5 铝青铜 QAL10-3-1.5	高温下工作的耐磨零件,如齿轮、轴承、轴套、圆盘、飞轮等
	10-4-4 铝青铜 QA110-4-4	高强度耐磨件及高温下工作零件,如轴衬、轴套、齿轮、螺母、法兰盘、滑座等
	2 铍青铜 QBe2	高速、高温、高压下工作的耐磨零件,如轴承、衬套等
铸造铜合金	5-5-5 锡青铜 ZCuSn5Pb5Zn5	用于较高负荷,中等滑动速度下工作的耐磨、耐蚀零件,如轴瓦、衬套、油塞、蜗轮等
	10-1 锡青铜 ZnSn10P1	用于小于 20MPa 和滑动速度小于 8 m/s 条件下工作的耐磨零件,如齿轮、蜗轮、轴瓦、套等
	10-2 锡青铜 ZnSn10Zn2	用于中等负荷和小滑动速度下工作的管配件及阀、旋塞、泵体、齿轮、蜗轮、叶轮等
	8-13-3-2 铝青铜 ZCuAL8Mn13Fe3Ni2	用于强度高耐蚀重要零件,如船舶螺旋桨、高压阀体、泵体、耐压耐磨的齿轮、蜗轮、法兰、衬套等
	9-2 铝青铜 ZCuAL9Mn2	用于制造耐磨结构简单的大型铸件,如衬套、蜗轮及增压器内气封等
	10-3 铝青铜 ZCuAl10Fe3	制造强度高、耐磨、耐蚀零件,如蜗轮、轴承、衬套、管嘴、耐热管配件
	9-4-4-2 铝青铜 ZCuAL9Fe4Ni4Mn2	制造高强度重要零件,如船舶螺旋桨,耐磨及 400℃ 以下工作的零件,如轴承、齿轮、蜗轮、螺母、法兰、阀体、导向套管等
	25-6-3-3 铝黄铜 ZCuZn25AL6Fe3Mn3	适于高强耐磨零件,如桥梁支承板、螺母、螺杆、耐磨板、滑块、蜗轮等
	38-2-2 锰黄铜 ZCuZn38Mn2Pb2	一般用途结构件,如套铜、衬套、轴瓦、滑块等
铸造铝合金	ZL301	用于受大冲击负荷、高耐蚀的零件
	ZL102	用于汽缸活塞以及高温工作的复杂形状零件
	ZL401	适用于压力铸造的高强度铝合金

表 E-3　常用非金属材料

类别	名称	代号	说明及规格		应用举例
工业用橡胶板	普通橡胶板	1608	厚度/mm	宽度/mm	能在-30～+60℃的空气中工作,适于冲制各种密封、缓冲胶囊、垫板及铺设工作台、地板。
		1708	0.5、1、1.5、2 2.5、3、4、5、 6、8、10、12、 14、16、18、 20、22、25、 30、40、50	50～2000	
		1613			
	耐油橡胶板	3707			可在温度-30～80℃之间的机油、汽油、变压器油等介质中工作,适于冲制各种形状的垫圈
		3807			
		3709			
		3809			
尼龙	尼龙66 尼龙1010		有高的抗拉强度和良好的冲击韧性,一定的耐热性(可在100℃以下使用),能耐弱酸、弱碱,耐油性良好		用以制作机械传动零件,有良好的灭音性,运转时噪音小,常用来做齿轮等零件
石棉制品	耐油橡胶石棉板		有厚度0.4～0.3 mm的十种规格		供航空发动机的煤油、润滑油及冷气系统结合处的密封衬垫材料
	油浸石棉盘根	YS450	盘根形状分 F(方形)、Y(圆形)、N(扭制)三种,按需选用		适用于回转轴,往复活塞或阀门杆上作密封材料,介质为蒸汽、空气、工业用水、重质石油产品
	橡胶石油盘根	XS450	该牌号盘根只有F形(方形)。		适用于作蒸汽机、往复泵的活塞。和阀门杆上作密封材料
毛毡		112-32～44(细毛) 122-30～38(半粗毛) 132-32～36(粗毛)	厚度为1.5～25 mm		用作密封、防漏油、防震、缓冲衬垫等。按需要选用细毛、半粗毛、粗毛
软钢板纸			厚度为0.5～3.0 mm		用作密封连接处垫片
聚四氟乙烯		SFL-4～13	耐腐蚀、耐高温(+250℃)并具有一定的强度,能切削加工成各种零件		用于腐蚀介质中,起密封和减磨作用,用作垫圈等
有机玻璃板			耐盐酸、硫酸、草酸、烧碱和纯碱等一般酸碱以及二氧化硫、臭氧等气体腐蚀		适用于耐腐蚀和需要透明的零件

表 E-4 常用的热处理和表面处理名词解释

名词		代号及标注示例	说明	应用
退火		Th	将钢件加热到临界温度以上(一般是 710～715℃,个别合金钢 800～900℃)30～50℃,保温一段时间,然后缓慢冷却(一般在炉中冷却)	用来消除铸、锻、焊零件的内应力、降低硬度,便于切削加工,细化金属晶粒,改善组织、增加韧性
正火		Z	将钢件加热到临界温度以上,保温一段时间,然后用空气冷却,冷却速度比退火为快	用来处理低碳和中碳结构及渗碳零件,使其组织细化,增加强度与韧性,减少内应力,改善切削性能
淬火		C C48—淬火回火 (45～50)HRC	将钢件加热到临界温度以上,保温一段时间,然后在水、盐水或油中(个别材料在空气中)急速冷却,使其得到高硬度	用来提高钢的硬度和强度极限。但淬火会引起内应力使钢变脆,所以淬火后必须回火
回火		回火	回火是将淬硬的钢件加热到临界点以下的温度,保温一段时间,然后在空气中或油中冷却下来	用于消除淬火后的脆性和内应力,提高钢的塑性和冲击韧性
调质		T T235—调质至 (220～250)HB	淬火后在 450～650℃进行高温回火,称为调质	用来使钢获得高的韧性和足够的强度。重要的齿轮、轴及丝杆等零件是调质处理的
表面淬火	火焰淬火	H54(火焰淬火后,回火到(52～58)HRC)	用火焰或高频电流将零件表面迅速加热至临界程度以上,急速冷却	使零件表面获得高硬度,而心部保持一定的韧性,使零件既耐磨又能承受冲击。表面淬火常用来处理齿轮等
	高频淬火	C52(高频淬火后,回火到(50～55)HRC)		
渗碳淬火		S0.5～C59(渗碳层深 0.5,淬火硬度(56～60)HRC)	在渗碳剂中将钢件加热到 900～950℃,停留一定时间,将碳渗入钢表面,深度约为 0.5～2 mm,再淬火后回火	增加钢件的耐磨性能、表面硬度、抗拉强度及疲劳极限。适用于低碳、中碳(含量＜0.40%)结构钢的中小型零件
氮化		D0.3～900(氮化深度 0.3,深度大于 850HV)	氮化是在 500～600℃通入氮的炉子内加热,向钢的表面渗入氮原子的过程。氮化层为 0.025～0.8 mm,氮化时间需 40～50 小时	增加钢件的耐磨性能、表面硬度、疲劳极限和抗蚀能力。适用于合金钢、碳钢、铸铁件,如机床主轴、丝杆以及在潮湿碱水和燃烧气体介质的环境中工作的零件
氰化		Q59(氰化淬火后,回火至(56～62)HRC)	在 820～860℃炉内通入碳和氰,保温 1～2 小时,使钢件的表面同时渗入碳、氰原子,可得到 0.2～0.5 mm 的氰化层	增加表面硬度、耐磨性、疲劳强度和耐蚀性。用于要求硬度高、耐磨的中、小型及薄片零件和刀具等
时效		时效处理	低温回火后,精加工之前,加热到 100～160℃,保持 10～40 小时。对铸件也可用天然时效(放在露天中一年以上)	使工件消除内应力和稳定形状,用于量具、精密丝杆、床身导轨、床身等
发蓝发黑		发蓝或发黑	将金属零件放在很浓的碱和氧化剂溶液中加热氧化,使金属表面形成一层氧化铁所组成的保护性薄膜	防腐蚀、美观。用于一般连接的标准件和其他电子类零件
硬度		HB(布氏硬度)	材料抵抗硬的物体压入其表面的能力称"硬度"。根据测定的方法不同,可分布氏硬度、洛氏硬度和维氏硬度。硬度的测定是检验材料经热处理后的机械性能——硬度	用于退火、正火、调质的零件及铸件的硬度检验
		HRC(洛氏硬度)		用于经淬火、回火及表面渗碳、渗氮等处理的零件硬度检验
		HV(维氏硬度)		用于薄层硬化零件的硬度检验

参考文献

[1] 刘宏丽,朱凤艳. 机械制图[M]. 大连:大连理工大学出版社,2012.

[2] 严佳华,杜兰萍. 机械制图(机类)[M]. 合肥:安徽科学技术出版社,2010.

[3] 徐秀娟. 机械制图[M]. 北京:北京理工大学出版社,2008.

[4] 文学红,宋金虎. 机械制图[M]. 北京:人民邮电出版社,2009.

[5] 袁世先,邓小君. 机械制图[M]. 北京:北京理工大学出版社,2010.

[6] 魏晓波. 机械制图及习题集[M]. 北京:北京工业大学出版社,2010.

全国高职高专教育"十二五"规划教材

机械制图习题集

主　编　张书诚
副主编　张作胜
参　编　林影丽　张晓娟　马玉清
　　　　张春芳　吴贤桂

东南大学出版社
·南京·

图书在版编目(CIP)数据

机械制图：含习题集 / 张书诚主编. — 南京：东南大学出版社，2014.3
 ISBN 978-7-5641-4342-8

Ⅰ. ①机… Ⅱ. ①张… Ⅲ. ①机械制图—高等职业教育—教材 Ⅳ. ①TH126

中国版本图书馆 CIP 数据核字(2013)第 139024 号

机械制图(含习题集)

出版发行：	东南大学出版社
社　　址：	南京市四牌楼 2 号　邮编：210096
出 版 人：	江建中
网　　址：	http://www.seupress.com
经　　销：	全国各地新华书店
印　　刷：	南京师范大学印刷厂
开　　本：	787mm×1092mm　1/16
印　　张：	19.75
字　　数：	458 千字
版　　次：	2014 年 3 月第 1 版
印　　次：	2014 年 3 月第 1 次印刷
印　　数：	1—3000 册
书　　号：	ISBN 978-7-5641-4342-8
定　　价：	38.00 元(含教材)

本社图书若有印装质量问题，请直接与营销部联系。电话(传真)：025－83791830

前　言

本习题集是根据教育部"高职高专教育专业人才培养目标及规格"的要求,汲取高职高专教学改革的成功经验,结合高等职业教育教学特点编写而成,与张书诚主编的《机械制图(含习题集)》(东南大学出版社)教材同时出版,配套使用。

本习题集的主要内容有:机械制图基本知识、投影基础、基本体、截交线与相贯线、组合体、轴测图、机件的表达方法、标准件和常用件的规定画法、零件图、装配图。习题类型典型全面、前后连贯、层层递升,符合本课程的基本要求,并结合高等职业教育应用为主,理论联系实际的特点,有利于培养和开发培养学生空间想象能力、空间构形能力和创新思维能力。

本习题集改变过去单一的绘图作业模式,在部分章节中,采用填空、选择、改错等题型,使学生在有限的时间内,完成更多的习题,获得更多的信息量,对提高思维判断能力起到事半功倍的效果。

本习题集由安徽职业技术学院张书诚副教授担任主编并统稿,安徽职业技术学院张作胜担任副主编。山东电子职业技术学院林影丽编写第一章;安徽工商职业学院张晓娟编写第二章;安徽工商职业学院马玉清编写第三章与第四章;安徽职业技术学院张书诚编写第五章、第七章;安徽职业技术学院张作胜编写第六章、第十章;安徽工商职业学院张春芳编写第八章;江西应用工程职业学院吴贤桂编写第九章。

本习题集在编写过程中参考了国内一些同类习题集和有关资料,在此深表感谢。

本习题集可供高职机电和近机类专业使用,也可作为中高级职业资格认定与就业培训使用。欢迎选用本习题集的师生和广大读者提出宝贵意见,以便修订时调整与改进。

编者

2013 年 6 月

目　录

第一章　机械制图基本知识 …………………………………………………………………… 1

第二章　投影基础 ……………………………………………………………………………… 11

第三章　基本体 ………………………………………………………………………………… 17

第四章　截交线与相贯线 ……………………………………………………………………… 20

第五章　组合体 ………………………………………………………………………………… 26

第六章　轴测图 ………………………………………………………………………………… 37

第七章　机件的表达方法 ……………………………………………………………………… 42

第八章　标准件与常用件的规定画法 ………………………………………………………… 60

第九章　零件图 ………………………………………………………………………………… 70

第十章　装配图 ………………………………………………………………………………… 84

参考文献 ………………………………………………………………………………………… 93

第一章　机械制图基本知识

1.1　字体练习

(1) 按规定字体抄写汉字与字母。

未注圆角去除毛刺锐边倒圆角调质处理

比例材料数量序号名称备注螺栓轴承配作淬火技术要求

abcdefghijklmnopqrstuvwxyz

0123456789 RØ

ABCDEFGHIJKLMNOPQRSTUVWXYZ

1.2　线型练习

(2) 抄画下列图线。

(4) 完成图形中左右对称的各种图线。

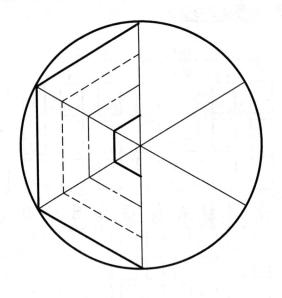

(3) 以给定的半径和线型抄画同心圆。

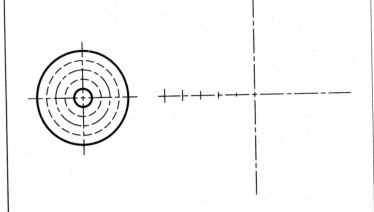

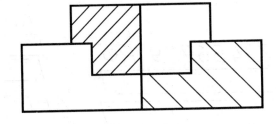

1.3 尺寸标注

(5) 指出左下图尺寸标注的错误，在右下图中正确标注。

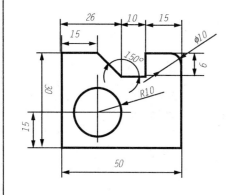
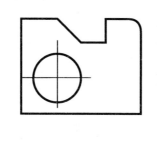

(6) 标注尺寸（尺寸数值从图中量取，取整数）。

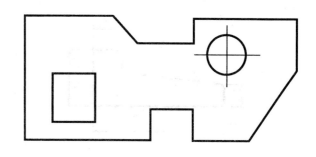

(7) 标注尺寸（尺寸数值从图中量取，取整数）。

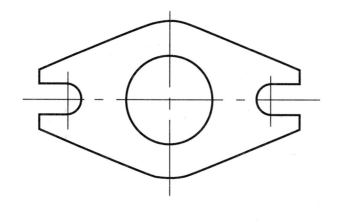

(8) 标注尺寸（尺寸数值从图中量取，取整数）。

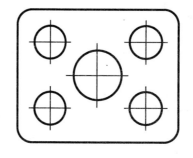

1.4 斜度与锥度的画法、椭圆的画法

(9) 按1:1抄画下图,注意斜度的画法。

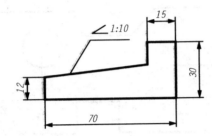

(11) 已知椭圆的长轴为60mm,短轴为40mm,用四心圆法画椭圆。

(10) 参照上图,在下图中补画出锥度1:3,并正确标注。

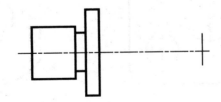

1.5 几何作图

(12) 完成下列图形线段连接,保留作图轨迹。(外切)

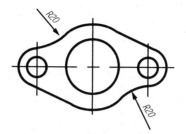

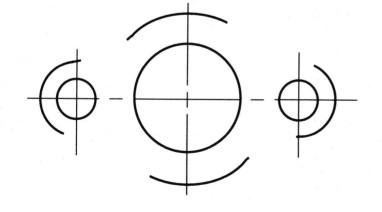

(13) 完成下列图形圆弧连接,保留作图轨迹。(外切与内切)

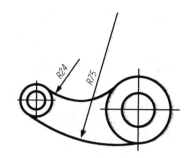

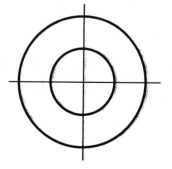

1.6 平面图形的画法练习

(14) 按图中给定尺寸的 1∶2 比例抄画图形并标注尺寸。

(15) 按图中给定尺寸的 1∶2 比例抄画图形并标注尺寸。

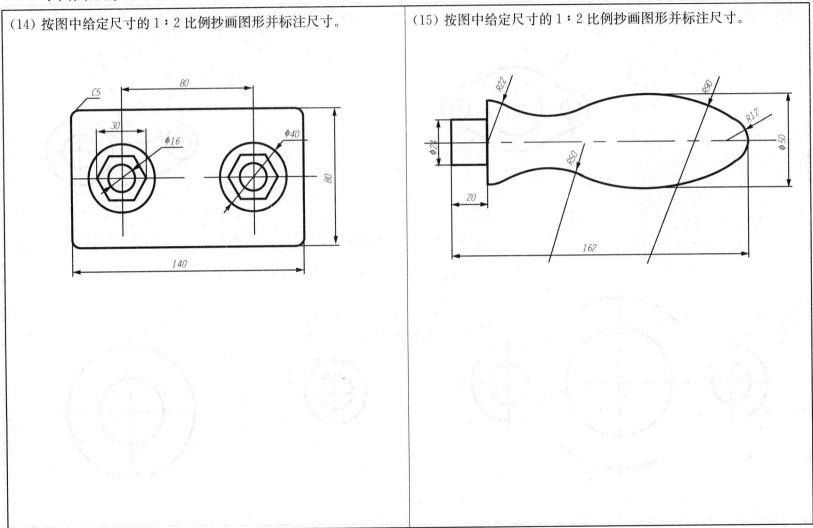

1.7 图纸作业 选择合适图纸幅面,按 1∶1 比例抄画下图。

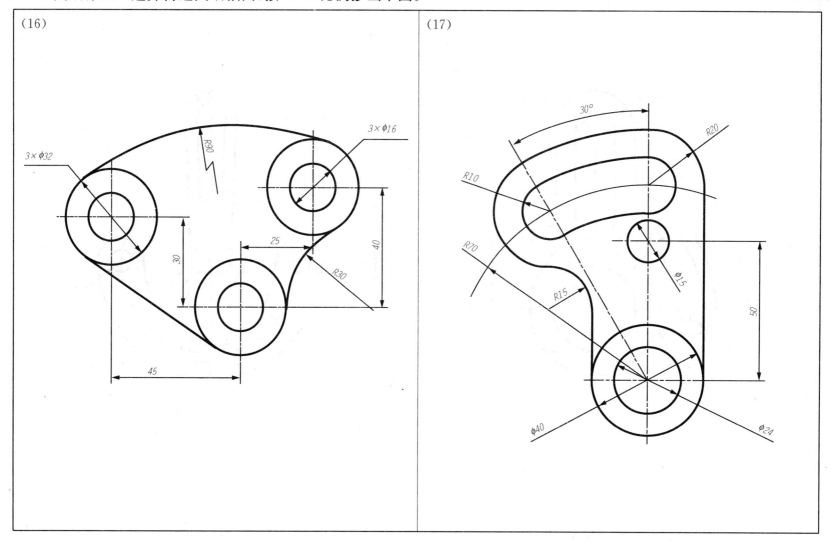

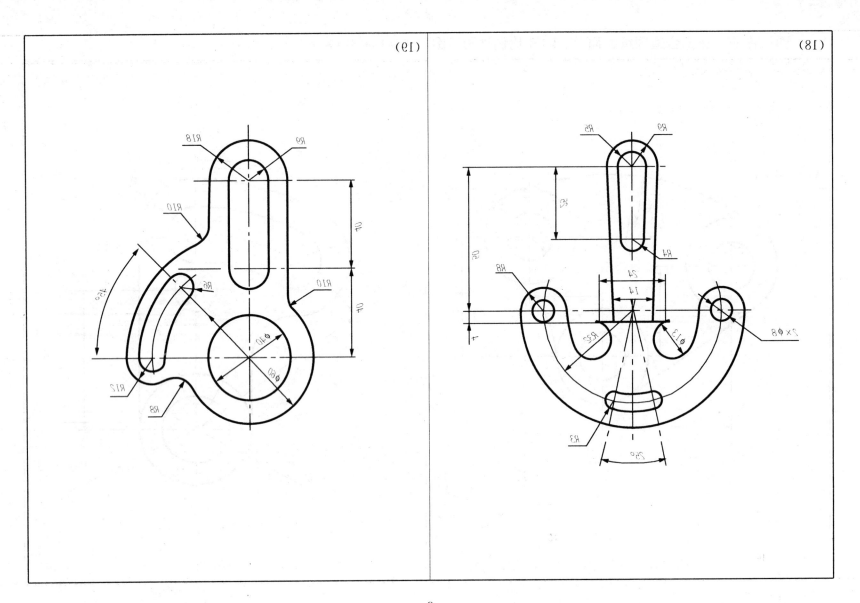

题 1.7 作业要求：

1. 抄画平面图形，并标注尺寸（自定图幅）。
2. 布图匀称，图面整洁。
3. 圆弧连接正确（圆心、切点准确）。
4. 尺寸抄注正确（不多不少，且标注清晰）。
5. 图线画法符合规定。

绘图步骤：

1. 根据图形大小选择比例及图纸幅面。
2. 分析平面图形中哪些是已知线段，哪些是中间线段，哪些是连接线段，以及所给定的连接条件。
3. 根据各组成部分的尺寸关系确定作图基准、定位线。
4. 依次画已知线段、中间线段和连接线段。
5. 将图线加粗加深。粗实线宽度约 0.7mm，细实线宽度约 0.35mm。加深顺序：先细后粗，先圆后直，先水平（从上至下）后垂直（从左至右）。
6. 标注尺寸，尺寸数字 3.5 号，箭头宽约 0.7mm，长约 3mm。
7. 填写标题栏。

第一章　复习题

1. 图纸的基本幅面按尺寸大小可分为_____种，其代号分别为_____。
2. 图纸格式按照装订边的画法可分为_____和_____种，按照标题栏的方位又可将图纸格式分为_____和_____两种。
3. 标题栏应位于图纸的_____，标题栏中的文字方向为_____。
4. 比例是指图中_____与其_____之比。图样上标注的尺寸应是机件的_____尺寸，与所采用的比例_____关。
5. 常用比例有_____、_____和_____三种；比例 1：2 是指_____是_____的 2 倍，属于_____比例；比例 2：1 是指_____是_____的 2 倍，属于_____比例。无论采用何种比例，图样中所注的尺寸，均为机件的_____。
6. 图样中书写的汉字、数字和字母，必须做到_____，汉字应用_____体书写。
7. 字号指字体的_____，图样中常用字号有_____四种。

8. 常用图线的种类有_____等九种。
9. 图样中，机件的可见轮廓线用_____画出，不可见轮廓线用_____画出，尺寸线和尺寸界线用_____画出，对称中心线和轴线用_____画出。虚线、细实线和细点划线的图线宽度约为粗实线的_____。
10. 图样上的尺寸是零件的_____尺寸，尺寸以_____为单位时，不需标注代号或名称。标注尺寸的四要素是_____、_____、_____、_____。
11. 尺寸标注中的符号 R 表示_____，ϕ 表示_____，$S\phi$ 表示_____，C 表示_____。
12. 标注水平尺寸时，尺寸数字的字头方向应_____；标注垂直尺寸时，尺寸数字的字头方向应_____。角度的尺寸数字一律按_____位置书写。当任何图线穿过尺寸数字时都必须_____。
13. 斜度是指_____对_____的倾斜程度，用符号_____表示，标注时符号的倾斜方向应与所标斜度的倾斜方向_____。
14. 锥度是指_____与_____的比，锥度用符号_____表示，标注时符号的锥度方向应与所标锥度方向_____。
15. 平面图形中的尺寸，按其作用可分为_____和_____两类。平面图形中的线段可分为_____、_____、_____三种。它们的作图顺序应是先画出_____，再画_____，最后画_____。

第二章 投影基础

2.1 正投影与三视图

(1) 认真对比分析立体图和三视图,完成下列任务。

分别在立体图和三视图中确定物体的左、右、前、后、上、下六个方位;

在三视图中写出三个视图的名称;

量取并标注三视图的尺寸。

2.2 三视图的画法

(2) 根据立体图,画出下列 12 个物体的三视图。(尺寸直接量取,保留整数)

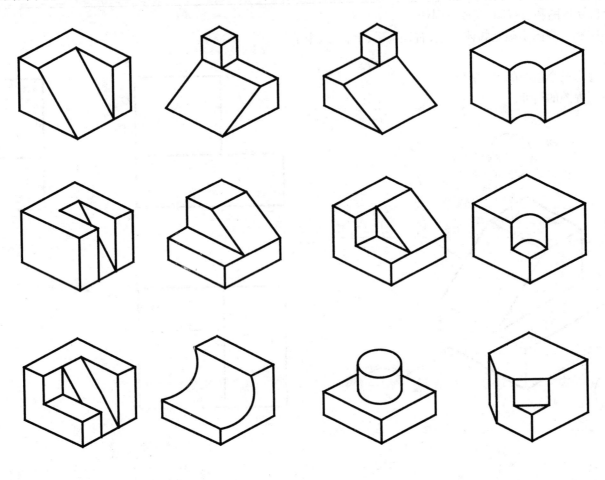

2.3 点的投影

(3) 根据直观图，在三投影面体系中作点 A、B、C 的三面投影。

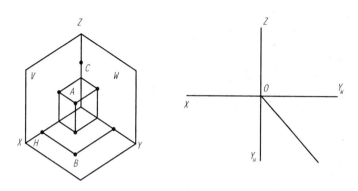

(4) 已知 A(15,15,20)，B(20,10,15)，C 在 A 之上 10，A 之前 20，A 之左 15，求作各点的三面投影，并回答 A、B、C 三点的位置关系。

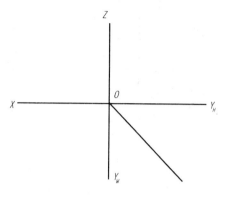

(5) 已知点 A、B、C、D 的两面投影，求第三面投影，并画出其在直观图中的位置。

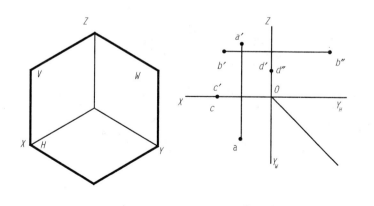

(6) 补全各点的三面投影，已知 B 点与 A 点距离为 15，C 点与 A 点在 H 面为重影点，D 点在 A 点的正右方 15。

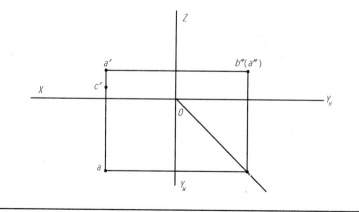

2.4 直线的投影

(7) 补画直线的第三面投影,并判断各条直线的空间位置。

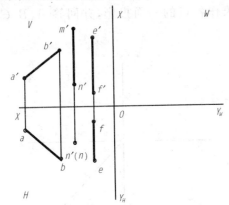

AB 是_____线,EF 是_____线,MN 是_____线。

(8) 判断 M 点是否在 AB 上,N 点是否在 EF 上。

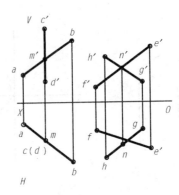

M 点_____AB 上,N 点_____EF 上。

(9) 过点 M 求作直线 MN,要求与 AB 平行且与 EF 相交。

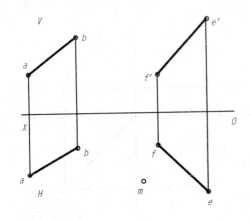

(10) 分别判断 AB 与 MN、EF 与 GH 两组直线的相对位置。(相交还是交叉)

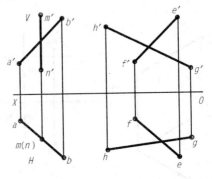

AB 与 MN_____,EF 与 GH_____。

2.3 点的投影

(3) 根据直观图,在三投影面体系中作点 A、B、C 的三面投影。

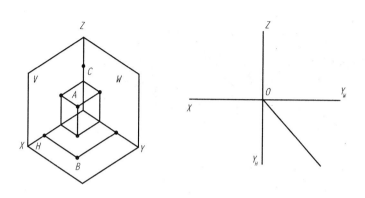

(4) 已知 $A(15,15,20)$,$B(20,10,15)$,C 在 A 之上 10、A 之前 20,A 之左 15,求作各点的三面投影,并回答 A、B、C 三点的位置关系。

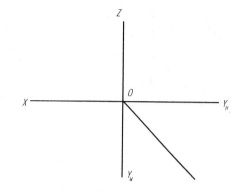

(5) 已知点 A、B、C、D 的两面投影,求第三面投影,并画出其在直观图中的位置。

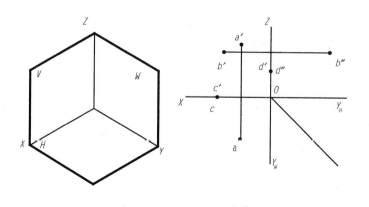

(6) 补全各点的三面投影,已知 B 点与 A 点距离为 15,C 点与 A 点在 H 面为重影点,D 点在 A 点的正右方 15。

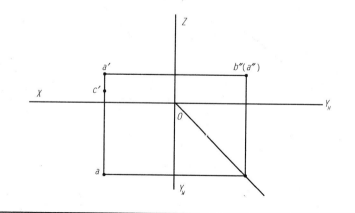

2.4 直线的投影

(7) 补画直线的第三面投影，并判断各条直线的空间位置。

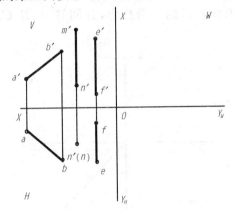

AB 是_____线，EF 是_____线，MN 是_____线。

(8) 判断 M 点是否在 AB 上，N 点是否在 EF 上。

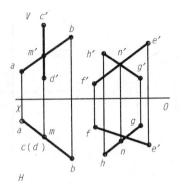

M 点_____AB 上，N 点_____EF 上。

(9) 过点 M 求作直线 MN，要求与 AB 平行且与 EF 相交。

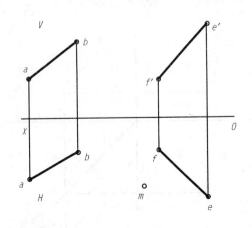

(10) 分别判断 AB 与 MN、EF 与 GH 两组直线的相对位置。（相交还是交叉）

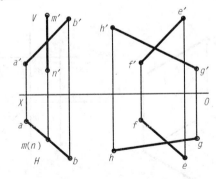

AB 与 MN_____，EF 与 GH_____。

2.5 平面及平面上的点的投影

(11) 已知 E 在平面 ABC 上，求作 E 的正面投影。

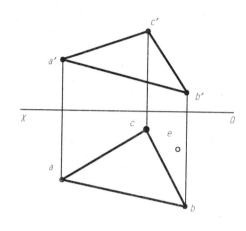

(12) 求作 A、B、C 三点的其他两面投影，并分别说明它们所在平面是什么特殊平面。思考：为什么只知点的一面投影，可以求出另两面投影？

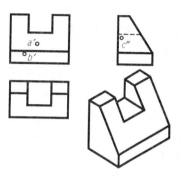

A 点所在平面是_____面，B 点所在平面是_____面，C 点所在平面是_____面。

(13) 标出 A、B、C 三面的其他两面投影，并说明它们的空间位置。

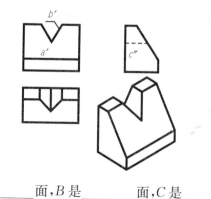

A 是_____面，B 是_____面，C 是_____面。

(14) 根据已知视图，标出点 1、2 和面 A、B、C 的其他两面投影，并说明它们的空间位置。

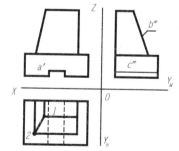

A 是_____面，B 是_____面，C 是_____面，直线 12 是_____直线。

第二章　复习题

1. 投影法分为_____投影法和_____投影法两大类，我们绘图时使用的是_____投影法中的_____投影法。
2. 当投射线互相_____，并与投影面_____时，物体在投影面上的投影叫_____。按正投影原理画出的图形叫_____。
3. 主视图所在的投影面称为_____，简称_____，用字母_____表示。俯视图所在的投影面称为_____，简称_____，用字母_____表示。左视图所在的投影面称为_____，简称_____，用字母_____表示。
4. 主视图是由_____向_____投射所得的视图，它反映形体的_____和_____方位，即_____方向；
   俯视图是由_____向_____投射所得的视图，它反映形体的_____和_____方位，即_____方向；
   左视图是由_____向_____投射所得的视图，它反映形体的_____和_____方位，即_____方向。
5. 三视图的投影规律是：主视图与俯视图_____；主视图与左视图_____；俯视图与左视图_____。远离主视图的方向为_____方，靠近主视图的方向为_____方。
6. 一个点在空间的位置有以下三种：_____、_____、_____。
7. 当直线(或平面)平行于投影面时，其投影_____，这种性质叫_____性；
   当直线(或平面)垂直于投影面时，其投影_____，这种性质叫_____性；
   当直线(或平面)倾斜于投影面时，其投影_____，这种性质叫_____性。
8. 直线按其对投影面的相对位置不同，可分为_____、_____和_____三种。
9. 平面按其对投影面的相对位置不同，可分为_____、_____和_____三种。
10. 与一个投影面垂直的直线，一定与其他两个投影面_____，这样的直线称为投影面的_____线，具体又可分为_____、_____、_____。
11. 与一个投影面平行，与其他两个投影面倾斜的直线，称为投影面的_____线，具体又可分为_____、_____、_____。
12. 与一个投影面垂直，而与其他两个投影面_____的平面，称为投影面的_____，具体又可分为_____、_____、_____。
13. 与一个投影面平行，一定与其他两个投影面_____，这样的平面称为投影面的_____面，具体又可分为_____、_____、_____。
14. 空间两直线的相对位置有_____、_____、_____三种。
15. 两直线平行，其三面投影一定_____；两直线相交，其三面投影必然_____，并且交点_____；既不平行，又不相交的两直线，一定_____。

第三章 基本体

3.1 平面体及其表面的点

(1) 补画六棱柱的左视图,并求作表面上的点 A、B、C 的另两面投影。

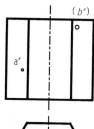

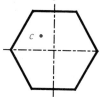

(2) 补画五棱柱的左视图,并求作表面上的点 A、B 的另两面投影。

(3) 补画正四棱台的俯视图,并求作表面上点 K 的另两面投影。

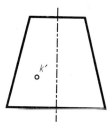 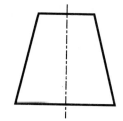

(4) 根据四棱台的两视图,完成其第三视图及表面直线 AB、BC 的投影。

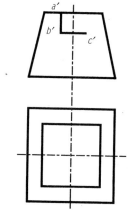

3.2 回转体及其表面的点

(5) 求作圆柱表面上的点 A、B、C 的另两面投影。

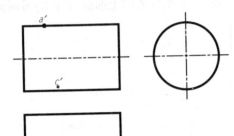

(6) 画出圆锥的左视图,求作表面上的点 A、B、C 的另两面投影。

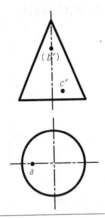

(7) 画出圆台的左视图,求作表面上的点 A、B 的另两面投影。

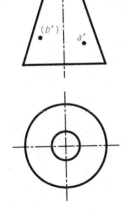

(8) 求作球的表面上的点 A、B、C 的另两面投影。

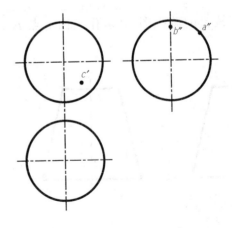

第三章 复习题

1. 基本体分为_____和_____两种,所有表面均为平面的立体称为_____,包含有曲面的立体称为_____。
2. 常见的平面体有_____、_____等;常见的回转体有_____、_____、_____等。

第四章 截交线与相贯线

4.1 截交线

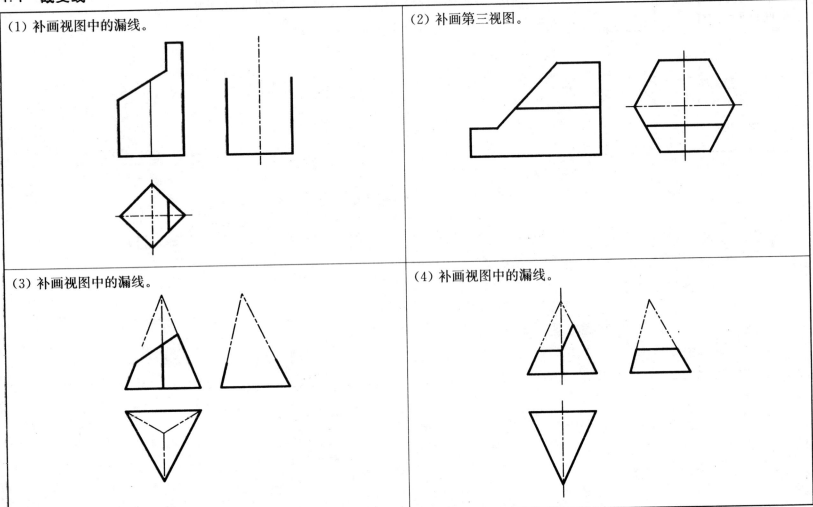

(5) 补画圆柱截切后左视图中的漏线,并补画俯视图。

(6) 补画圆柱截切后的第三视图。

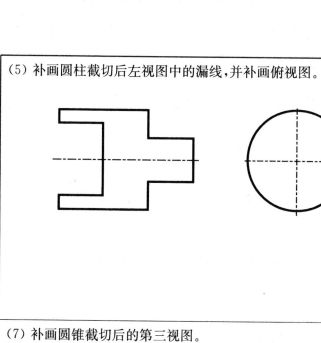
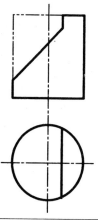

(7) 补画圆锥截切后的第三视图。

(8) 补画圆锥截切后的第三视图及俯视图中的漏线。

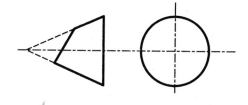
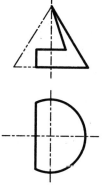

(9) 补画半球截切后的漏线。

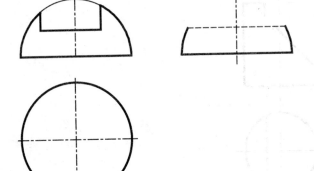

(10) 补画球被挖去矩形通孔后的漏线。

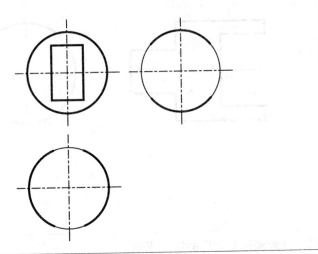

(11) 补画第三视图。

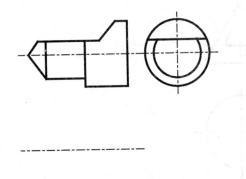

(12) 补画主视图中的漏线。

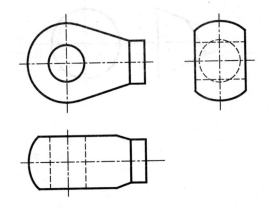

4.2 相贯线

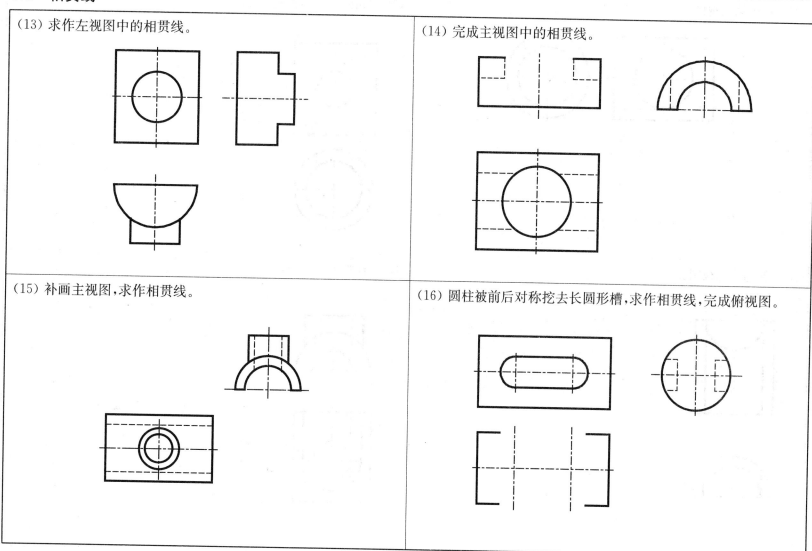

(17) 补画第三视图。

(18) 补画第三视图。

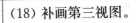

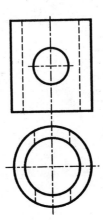

(19) 补画第三视图。

(20) 补画第三视图。

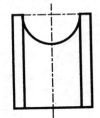

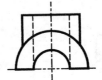

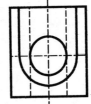

第四章 复习题

1. 立体被平面截切所产生的表面交线称为_____。两立体相交所产生的表面交线称为_____。立体表面交线的基本性质是_____和_____。
2. 平面体的截交线为封闭的_____，其形状取决于截平面所截到的棱边个数和交到平面的情况。曲面体的截交线通常为_____或_____，求作相贯线的基本思路为_____。
3. 当平面平行于圆柱轴线截切时,截交线的形状是_____；当平面垂直于圆柱轴线截切时,截交线的形状是_____；当平面倾斜于圆柱轴线截切时,截交线的形状是_____。
4. 圆锥被平面截切后产生的截交线形状有_____、_____、_____、_____、_____五种。

第五章 组合体

5.1 根据立体图,补画三视图中的漏线。

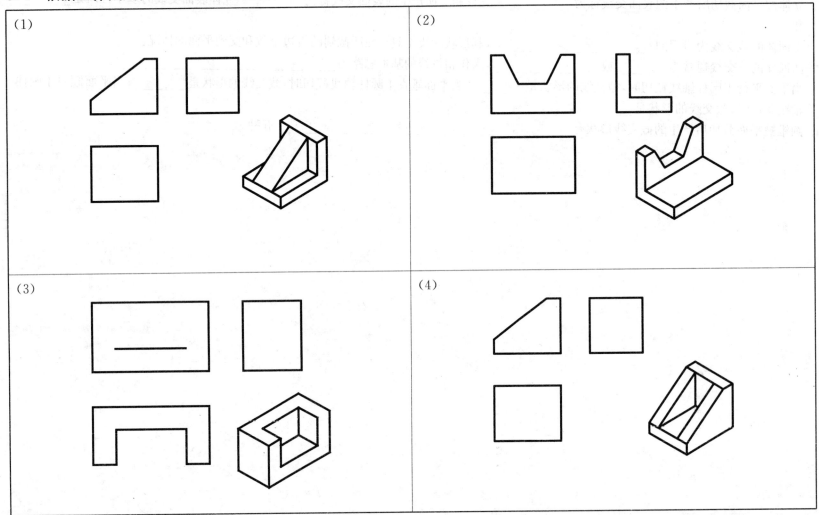

5.2 根据所给视图进行形体分析,构思立体形状,补画视图中的漏线。

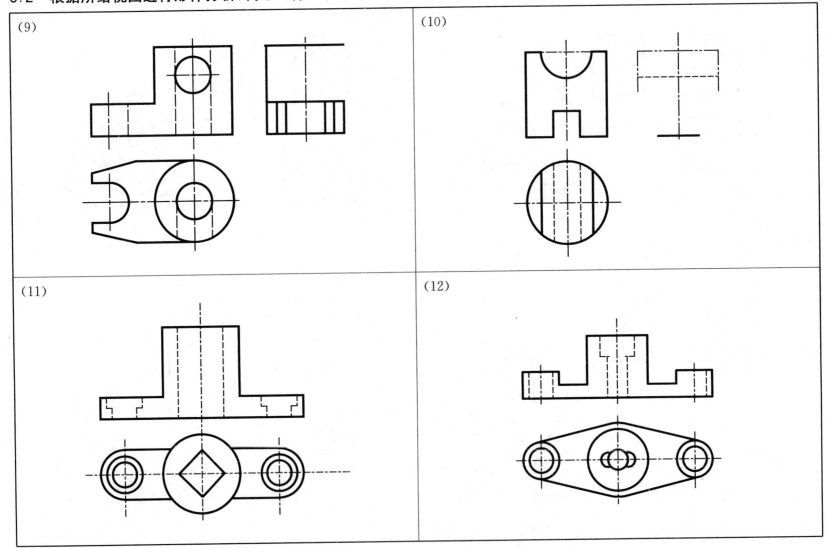

5.3 由立体图选择三视图

(13) 分析立体图,在下页找出对应的三视图,将立体图序号填入下页相应三视图的括号内。

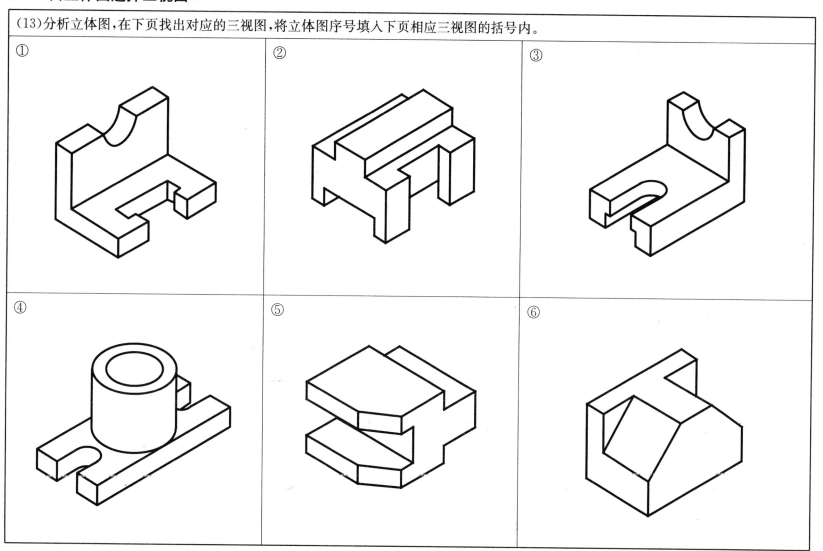

5.4 补画第三视图

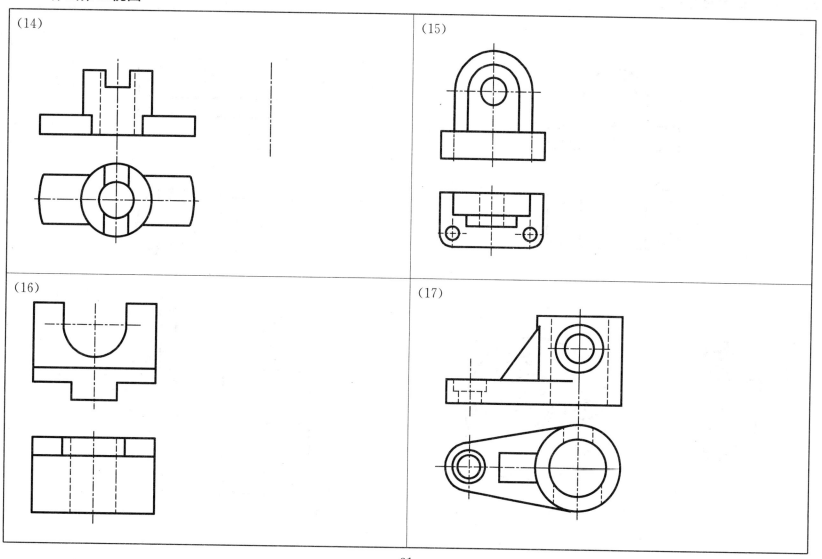

5.5 组合体的尺寸标注

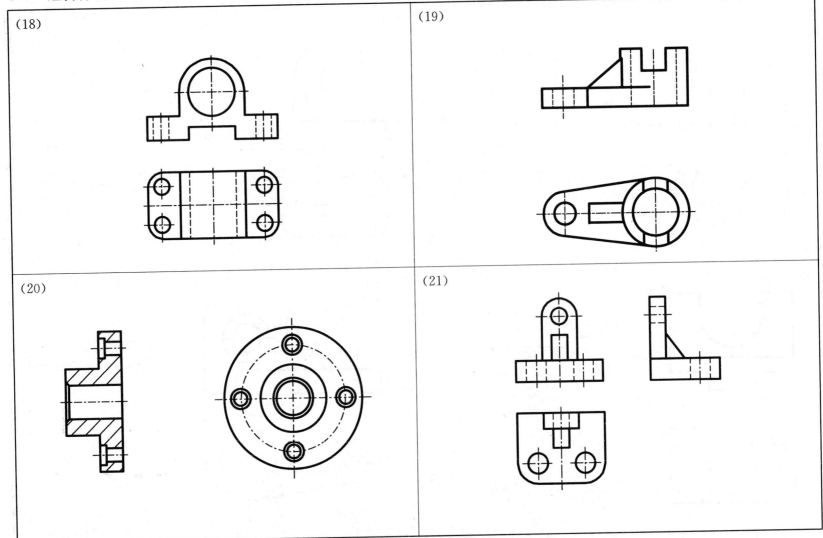

5.6 由立体图画三视图(尺寸直接粗略量取,保留整数)

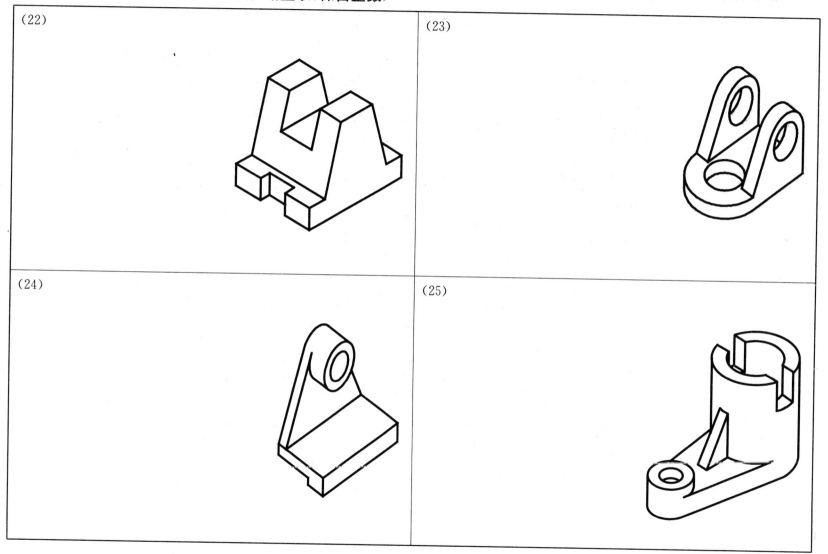

5.7 根据立体图画三视图

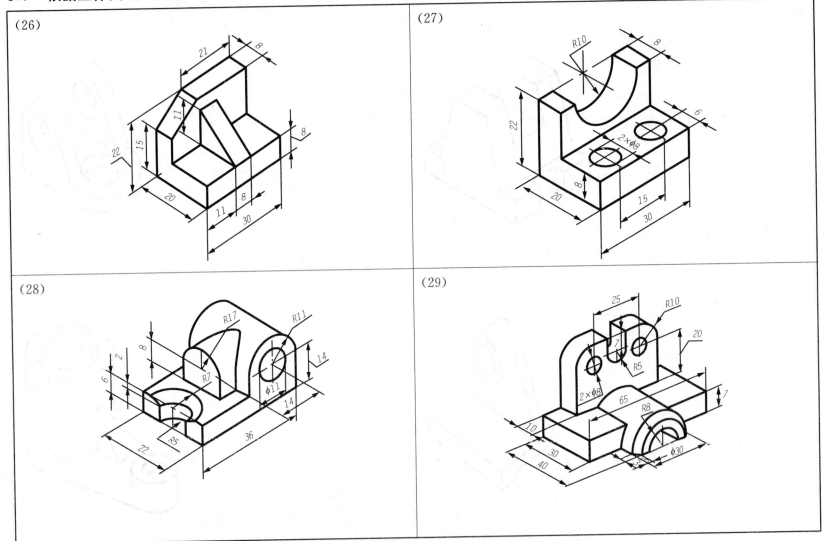

5.8 已知形体的立体图及尺寸，选择合适的图纸幅面画三视图，并标注尺寸

(30)

(31)

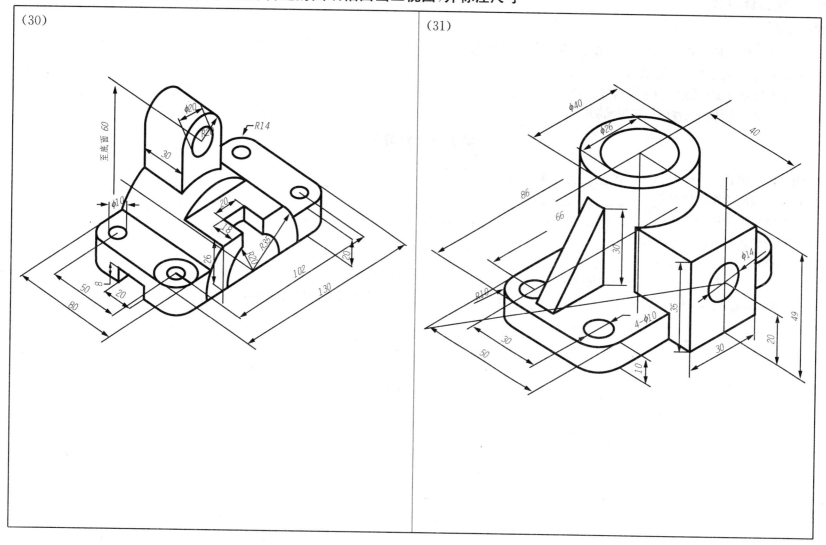

5.9 组合体设计

设计要求：

1. 所设计的形体基本形体数量为 4 个以上(含 4 个)，其中至少有两个回转体。
2. 形体上要包含截交、相贯结构各一处。
3. 所构形体应可实现制造，并有实际使用意义。
4. 画出所设计形体的三视图和正等轴测图。

第五章 复习题

1. 组合体的组合类型有_____型、_____型、_____型三种。
2. 形体表面间的相对位置有_____、_____、_____、_____四种。
3. 组合体形体分析的步骤：_____、_____、_____、_____。
4. 绘制组合体三视图的方法有_____、_____。
5. 看组合体三视图的方法有_____和_____。
6. 平面体一般要标注_____三个方向的尺寸,回转体一般只标注_____和_____的尺寸。
7. 组合体的视图上,一般应标注出_____、_____和_____三种尺寸,标注尺寸的起点称为尺寸_____。

第六章 轴测图

6.1 平面体正等轴测图的画法

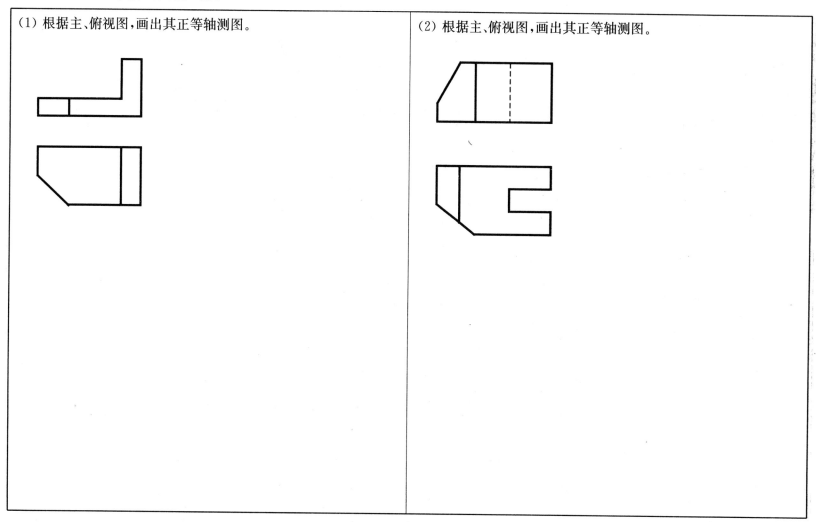

(1) 根据主、俯视图,画出其正等轴测图。

(2) 根据主、俯视图,画出其正等轴测图。

(3) 根据主、俯视图，画出其正等轴测图。　　　　(4) 根据主、左视图，画出其正等轴测图。

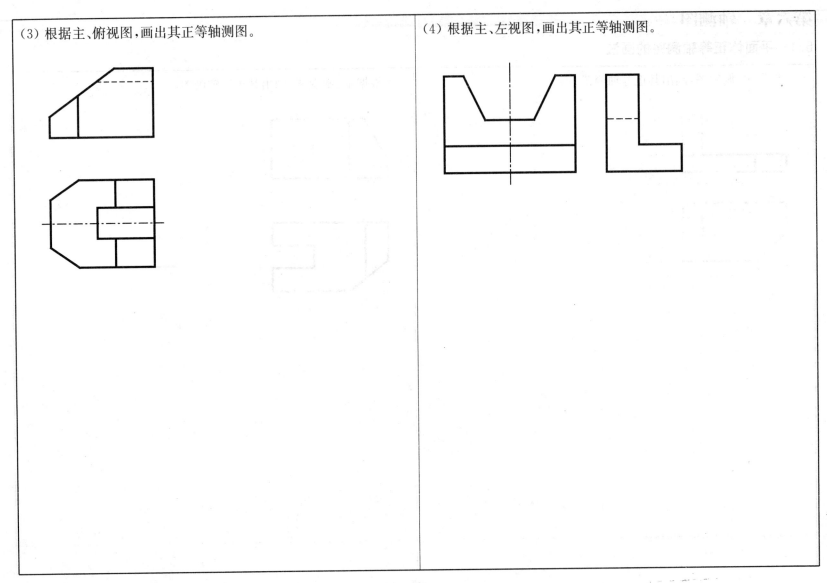

6.2 曲面体正等轴测图的画法

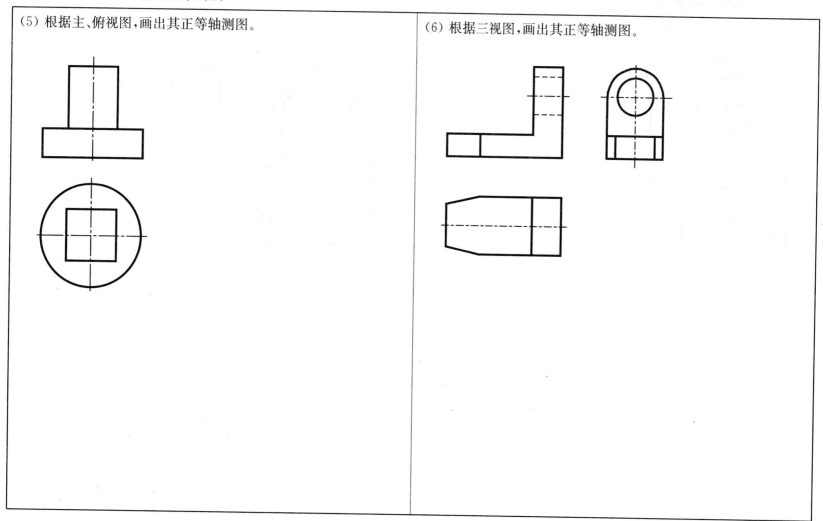

6.3 斜二等轴测图的画法

(7) 根据三视图,画出其斜二等轴测图。

(8) 根据三视图,画出其斜二等轴测图。

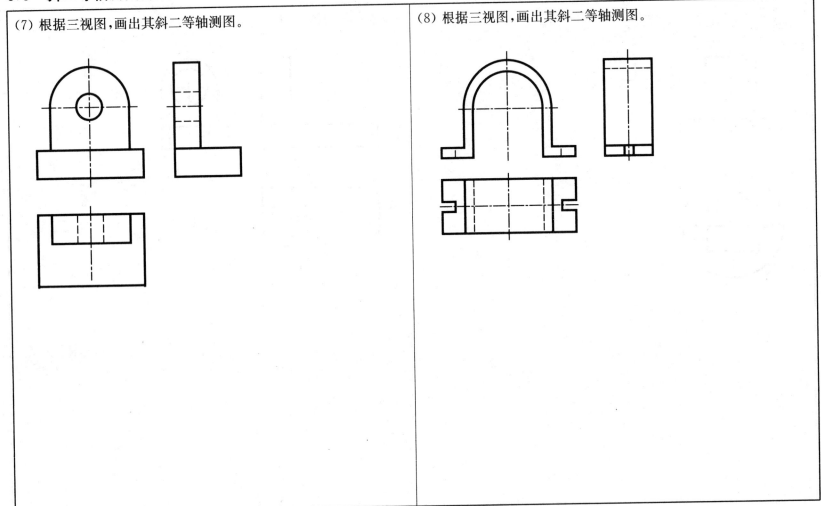

第六章 复习题

1. 轴测投影根据投影方向与投影面的角度不同,分为_____和_____两大类。
2. 根据三个轴向伸缩系数的不同,正轴测投影和斜轴测投影又各分为_____三种。最常用的轴测图为_____和_____。
3. 正等轴测图的轴间角为_____,轴向伸缩系数为_____。斜二等轴测图的轴间角为_____,轴向伸缩系数为_____。

第七章 机件的表达方法

7.1 基本视图

(1) 根据主视图、俯视图和左视图,在正确位置补画其他三个基本视图。

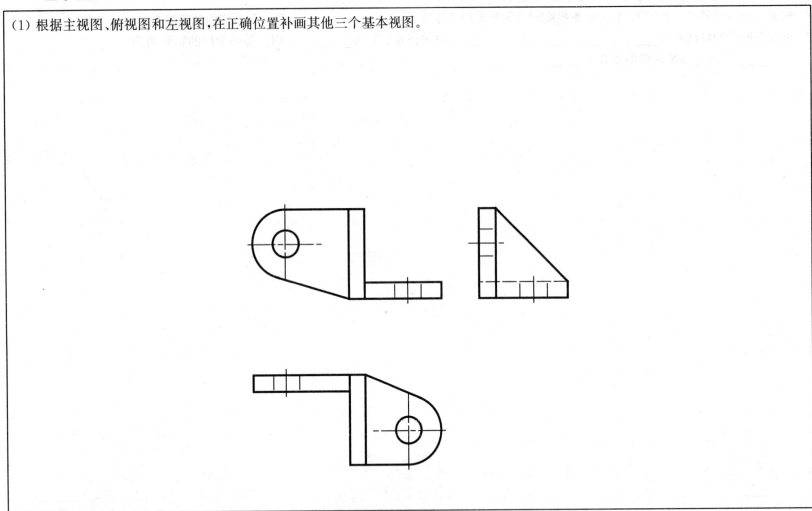

7.2 向视图

(2) 根据三视图,在给定位置补画 A、B、C 方向的向视图。

7.3 局部视图与斜视图

(3) 根据已有视图，补画 A 向的局部视图和 B 向的斜视图。

(4) 根据已有视图，补画 A 向斜视图和 A 向旋转斜视图。

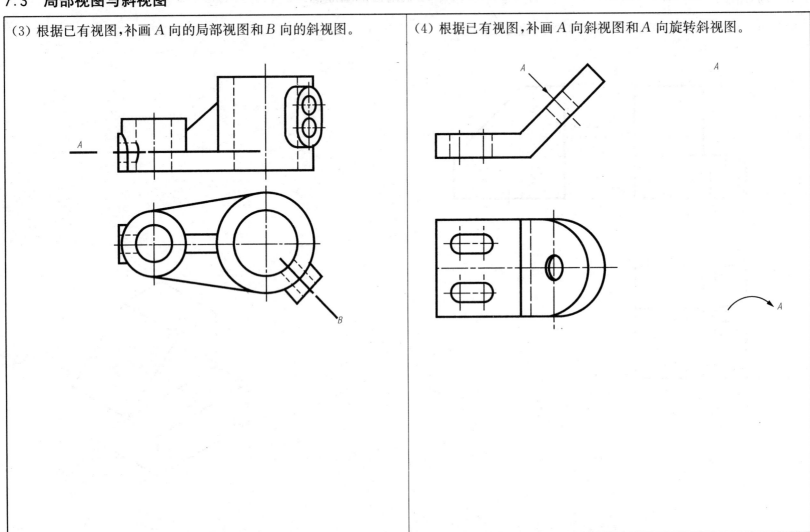

7.4 全剖视图

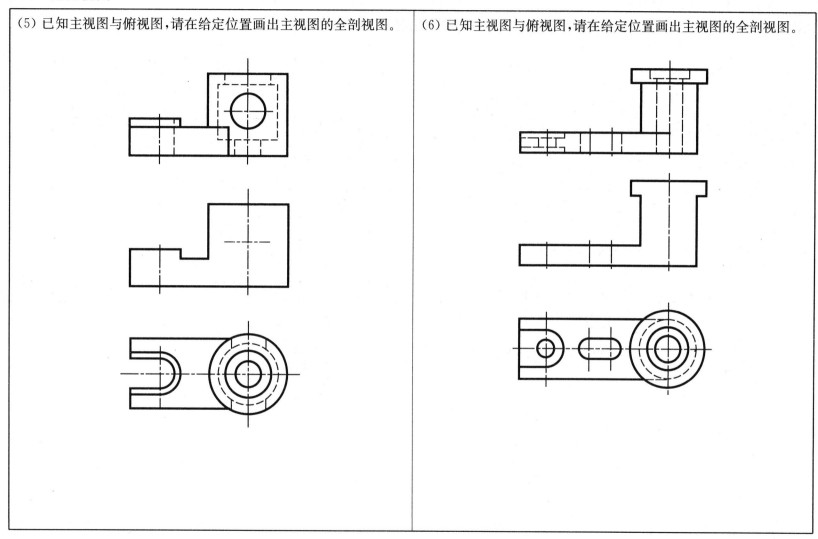

(7) 已知主视图与俯视图，请在给定位置画出主视图的全剖视图。

(8) 已知三视图，请在给定位置画出主视图的全剖视图。

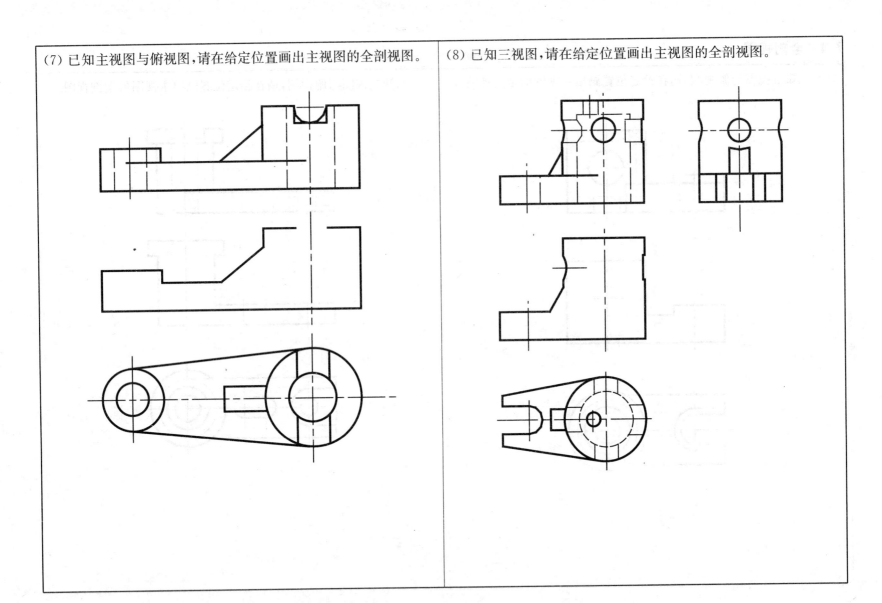

— 46 —

7.5 半剖视图

(9) 已知主视图与俯视图,请在给定位置画出主视图的半剖视图。

(10) 已知主视图与俯视图,请在给定位置画出主视图的半剖视图。

7.6 全剖视图与半剖视图

(11) 请将主视图改画成半剖视,并在相应位置补画全剖的左视图。

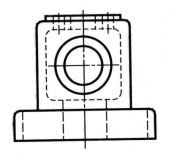

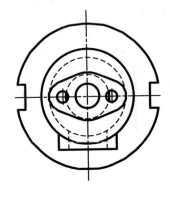

(12) 请将主视图改画成全剖视图,并在相应位置补画半剖的左视图。

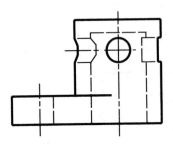

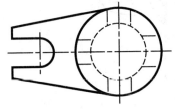

7.7 选择适当剖视方法

(13) 补画左视图,并对主视图与左视图选择适当剖视。

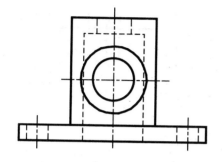

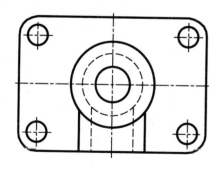

(14) 补画左视图,并对主视图与左视图选择适当剖视。

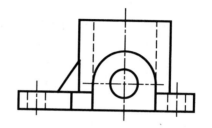

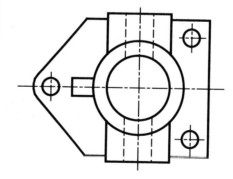

7.8 局部剖视图

(15) 将主视图改画成局部剖视图。

(16) 将主视图和俯视图改画成局部剖视图。

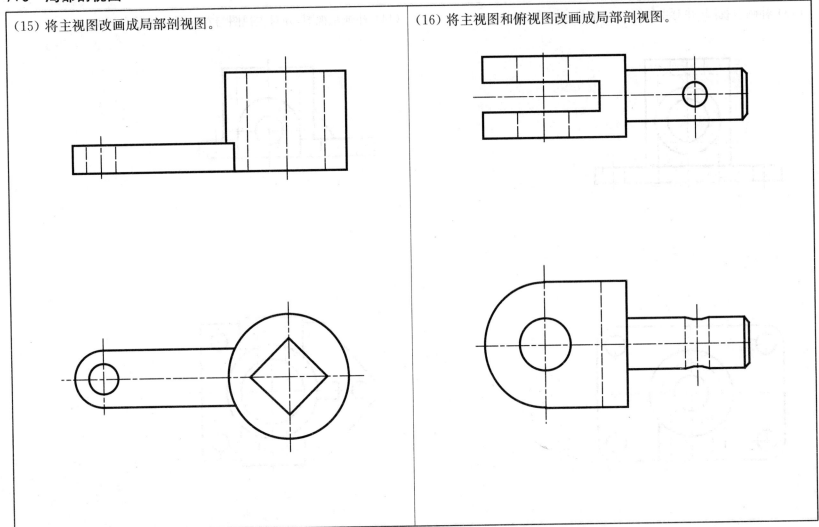

7.9 阶梯剖

（17）分析机件结构，将主视图改为用几个平行平面剖切的全剖视图。

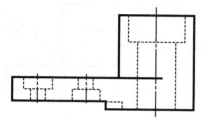

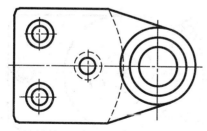

（18）分析机件结构，将主视图改为用几个平行平面剖切的全剖视图。

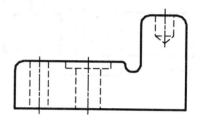

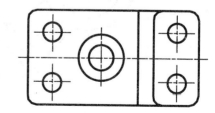

7.10 旋转剖

(19) 在指定位置将主视图画成用两相交平面剖切的全剖视图。

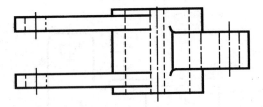

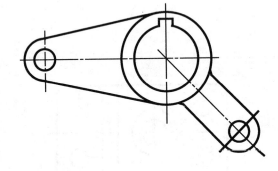

(20) 在指定位置将主视图画成用两相交平面剖切的全剖视图。

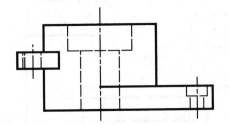

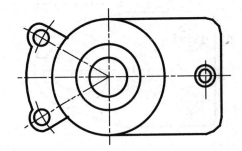

7.11 复合剖与斜剖

(21) 将主视图改画成复合剖视图。

(22) 分析已有视图，画出 $A-A$ 斜剖视图和 $B-B$ 断面图。

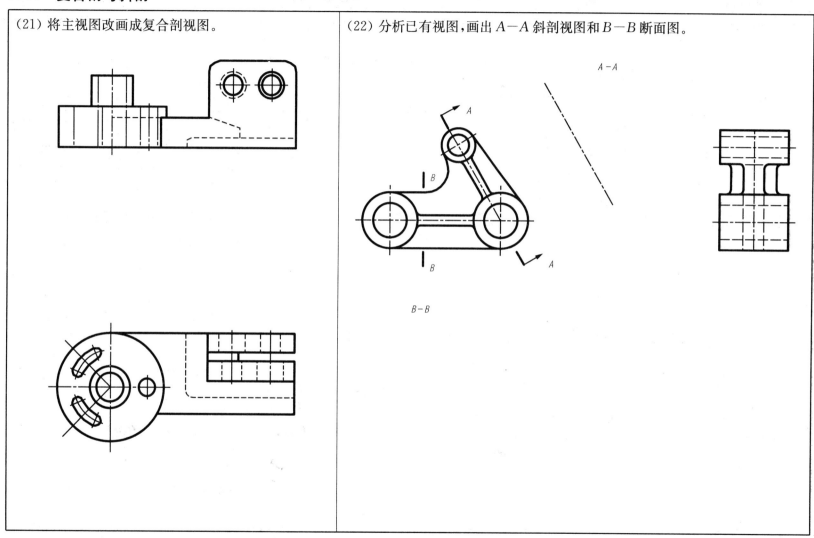

7.12 剖视图大作业

(23) 选择合适的剖视图种类补画左视图,并按照1∶1的比例选择合适的图纸幅面抄画该形体的三视图,标注尺寸。

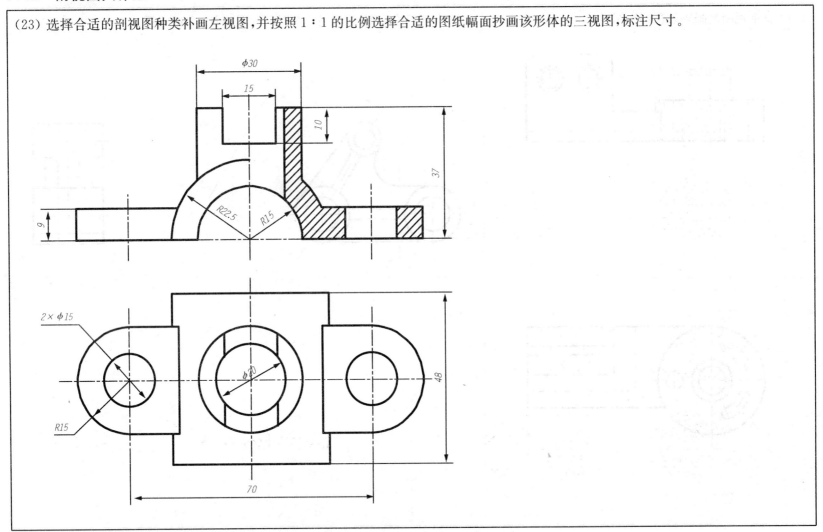

7.13 断面图的画法

(24) 在下列断面图中选择一个正确的画法。

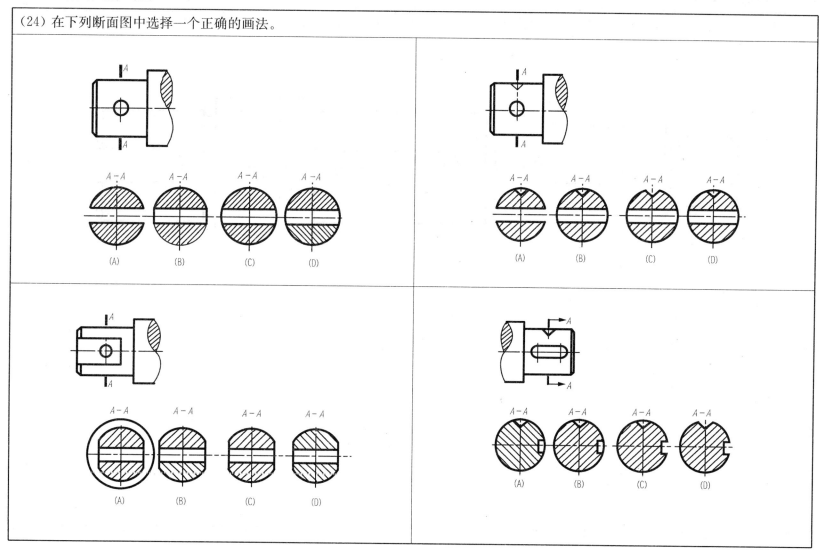

7.14 移出断面图

(25) 分析形体，哪些位置需要断面图表达？画出移出断面图（左键槽深 3mm，右键槽深 4mm，且对面均无键槽）。

7.15 重合断面图

(26) 在机件主视图上给出的点划线处,画出重合断面。

(27) 在机件主视图上给出的点划线处,画出重合断面。

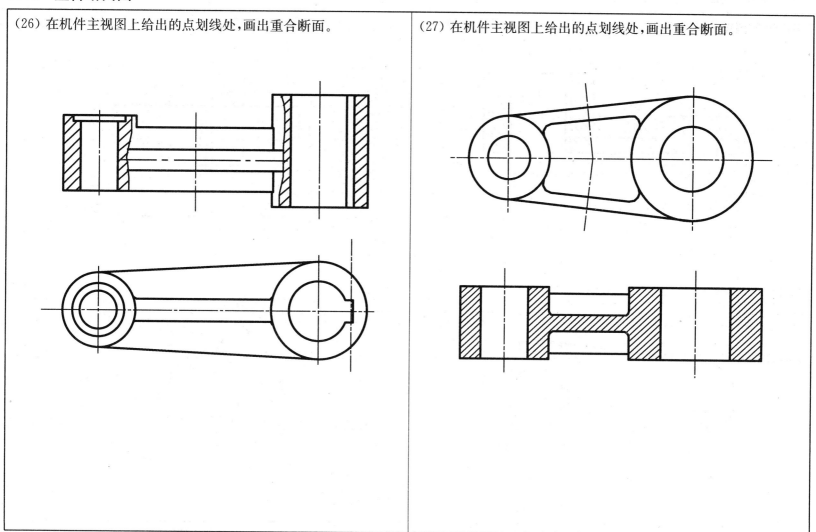

7.16 规定画法与简化画法

（28）在俯视图正上方画出主视图正确的剖视图，注意肋板的画法。

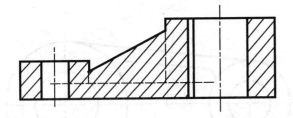

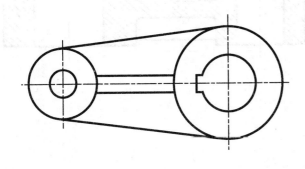

（29）采用简化画法画出主视图的全剖视图。

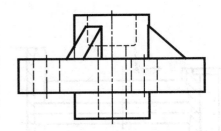

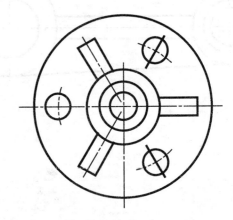

第七章 复习题

1. 基本视图一共有_____个,它们的名称分别是_____。
2. 基本视图之间的长、宽、高的关系为:_____长对正;_____宽相等;_____高平齐。
3. 表达形体外部形状的方法,除基本视图外,还有_____、_____、_____等三种视图。
4. 按剖切范围的大小来分,剖视图可分为_____、_____、_____三种。
5. 剖视图的剖切方法可分为_____、_____、_____、_____、_____五种。
6. 剖视图的标注包括三部分内容:_____、_____、_____。省略一切标注的剖视图,说明它的剖切平面通过机件的_____。
7. 在局部剖视图中,视图和剖视图的分界线用_____(用"波浪线"或"细点画线")。在半剖视图中,半个视图和半个剖视图的分界线是_____(填"波浪线"或"细点画线")。
8. 当剖切平面通过机件的肋和薄壁等结构的厚度对称平面(即纵向剖切)时,这些结构按_____(填"不剖"或"剖切")绘制。
9. 断面图用来表达零件的_____形状,可分为_____和_____两种。
10. 移出断面和重合断面的主要区别是:移出断面图画在_____,轮廓线用_____绘制;重合断面图画在_____,轮廓线用_____绘制。
11. 绘制断面图时,当剖切平面通过由回转面形成的孔、凹坑的轴线时,这些结构按_____(填"断面"或"剖视")绘制。

第八章 标准件与常用件的规定画法

8.1 螺纹的画法　找出下列螺纹和螺纹连接的画法错误,在其下方画出正确的图

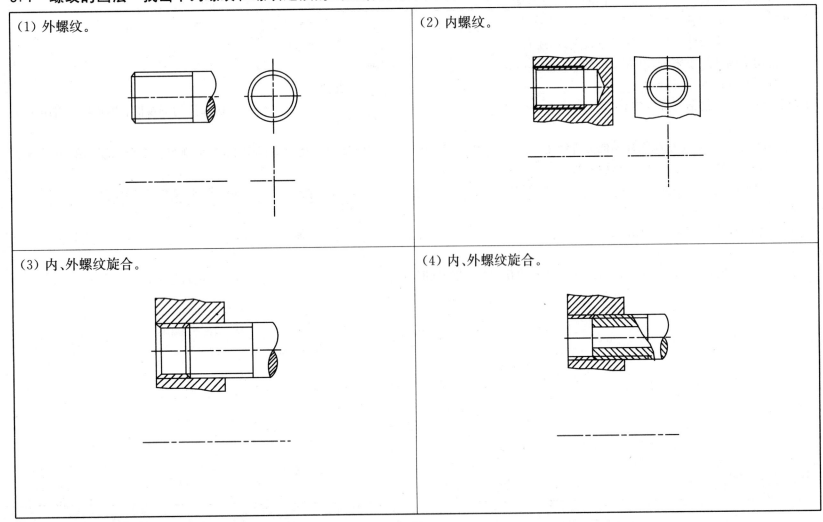

(1) 外螺纹。

(2) 内螺纹。

(3) 内、外螺纹旋合。

(4) 内、外螺纹旋合。

8.2 螺纹的标记　根据已知条件在图中正确标注螺纹标记

(5) 粗牙普通螺纹　直径20,螺距2.5,中径精度5g,顶径精度6g,右旋。

(6) 细牙普通螺纹　直径20,螺距1,右旋。

(7) 梯形螺纹　直径32,导程12,线数2,精度等级7e,左旋。

(8) 圆柱管螺纹　公称直径1英寸。

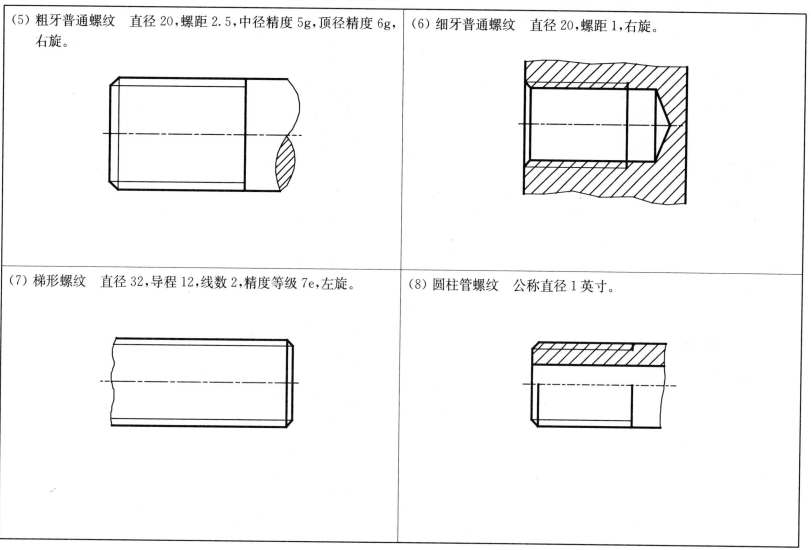

8.3 螺纹连接的画法

(9) 找出下面螺栓连接的画法错误,在右边用简化画法画出正确的图。	(10) 找出下面螺柱连接的画法错误,在右边用简化画法画出正确的图。
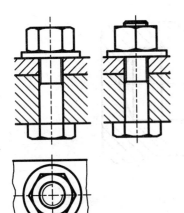	
(11) 找出下面螺钉连接的画法错误,在右边用简化画法画出正确的图。	(12) 找出下面螺钉连接的画法错误,在右边用简化画法画出正确的图。
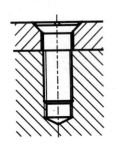 	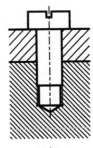

8.4 螺纹连接大作业

(13) 用 A3 图纸按 1:1 的比例,采用比例画法或简化画法,根据所给条件画出螺栓连接、螺柱连接和螺钉连接三种连接图。标注必要尺寸:被连接件的厚度、螺纹公称直径、L、bm。

已知条件:

① 用 M24 螺栓连接板厚均为 40mm 的两零件。采用平垫圈。

② 用 M24 双头螺柱连接,上板厚 30mm,下板厚 65mm。采用弹簧垫圈。

③ 用 M10 沉头螺钉连接,上板厚 30mm,下板厚 65mm。

8.5 直齿圆柱齿轮的画法

(14) 已知模数 $Z=34$,齿数 $m=3$,压力角 $\alpha=20°$,完成齿轮的轮齿部分的零件图。

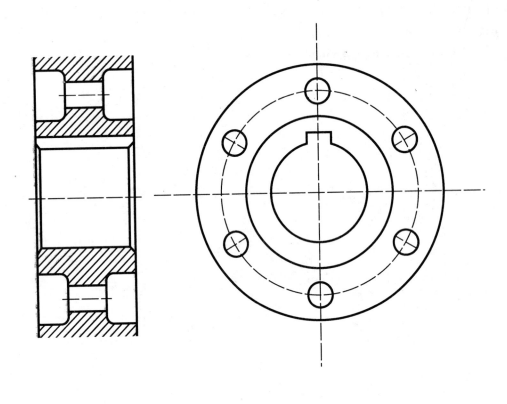

8.6 直齿圆柱齿轮啮合的画法

（15）已知 $Z_1=30, Z_2=18, m=4$，按 1：2 比例完成齿轮啮合传动图的绘制。

8.7 键连接与销连接

（16）如图所示平键连接，轴与轮孔的直径为 $\phi 30$，键槽长 30。查表画轴与轮的连接装配图。

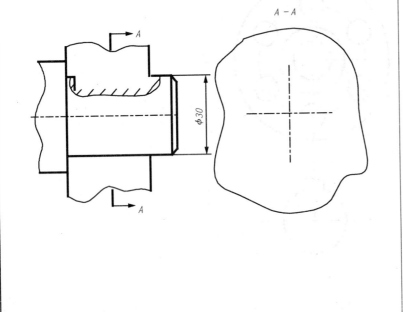

（17）两个连接件如下图，配 $\phi 10$ 圆锥销，按图示量取尺寸，画连接装配图，并写出销的标记。

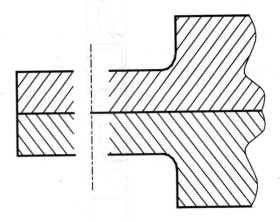

8.8 滚动轴承的画法

(18) 深沟球轴承 6305 GB/T 276-1994　　(19) 圆锥滚子轴承 30306 GB/T 297-1994　　(20) 推力球轴承 51208 GB/T 301-1995

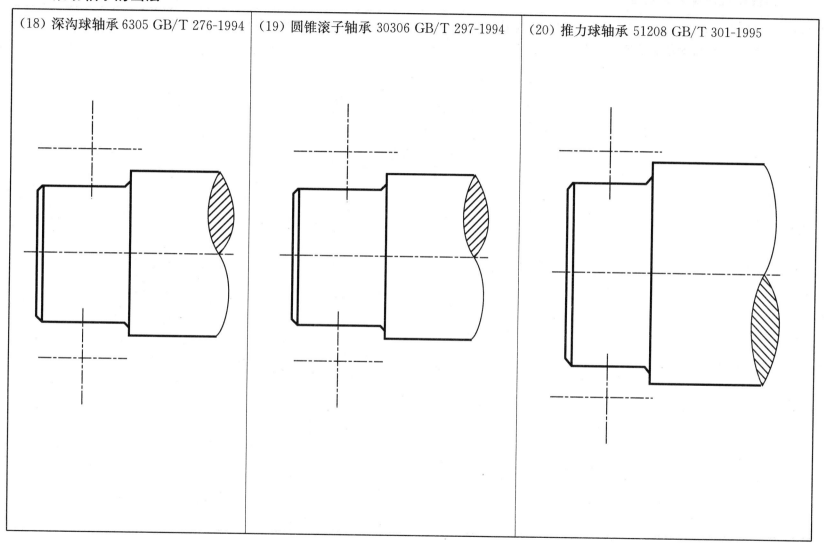

8.9 圆柱螺旋压缩弹簧的画法

(21) 已知圆柱螺旋压缩弹簧的簧丝直径为 6mm，弹簧中径为 48 mm，节距为 12mm，有效圈数为 6.5，支承圈数为 2.5，右旋，试画出弹簧的全剖视图（轴线为竖直方向），并标注尺寸。

第八章　复习题

1. 螺纹的五要素是＿＿＿＿、＿＿＿＿、＿＿＿＿、＿＿＿＿、＿＿＿＿。只有当内、外螺纹的五要素＿＿＿＿时，它们才能互相旋合。
2. 外螺纹的规定画法是：大径用＿＿＿＿线表示，小径用＿＿＿＿表示，终止线用＿＿＿＿线表示。
3. 在剖视图中，内螺纹的大径用＿＿＿＿线表示，小径用＿＿＿＿表示，终止线用＿＿＿＿线表示。
4. 一螺纹的标注为 M24×1.5，表示该螺纹是＿＿＿＿螺纹，其大径为＿＿＿＿，螺距为＿＿＿＿，旋向为＿＿＿＿。螺纹代号为：Tr36×12(p6)LH-8e，该螺纹是＿＿＿＿螺纹，线数 $n=$＿＿＿＿，螺距为＿＿＿＿，旋向为＿＿＿＿。
5. 粗牙普通螺纹，大径24，螺距3，中径公差带代号为6g，左旋，中等旋合长度，其螺纹代号为＿＿＿＿，该螺纹为＿＿＿＿（填"外"或"内"）螺纹。
6. 梯形螺纹，公称直径20，螺距4，双线，右旋，中径公差带代号为7e，中等旋合长度，其螺纹代号为＿＿＿＿，该螺纹为＿＿＿＿（填"外"或"内"）螺纹。
7. 齿轮传动用于传递＿＿＿＿，并可以改变运动＿＿＿＿。齿轮传动的三种形式是＿＿＿＿、＿＿＿＿、＿＿＿＿。
8. 圆柱齿轮按轮齿的方向可分为＿＿＿＿、＿＿＿＿、＿＿＿＿三种。
9. 齿轮轮齿部分的规定画法是：齿顶圆用＿＿＿＿绘制；分度圆用＿＿＿＿绘制；齿根圆用＿＿＿＿绘制，也可省略不画。在剖视图中，齿根圆用＿＿＿＿绘制。
10. 两直齿圆柱齿轮啮合，$Z_1=17$，$Z_2=40$，模数 $m=2.5$，则两齿轮的分度圆直径分别为 $d_1=$＿＿＿＿mm，$d_2=$＿＿＿＿mm，中心距 $a=$＿＿＿＿mm。
11. 键连接用于＿＿＿＿的＿＿＿＿连接。常用键的种类有＿＿＿＿、＿＿＿＿、＿＿＿＿、＿＿＿＿。写出下列键、销代号的含义：GB/T 1096 键 B 12X8X50：＿＿＿＿。销 GB/T119.2 8X30：＿＿＿＿。
12. 轴承是用来＿＿＿＿轴的。滚动轴承分为＿＿＿＿、＿＿＿＿和＿＿＿＿三类。
13. 轴承代号 6208 指该轴承类型为＿＿＿＿，其尺寸系列代号为＿＿＿＿，内径为＿＿＿＿。
14. 轴承代号 30205 是＿＿＿＿轴承，其尺寸系列代号为＿＿＿＿，内径为＿＿＿＿。轴承代号 61704，该轴承的内径是＿＿＿＿mm。
15. 弹簧可用于＿＿＿＿等作用。常见弹簧有＿＿＿＿、＿＿＿＿、＿＿＿＿。
16. 圆柱螺旋弹簧分为＿＿＿＿、＿＿＿＿、＿＿＿＿。

第九章　零件图

9.1　零件的尺寸基准和尺寸标注

(1) 请用指引线注出零件的长、宽、高三个方向的尺寸基准；标注尺寸（尺寸直接量取，保留整数），并根据表格中数据，在指定表面上标注表面粗糙度。

表面	A	B	C	D	其余
Ra	6.3	12.5	3.2	6.3	25

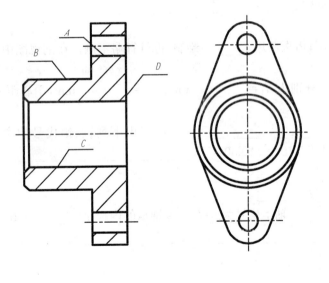

(2) 请用指引线注出零件的长、宽、高三个方向的尺寸基准；标注尺寸（尺寸直接量取，保留整数），并根据表格中数据，在指定表面上标注表面粗糙度。

表面	A	B	C	D	其余
Ra	3.2	6.3	12.5	3.2	25

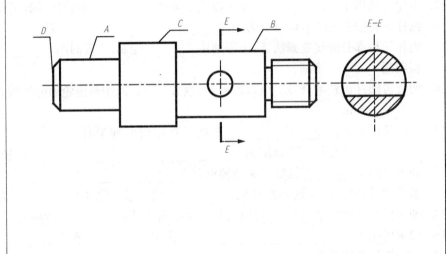

9.2 零件图中孔的尺寸标注

(3) 分析零件图,标注沉孔、螺孔的尺寸(尺寸直接量取,保留整数)。

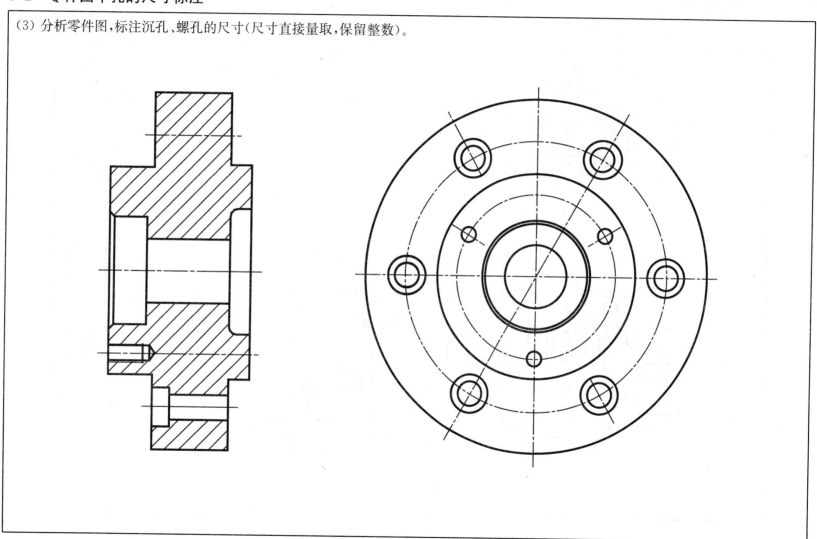

9.3 零件图视图选择与绘制

(4) 认真阅读零件图,分析视图表达方法;用 A4 图纸抄画零件图。

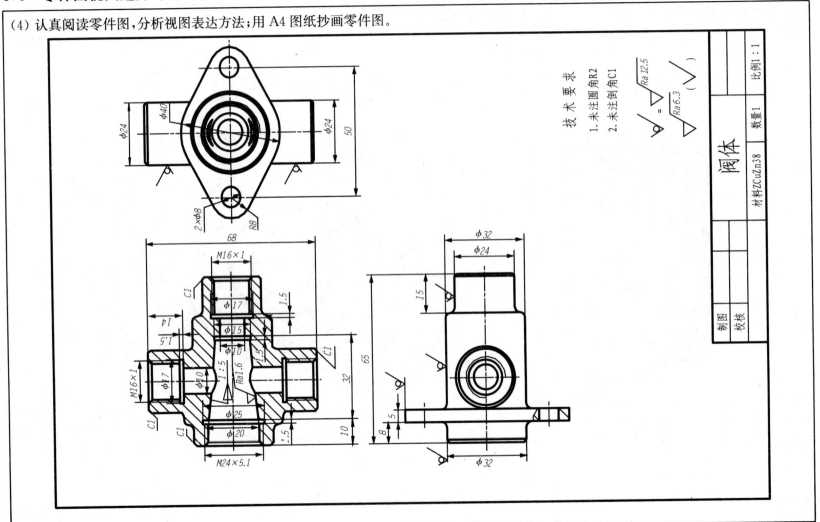

9.4 尺寸公差与配合

(5) 已知轴与轴套之间的配合代号为 φ20F8/h7，轴套与轴外套之间的配合代号为 φ40H7/r6，请查表确定各公差带的上、下极限偏差值，并在下列装配图和零件图中标注配合代号和公差带代号及上、下极限偏差。

填空：φ20F8/h7 为_____制_____配合；φ40H7/r6 为_____制_____配合。

(1) 装配图　　　(2) 轴　　　(3) 轴套　　　(4) 轴外套

9.5 形位公差的标注

(6) 解释图中标注的形位公差的含义。

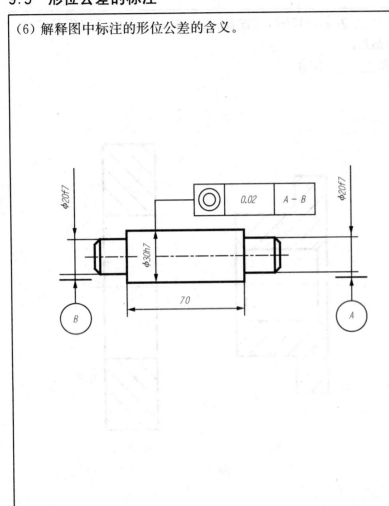

(7) 将下列文字说明的形位公差技术要求,用形位公差代号标注到图上。

①φ16f7 圆柱面的圆柱度公差为 0.005mm;

②球面 SR750 对 φ16f7 的轴线的径向圆跳动公差为 0.03mm;

③螺纹 M8×1 的轴线对 φ16f7 的轴线的同轴度公差为 φ0.1mm;

④右端面对 φ16f7 的轴线的端面圆跳动公差为 0.01mm。

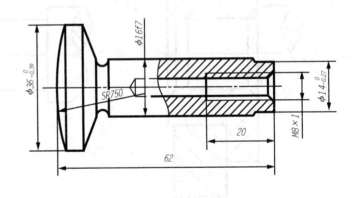

9.6 绘制零件图

(8) 已知阶梯轴轴测图,请画出零件图,仿照课本图例标注技术要求。材料:45。热处理:调质处理 24～26HRC。表面粗糙度:其余 Ra12.5。

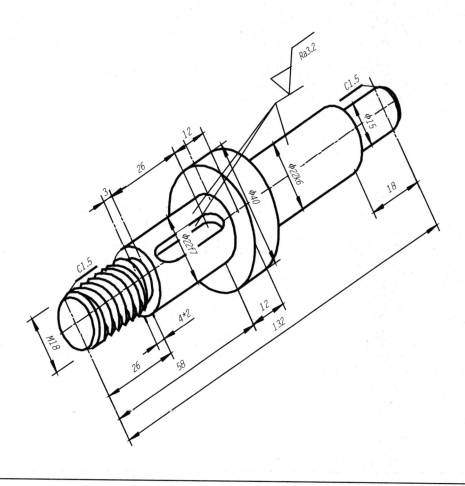

9.7 读轴套类零件图

(9) 认真读零件图,回答问题。

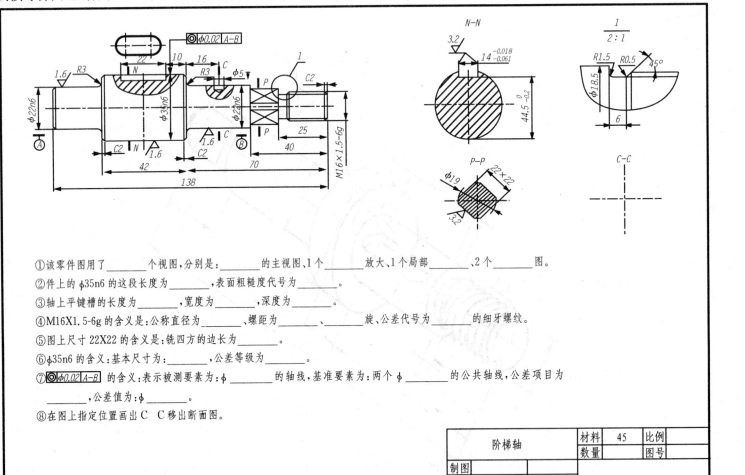

① 该零件图用了_____个视图,分别是:_____的主视图、1个_____放大、1个局部_____、2个_____图。

② 件上的 φ35n6 的这段长度为_____,表面粗糙度代号为_____。

③ 轴上平键槽的长度为_____,宽度为_____,深度为_____。

④ M16×1.5-6g 的含义是:公称直径为_____、螺距为_____、_____旋、公差代号为_____的细牙螺纹。

⑤ 图上尺寸 22×22 的含义是:铣四方的边长为_____。

⑥ φ35n6 的含义:基本尺寸为:_____,公差等级为_____。

⑦ ◎ φ0.02 A-B 的含义:表示被测要素为:φ_____的轴线,基准要素为:两个φ_____的公共轴线,公差项目为_____,公差值为:φ_____。

⑧ 在图上指定位置画出 C—C 移出断面图。

9.8 读盘盖类零件图

(10) 读端盖零件图,回答下列问题:
① 零件的主视图采用了_____剖的剖视图。
② 右端面上 φ10 孔的定位尺寸为_____。
③ 左端面表面粗糙度为_____。
④ φ55g6 的同轴度公差的基准要素是_____。
⑤ 六个沉孔的尺寸_____。
⑥ 零件上有几个螺纹孔_____。
⑦ 写出 Rc1/4 的含义_____。
⑧ 说出垂直度公差框格的含义:_____。
⑨ 查表并写出 φ32H8 的极限偏差_____。
⑩ 画出零件的右视图外形图。

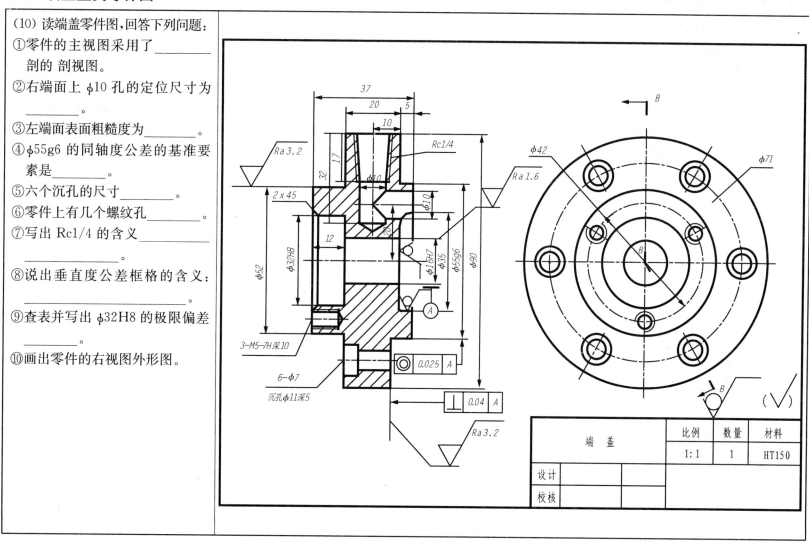

9.9 读叉架类零件图

(11) 读踏脚座零件图(见下页),回答问题。

① 该零件除了基本视图外,还采用了＿＿＿＿＿＿图来表达筋板的厚度。主视图采用了＿＿＿＿＿＿剖视,是为了表达沉孔结构。请解释此沉孔的尺寸标注的含义。该沉孔的定位尺寸为＿＿＿＿。

② 用指引线标注长、宽、高三个方向的主要尺寸基准。

③ 在图中找到尺寸 φ16H7,其中,公称尺寸是＿＿＿＿,基本偏差代号是＿＿＿＿,公差等级是 级,查表确定该尺寸的下极限偏差是＿＿＿＿,上极限偏差是＿＿＿＿。

④ 图中,表面粗糙度共有＿＿＿＿级,表面粗糙度要求最高的是 Ra ＿＿＿＿。

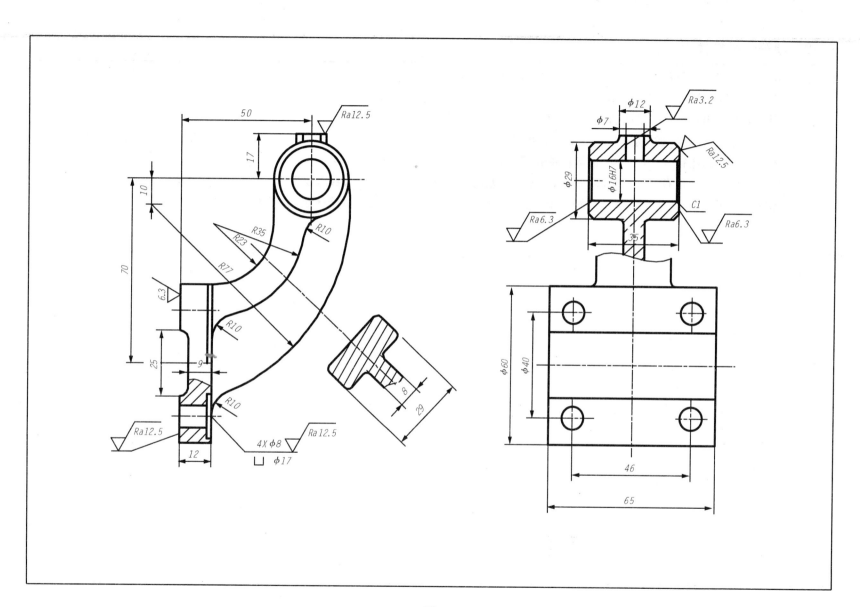

9.10 读箱体类零件图

(12) 读箱体零件图(见下页),回答问题。(零件名称:箱体。材料:HT150)

① 主视图、俯视图、左视图各采用了何种剖视?该形体哪些方位是对称的?

② 用指引线注出长、宽、高三个方向的主要尺寸基准,找出零件的外形总体尺寸。

③ 图中尺寸 $\phi 62^{+0.009}_{-0.021}$,$\phi 62$ 是_____,+0.009 是_____,−0.021 是_____。

④ 图中 M5 的螺孔有_____个,请解释螺孔标注的含义。

⑤ 图中形位公差项目有_____项,其中,同轴度公差的被测要素为_____,基准要素为_____,公差值为_____。

⑥ 图中表面粗糙度有_____级,分别写出各表示哪些表面?其中,要求最高的粗糙度是哪个表面,为 Ra_____。

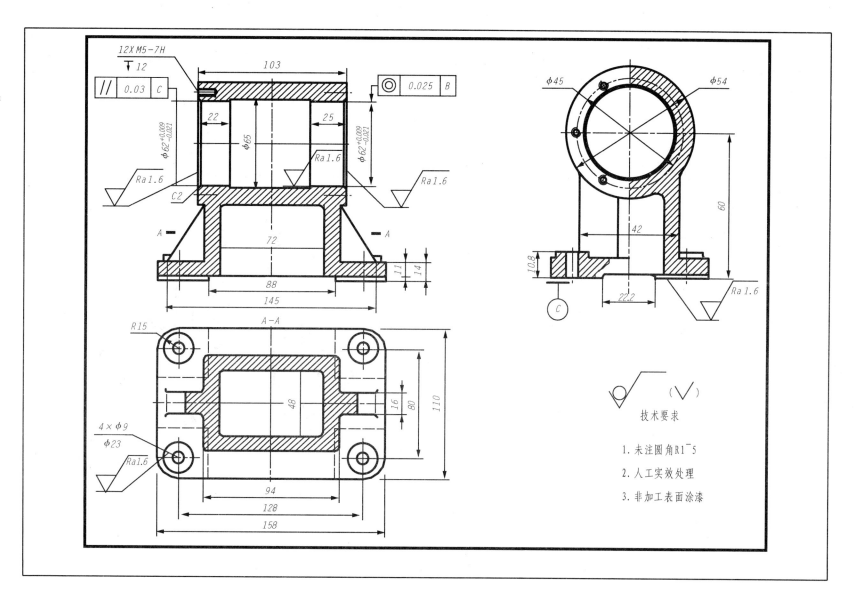

9.11 模拟零件测绘

(13) 根据轴测图，量取尺寸，选择正确的表达方法，绘制零件图。

①

②

第九章 复习题

1. 一张完整的零件图应包括下列四项内容：_____、_____、_____、_____。
2. 图样中的图形只能表达零件的_____，零件的真实大小应以图样上所注的_____为依据。
3. 选择零件图主视图的原则有_____、_____、_____。
4. 标注尺寸的_____称为尺寸基准，机器零件在_____三个方向上，每个方向至少有一个尺寸基准。
5. 零件按其形体结构的特征一般可分为四大类，它们是_____、_____、_____、_____。
6. 零件上常见的工艺结构有_____、_____、_____、_____、_____、_____等。
7. 表面粗糙度是评定零件_____的一项技术指标，常用参数是_____，其值越小，表面越_____；其值越大，表面越_____。
8. 表面粗糙度符号 ∀ 表示表面是用_____的方法获得，∇ 表示表面是用_____的方法获得。
9. 当零件所有表面具有相同的表面粗糙度要求时，可在图样_____；当零件表面的大部分粗糙度相同时，可将相同的粗糙度代号标注在_____，并在前面加注_____两字。
10. 标准公差是国家标准所列的用以确定_____的任一公差。公差等级是确定_____的等级。标准公差分_____个等级，即_____，等级依次_____；其中IT表示_____，阿拉伯数字表示_____。
11. 对于一定的基本尺寸，公差等级愈高，标准公差值愈_____，尺寸的精确程度愈_____。
12. 配合分为_____、_____、_____三类。
13. 配合的基准制有_____和_____两种。优先选用_____。
14. 配合代号 φ30H7/r6 中，φ30 表示_____，H 表示_____，7 表示_____；H7 表示_____。φ30 H7($^{+0.021}_{0}$) 表示：孔的 ES=_____，EI=_____，公差IT_____；φ30 r6($^{+0.041}_{+0.028}$) 表示：轴的 es=_____，下偏差 ei=_____，公差IT_____；φ30H7/r6 为_____制_____配合；φ20H8/f7 中：φ20 表示_____，H 表示_____，8 表示_____；φ20 H8($^{+0.033}_{0}$) 表示：孔的 ES=_____，EI=_____，公差IT_____；φ20 f7($^{-0.020}_{-0.041}$) 表示：轴的 es=_____，ei=_____，公差IT_____。φ20H8/f7 为_____制_____配合。
15. 形状公差和位置公差简称_____，是指零件的实际形状和实际位置对理想形状和理想位置的允许变动量。形状公差项目有_____、_____、_____、_____、_____、_____六种。位置公差项目有_____、_____、_____、_____、_____、_____、_____、_____八种。

第十章 装配图

10.1 根据机用虎钳零件图画装配图

1. 部件说明：

　　机用虎钳是在机械加工时，用来夹持工件的一种夹具，它主要由钳身、活动钳身、护口板、螺杆和螺母等零件组成。固定钳身安装在工作台上，螺杆固定在固定钳身上，转动螺杆带动螺母作直线移动，螺母与活动钳身固定在一起，因此，当螺杆转动时，活动钳身就会移动。

2. 机用虎钳立体图如下图所示。

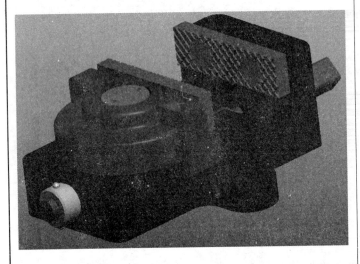

3. 机用虎钳结构示意图如下图所示。

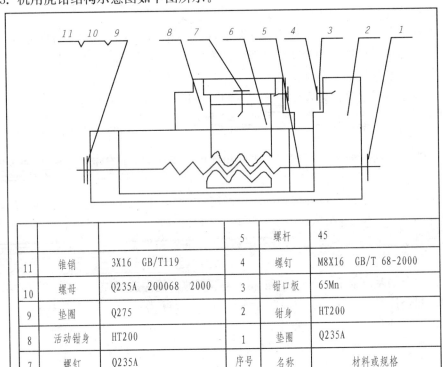

11	锥销	3X16 GB/T119	4	螺钉	M8X16 GB/T 68-2000
10	螺母	Q235A 200068 2000	3	钳口板	65Mn
9	垫圈	Q275	2	钳身	HT200
8	活动钳身	HT200	1	垫圈	Q235A
7	螺钉	Q235A	序号	名称	材料或规格
6	螺母	45			虎钳示意图
5	螺杆	45			

4. 机用虎钳零件图如图所示。
(1) 钳身零件图。

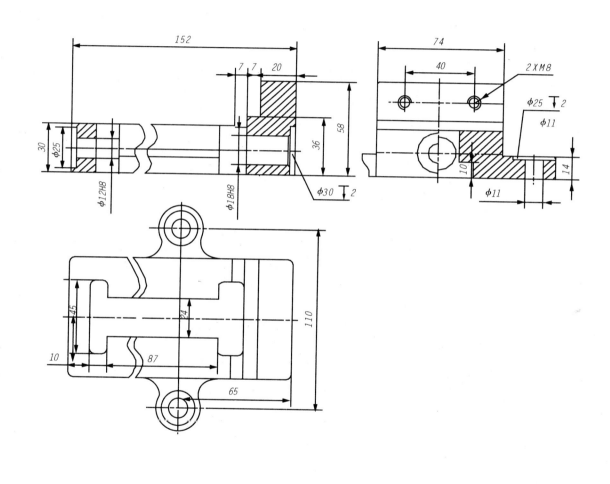

(2) 钳口板零件图。

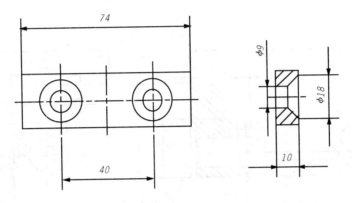

(3) 螺杆零件图。

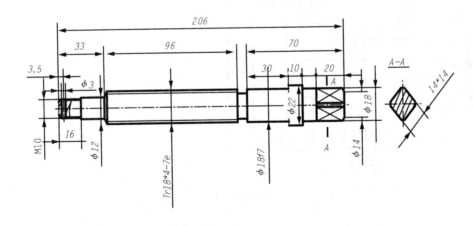

（4）螺母零件图。

（5）活动钳身零件图。

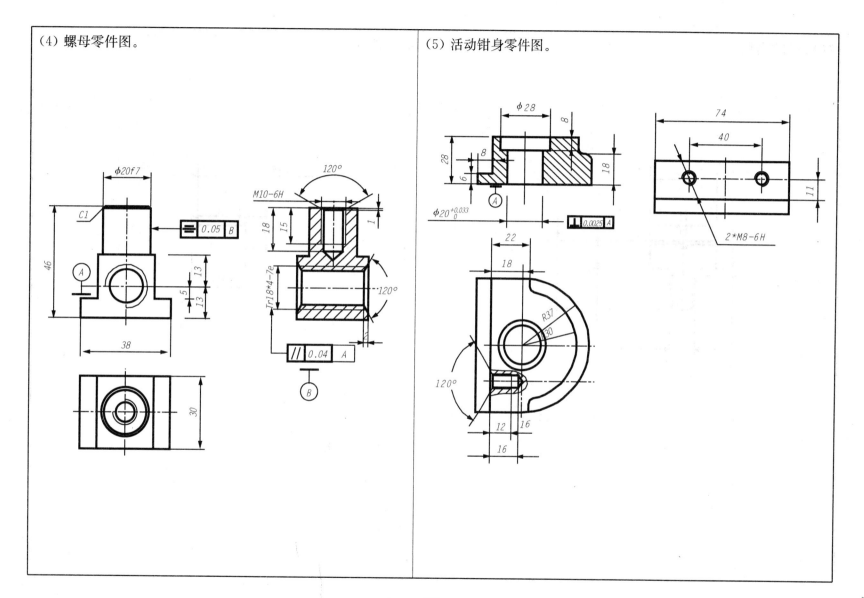

(6) 螺钉零件图。

(7) 垫圈零件图。

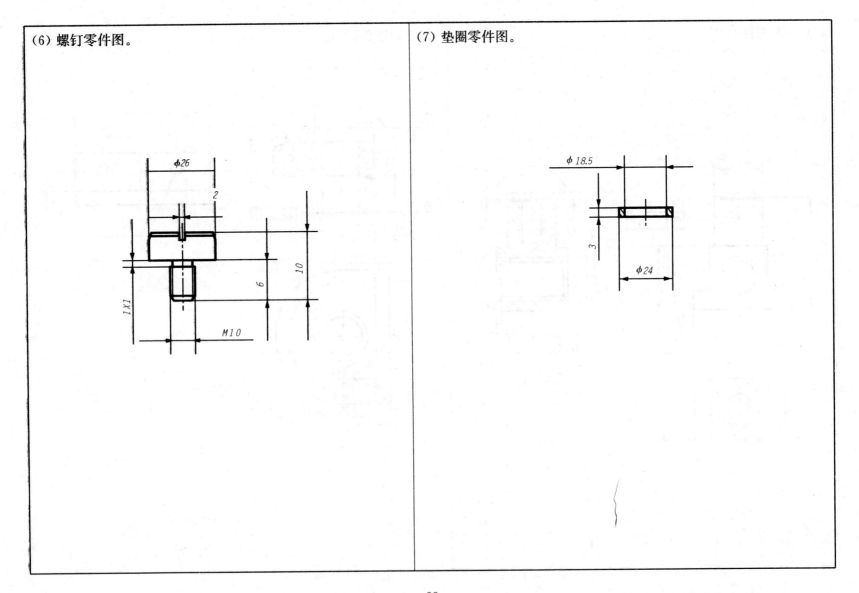

10.2 拆画零件图

由以下旋阀和溢流阀的装配图,按 1∶1 比例拆画主要零件的零件图。只画出图形,不标尺寸,不注技术要求。

1. 旋阀的工作原理:

旋阀是装在管路中控制管路通或不通的装置。用手柄 7 转动阀杆 2,使阀杆上矩形孔正对阀体 1 中的管口时,则管路畅通。当用手柄将阀杆转过 90°后,阀杆将堵住阀体的进出管口,则管路不通。填料装置用来防止管路中液体从间隙中外漏,它由垫圈 3、填料 4、填料压盖 5 组成,旋紧填料压盖上的螺栓,可压紧填料,保证密封。

2. 溢流阀的工作原理:

溢流阀是安装在管路中的安全装置。装配图中右孔与高压的流体管路相连接,顶孔与常压的回油管路连接。正常情况下,弹簧使钢球压紧阀门,高压管路与回油管路处于关闭状态,当油压超过额定压力时,高压油克服弹簧的压力,失去钢球向左移动,高压油溢出到回油管路,油压下降。当油压下降到额定压力以下时,阀门关闭。其中,调节螺母的作用是调节额定油压。

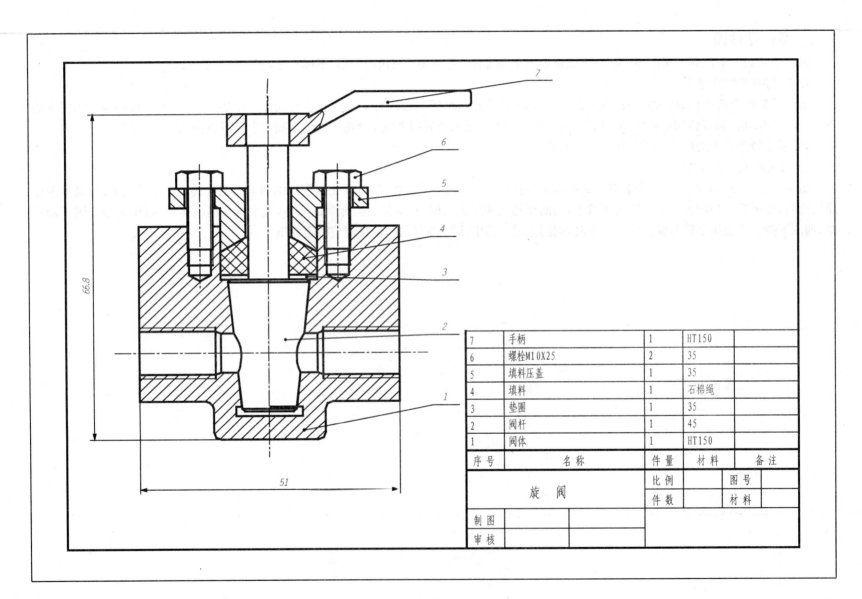

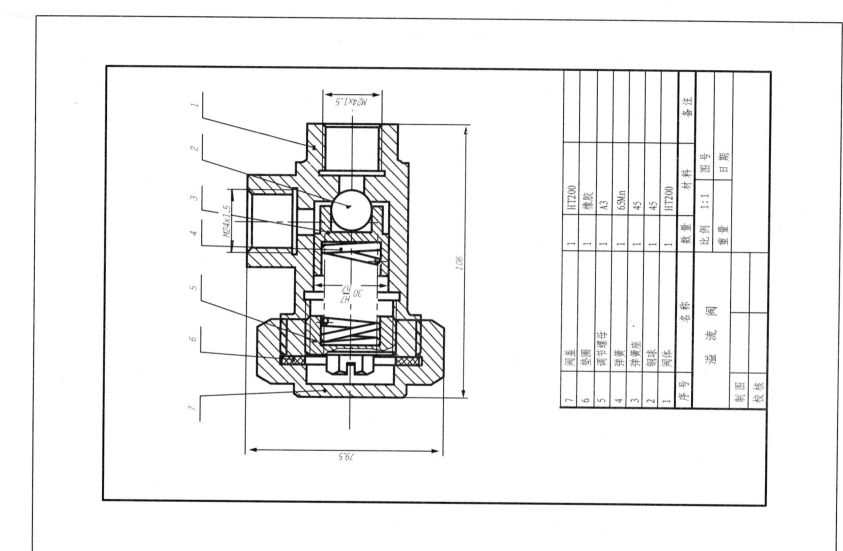

第十章 复习题

1. 装配图是反映_____、_____和使用机器以及进行_____的重要技术资料。
2. 装配图包含_____、_____、_____、_____和_____等方面的内容。
3. 装配图上应标注与装配体有关的_____、_____、_____、_____等尺寸,不必注出_____尺寸。
4. 装配图的技术要求一般采用文字注写在明细栏的_____或图样_____的空位处。
5. 读装配图时,首先要了解装配体的_____、_____、_____及_____。

参考文献

[1] 刘宏丽,朱凤艳. 机械制图[M]. 大连:大连理工大学出版社,2012
[2] 严佳华,杜兰萍. 机械制图(机类)[M]. 合肥:安徽科学技术出版社,2010
[3] 徐秀娟. 机械制图[M]. 北京:北京理工大学出版社,2008
[4] 文学红,宋金虎. 机械制图[M]. 北京:人民邮电出版社,2009
[5] 袁世先,邓小君. 机械制图[M]. 北京:北京理工大学出版社,2010
[6] 魏晓波. 机械制图及习题集[M]. 北京:北京工业大学出版社,2010
[7] 国家质量技术监督局. 中华人民共和国国家标准:机械制图[S]. 北京:中国标准出版社,2006

参考文献